太湖流域水生态功能分区与质量目标管理技术示范（2008ZX07526-007）系列丛书

太湖流域水生态服务功能评估

张 彪　王 斌　杨丽韫　等 编著

中国环境科学出版社·北京

图书在版编目（CIP）数据

太湖流域水生态服务功能评估/张彪等编著. —北京：中国环境科学出版社，2011.11
（太湖流域水生态功能分区与质量目标管理技术示范（2008ZX07526-007）系列丛书）
ISBN 978-7-5111-0777-0

Ⅰ. ①太… Ⅱ. ①张… Ⅲ. ①太湖—流域—生态系统—评价 Ⅳ. ①X832

中国版本图书馆 CIP 数据核字（2011）第 238099 号

审图号：GS（2012）267 号

责任编辑 刘 焱 李恩军
文字加工 李兰兰
责任校对 扣志红
封面设计 彭 杉

出版发行 中国环境科学出版社
（100062 北京东城区广渠门内大街 16 号）
网 址：http://www.cesp.com.cn
联系电话：010-67112765（总编室）
发行热线：010-67125803，010-67113405（传真）
印 刷 北京市联华印刷厂
经 销 各地新华书店
版 次 2012 年 2 月第 1 版
印 次 2012 年 2 月第 1 次印刷
开 本 787×1092 1/16
印 张 10.25 插页 13
字 数 243 千字
定 价 36.00 元

山东省
江苏省
洪泽湖
安徽省
巢湖
长江
太湖
上海市
浙江省
鄱阳湖
江西省
福建省
N
图例
省界
长江
湖泊
海岸线
太湖流域
0 50 100 200 300
km

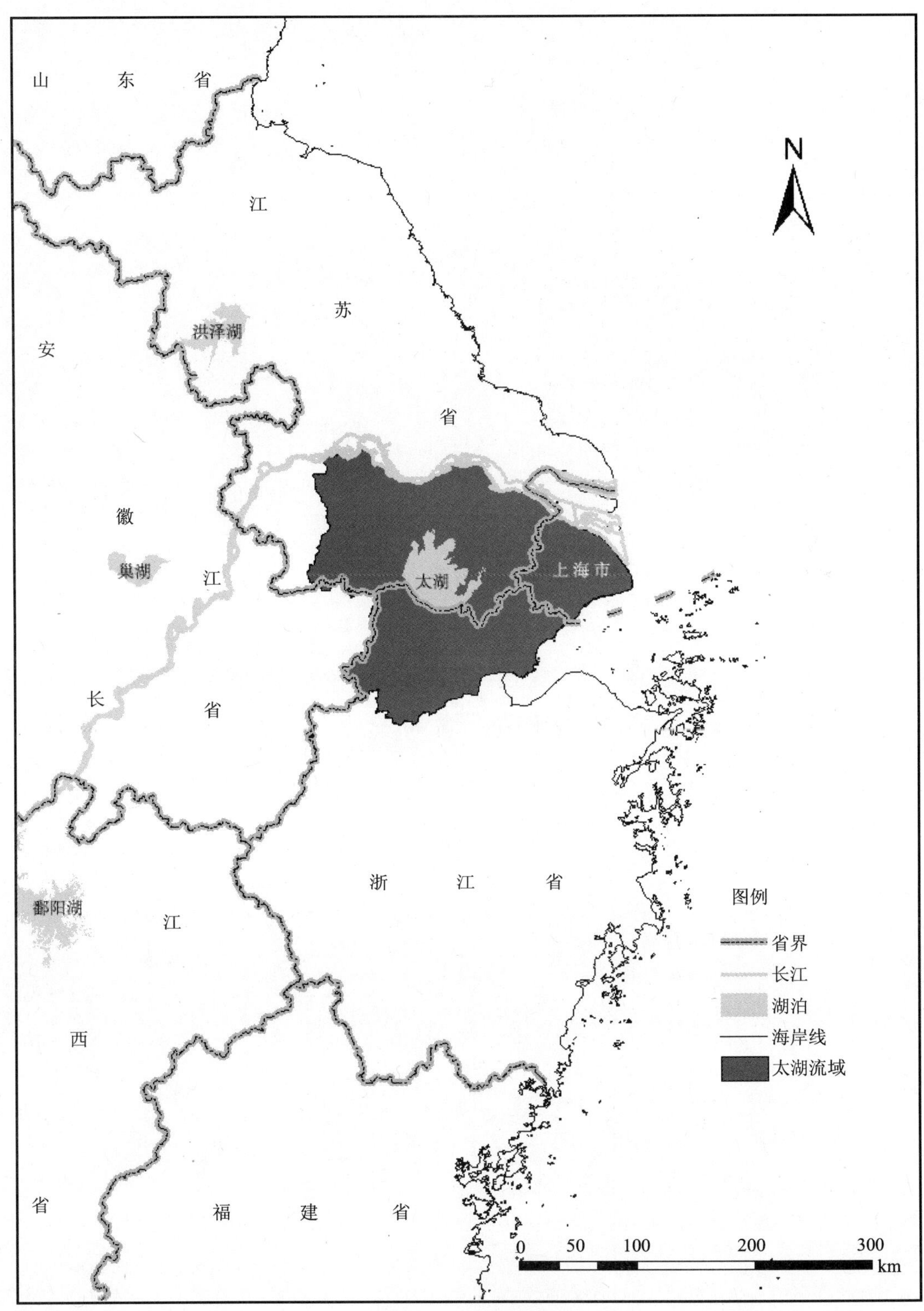

太湖流域地理位置图

序

我国长期以来面临着水体污染、水资源短缺、水生态退化和洪涝灾害等多个方面水问题的压力，而水体污染在一定程度上加剧了其他三种水问题的恶化程度，造成一些地方水质性缺水、水环境恶化、洪涝灾害损失加大等现象。虽然从中央到地方大规模开展了流域水体污染防治，取得了一些成效，但从总体上来看，我国水体污染仍将是今后相当长时期内制约经济社会可持续发展的关键因素。“水体污染控制与治理”科技重大专项（简称水专项）应运而生、适得其时。

太湖流域地理位置优越，气候宜人，自然资源丰富，历史上是著名的富庶之地，目前更是我国经济最发达、人口最密集、城市化程度最高的地区之一。但同时也必须看到，太湖流域在取得经济快速发展的同时，也付出了沉重的生态环境代价，流域生态环境问题积重难返。太湖蓝藻暴发事件的频繁发生，折射出太湖水生态系统健康状况的衰退。据 2011 年 5 月公布的《2010 年江苏省环境状况公报》，太湖湖体高锰酸盐指数和总磷分别达到Ⅲ类、Ⅳ类标准限值要求，受总氮指标影响全湖总体水质仍劣于Ⅴ类标准；太湖湖体综合营养状态指数为 58.5，仍呈富营养化水平；太湖 15 条主要入湖河流中，有 4 条河流平均水质符合Ⅲ类标准，1 条河流水质劣于Ⅴ类标准，其余处于Ⅳ类和Ⅴ类。

国家对太湖流域的水环境问题一直十分重视，将太湖治理列为国家“三江三湖”重点治理计划，先后实施了太湖水污染防治“十五”计划和“十一五”计划。太湖流域各级政府也十分关注流域的水环境问题，出台了一系列水环境管理政策，相继开展了生态省市建设、流域污染控制、节能减排、湖泊生态治理工程等，并实施了较为严格的污染排放限制。然而，太湖流域的水环境问题并没有得到有效解决，太湖水体环境质量也未得到根本性改变。原因是多方面的，其中现行的总量控制制度在具体应用中存在的污染控制与水生态保护相脱节、排放达标控制与环境质量达标相脱节、以行政区为单元的环境功能区划分与流域水污染调控相脱节等无疑是很重要的方面。因此，在借鉴国外水环境管理先进理念和方法的基础上，探索建立一套适合于我国国情、科学合理的水质目标管理技术体系并进行示范应用，对于太湖流域水生态系统健康和水环境质量改善具有重要意义。

由中国科学院地理科学与资源研究所牵头并联合中国科学院南京地理与湖泊研究所、江苏省环境科学研究院、浙江省环境保护科学与设计研究院、中国人民大学、常州市环保局、宜兴市环保局、湖州市环保局等单位承担的“太湖流域水生态功能分区与质量目标管理技术示范”课题（2008ZX07526-007），作为水专项首批启动的课题之一，便是面向太湖流域水环境管理工作的实际需求而设立的。课题旨在构建面向水生态系统健康的新型水环境管理技术体系，从而实现太湖流域水环境管理工作的开拓与创新，并确保太湖流域污染物减排目标的顺利实现。

自课题启动以来，课题组在太湖流域开展了大量实地调查工作，如土地利用遥感解译、水生态系统调查、水环境质量监测、社会经济调查等，并取得了一系列具有创新性、前瞻性和可操作性的研究成果。首次提出了湖泊型流域水生态功能区划分的理论和技术体系，并完成了太湖流域水生态功能三级分区划分方案；首次提出了湖泊型流域控制单元划分的原则、思路、指标和方法，完成了太湖流域控制单元的划分；首次提出了太湖流域基于控制单元的水质目标管理技术体系框架（TMML），开发了太湖流域水质目标管理系统，编写了指导手册，并在典型区进行了示范应用。这套《太湖流域水生态功能分区与质量目标管理技术示范（2008ZX07526-007）系列丛书》正是这个团队所取得成果的集中体现。

必须承认，太湖流域水环境质量的根本改善是一项长期而艰巨的任务，不可能一蹴而就，需要多学科和社会各方力量的共同努力，该课题组的工作虽然取得了一系列创新性成果，但无论从理论研究还是应用示范，仍需要不断的改进与完善。相信他们的成果对于我国水环境管理，特别是太湖流域水质目标管理将起到有力的推动作用，对于我国水环境管理体制与机制的创新和水环境质量的根本好转也将发挥重要的作用。

中国工程院院士

2012年2月18日

前 言

太湖是我国五大淡水湖之一，位于江苏、浙江两省交汇处，长江三角洲的南部。太湖流域总面积达到3.69万km^2，是我国人口最密集、经济最发达、发展最迅速的地区之一。随着流域地区经济的高速发展和城市化进程的加剧，一方面，人们对水资源的需求越来越高，水资源不仅要满足人们的生活、生产等物质文化需要，还要满足人们的娱乐、休闲等精神文化需要；另一方面，太湖流域水体污染进一步加重，水体富营养化发展迅速，水环境明显恶化。2007年太湖蓝藻提前大面积暴发，部分水源地水质严重恶化，这一水污染事件导致了部分城市饮水困难，严重影响了当地居民的饮水卫生和身体健康。大量研究表明，当前太湖流域水问题主要表现在水质的持续恶化以及由此产生的水质性缺水问题。

造成太湖水体恶化和富营养化的原因是多方面的，但是归纳起来主要有两点，一是太湖水体天然结构特征方面的原因，二是人类生产、生活活动干扰的原因。由于与长江水体之间引排系统不畅造成湖水更新速度缓慢，加之是浅水型湖泊这一湖体结构固有弱点加剧了流域水体水环境恶化程度；同时，湖泊内源污染也是太湖富营养化的重要原因。人工修建水库改变了流域内河流形态及生境，围网养殖和周边农业非点源污染、工业和生活污水排入都造成流域内河网水系污染严重。

流域在区域尺度上是一个大的系统，由流域内的诸多类型生态系统构成，流域系统中出现的水质污染、水土流失、水质恶化等水问题是系统构成组分的结构、功能发生改变形成的。针对这些问题，许多学者在水环境管理、水污染治理、水土流失防治、生态系统管理方面都进行过研究和论证，并基于自身学科背景提出解决方案，力图实现流域水环境质量、水资源状况改善，实现流域的可持续发展。由于流域是一个复杂的系统，其社会、人口、资源、环境或经济中的任何要素若要实现“持续性”的目标，都离不开其他几个要素的配合。因此有必要将全流域整体作为一个系统加以综合研究，统筹考虑，以便为流域开发、管理、协调和治理提供理论基础。

本书从太湖流域当前的水环境问题出发，基于流域生态系统综合管理的角度，应用流域系统论、生态学和环境科学的基本理论和研究方法，调查评估了太湖流域生态系统状况，对太湖流域水环境与水生态问题进行识别，重点评估太湖流域9类生态系统的11项关键水生态服务功能。同时对太湖流域、三级功能分区以及控制单元三个尺度上的水生态服务功能特征进行了分析，并提出了相应的资源利用和生态保护的方向。

本书是多位一线科研工作者的集体成果，其中中国科学院地理科学与资源研究所的张彪博士负责全书的内容设计以及生态系统类型与水生态服务功能指标的选择，杨艳刚和张灿强博士分别针对农田生态系统和森林生态系统的水生态功能进行了研究；北京科技大学的杨丽韫讲师对城镇绿地生态系统的水生态服务功能进行重点研究，中国林科院亚热带林业研究所的王斌博士重点开展了水域生态系统服务功能的研究。此外，南京地理湖泊所的陈宇玮研究员以及杭州师范大学的邵晓阳教授提供了太湖流域水生态调查内容，南京地理湖泊所的高俊峰研究员与高永年博士介绍了太湖流域三级水生态功能分区与控制单元的划分技术。

本书在编写过程中，同时得到了中国科学院地理科学与资源研究所李文华院士、闵庆文研究员、刘高焕研究员等人的指导，以及浙江省安吉县林业局、湖州市生态环境监测站、江苏省常州市环保局等单位的大力支持，在此一并表示衷心的感谢！

由于本书涉及内容广泛，限于编者水平，错、漏和不当之处在所难免，诚恳希望读者予以指正，以便进一步修改和增补。

编　者

2011 年 4 月

目　录

1 绪论

1.1 太湖流域水生态环境问题

1.1.1 水资源问题

太湖是我国第三大淡水湖泊，水资源储存量大，是上海、苏州、无锡等大中城市的水源地。此外，太湖地区水网密布，河网面积为 2 492.78 km^2，占太湖流域总面积的 7.1%，占太湖地区水域面积的 47.7%，其自然水系主要有苕溪、南溪和黄浦江等。丰富的湖泊水资源是太湖流域社会经济发展的基础条件。不过随着流域内人口的快速增长和社会经济的高速发展，自 20 世纪 70 年代以来的太湖流域湖泊水域面积出现减少与湖泊水面的萎缩状况，河湖水质恶化，造成局部地区出现水质性缺水现象，同时由于降雨年际之间分配不均也造成个别年份出现洪涝灾害，这些水资源问题影响了太湖地区生态环境与社会经济的持续发展。

1.1.1.1 洪涝灾害时有发生

太湖流域水资源储量虽然丰富，但是在降雨量较多年份仍然会发生洪涝灾害并造成一定损失。相对集中且强的降水过程是造成洪涝灾害的直接原因。比如 1991 年是太湖流域 140 多年以来的最大梅雨年份，梅雨持续时间 56 天，梅雨期间降水量 790 mm，1991 年洪水期太湖最高水位 4.79 m，超出 1954 年洪水位 4.65 m（国家环境保护局，1996）。据估算，1991 年的特大洪涝灾害，造成太湖流域的直接经济损失近 100 亿元，间接经济损失达 200 亿元；1993 年太湖流域再次发生洪涝灾害，仅苏州市的直接经济损失就达到 9 亿元（王同生，1994）；此外，1995 年太湖流域东南部也发生了严重洪涝灾害（林泽新等，1996）。

1.1.1.2 湖泊水面不断萎缩

自 20 世纪 70 年代以来太湖流域主要湖泊的水域面积一直处于萎缩状态。1971—2002 年，水域面积减少 188 187 km^2，平均每年减少水域面积 5 190 km^2，但不同时期的水域面积减小程度表现出很大差异。1971—1988 年，水域面积减少 159 196 km^2，平均每年水域面积减少 8 189 km^2，其中太湖上游地区湖泊水域面积减少量占同期减少量的 91%。究其原因，泥沙淤积、湖泊围垦和围湖造田是造成湖泊水面减少的主要原因。

1.1.2 水环境问题

自 20 世纪 80 年代起，太湖地区工农业生产迅猛发展和人口高密度分布，造成湖泊水资源短缺、水环境恶化和生态系统退化局面，特别是富营养化问题，已严重威胁到流域社

本章执笔人：张彪，杨艳刚，王斌

会经济的可持续发展和人类健康。整体而言，目前太湖已处于中度富营养状态，部分区域已呈严重富营养化。主要污染是总磷（TP）、总氮（TN）和COD，尤其是TP污染严重（成芳等，2010）。

1.1.2.1 河网水系污染严重

太湖流域是典型的平原河网地区，流域河道总长12万km，河道密度每平方公里达到3.3 km。2005年对2 700 km河道评价中，全年期河道水质为Ⅳ、Ⅴ类的占总河长的89%，劣Ⅴ类的占总河长的11%。环太湖周围有215条通湖大小河流，绝大多数入湖水质为Ⅴ类或劣Ⅴ类。2006年监测资料显示，太湖年入湖水量70亿m^3，其中江苏段入湖53.8亿m^3（不含引江入湖水量6.17亿m^3），Ⅲ类水只占0.04%，Ⅳ类水也只有0.07%，Ⅴ类水占13.60%，劣Ⅴ类水占86.30%，河流水质污染形势严峻（吕振霖，2007）。

1.1.2.2 湖泊内源污染加重

太湖湖体水动力性能差，交换周期长，导致湖内污染物积累日益加重。据水利部太湖流域管理局《太湖底泥疏浚规划报告》研究结果，太湖湖底淤积面积1 547 km^2，占全太湖面积的66%，其中竺山湖、梅梁湖、贡湖和东太湖及入湖河口底泥污染最为严重，普遍淤深0.8～1.5 m，成为太湖水体污染的主要内源。此外，太湖中氮的内源释放贡献量约占全湖氮总负荷量的22.5%，磷的内源释放贡献量约占全湖磷总负荷量的25.1%，严重的内源污染是太湖富营养化的一个重要根源。

1.1.2.3 水库周边污染源危害水质

水库污染物主要来源于库区的工业废水、农田排水、城镇污水、大气沉降物以及养殖水体的过量施肥投饵。污染物主要包括耗氧有机物质、植物营养物、重金属、农药、石油类、酚类、氰化物、热、酸碱及一般无机盐类、病原微生物等。由于太湖地区经济的快速发展，入湖污染物排放量日益增加，甚至超过了水体自净能力，导致水质恶化，降低或破坏了水的使用价值，扰乱了水生态系统的稳定性及正常功能。此外，氮、磷等有机物的大量排入，水体呈富营养化状态，丧失了水的使用价值，造成水质性缺水，影响人们的饮水安全（陈文祥等，2006）。

1.1.2.4 化肥施用过量导致污染负荷加大

太湖流域农业集约化程度较高，农田非点源污染物质也是导致太湖水体富营养化的重要原因。与第二次全国土壤普查时相比，太湖流域的农田养分含量都有较大幅度的提高。潘根兴等（2003）调查发现，20世纪90年代末期常熟市年化肥施用量691.5 kg/hm^2；但多数学者认为普通黄泥土稻麦两熟制最佳经济施氮量和生态施氮量分别为336.3 kg/hm^2和281.9 kg/hm^2；常熟乌栅土、黄泥土两季经济施氮量为405～495 kg/hm^2（朱兆良，2001；中国科学院南京分院，1996；晏维金等，1999；马立珊等，1992）。随着太湖地区测土配方施肥政策的逐步推广与落实，有助于减少农田化肥污染负荷压力。

1.1.2.5 沟渠是农业污染源重要传播途径

太湖流域乡村生活污水及农户畜禽养殖尾水的排放，具有面广、量大、分散、间歇的峰值和高无机沉淀物负荷的特点，且太湖地区许多沟渠塘由于缺乏管理，淤积严重，杂草丛生，不仅无法有效拦截农田径流氮磷流失直接进入水体，同时又成为乡村生活污水、分散畜禽养殖尾水的排放通道和固体废弃物的堆积场所，是农业污染源的重要传播途径。此外，大量植株残体腐败时严重污染水体，同样也影响沟渠湿地的生态服务功能

（陆海明等，2010）。

1.1.2.6 围网养殖加剧水体富营养化

太湖流域的淡水养殖业非常发达，太湖流域的渔业养殖发达，“太湖三白”（白鱼、白虾、银鱼）是全国知名的美味佳肴，利润丰厚。近年来，太湖渔业养殖规模急速扩张，沼泽化趋势明显。太湖地区围网养殖带来的问题主要是投放饵料过剩，作为有机物的饵料沉入湖底腐烂降解后，会加剧水体富营养化。测定结果显示，围网养殖饵料利用率仅为 30%～40%，围网养殖水域的氨、氮浓度明显高于非养殖水域。

1.1.3 水土流失问题

太湖地区丘陵约占总面积的 20%，降雨量较丰沛，并且季风性气候特征使该地区降雨比较集中、降雨强度较大；此外，近年来由于产业结构的调整，土地利用呈现出高强度开发的特点。土壤侵蚀十分严重，由此不仅造成土壤肥力的下降，也使该地区水体质量恶化。

据水利部太湖流域管理局统计，2007 年太湖流域山丘区水土流失面积 1 957.6 km^2，占流域总土地面积的 5.3%，其中江苏省水土流失面积 1 238.5 km^2，浙江省水土流失面积 629.6 km^2，安徽省水土流失面积 89.5 km^2。水土流失以微度流失为主，分布在太湖平原河网地区，包括苏州、无锡、常州大部分地区。水土流失强度及流失面积较大地区分布在西南部丘陵地区，包括宜兴市、溧阳市、金坛市、吴县市、丹阳市部分地区，但所占面积比例较小。在流域水土流失面积中，轻度侵蚀面积 1 491.7 km^2，占流域侵蚀面积的 76.2%；中度侵蚀面积 367.5 km^2，占 18.8%；强烈侵蚀面积 76.0 km^2，占总流失面积的 3.9%，极强烈及以上侵蚀面积 22.4 km^2，占流失面积的 1.1%。

1.1.4 流域系统观解决水生态问题的意义

流域在区域尺度上是一个大的系统，由流域内的诸多类型生态系统构成。水是流域生态系统中最为活跃的因素，流域生态系统管理的核心就是协调好陆地生态系统和水生态系统之间的相互作用，管理好水量、水质和径流过程。水体富营养化，是氮磷物质在流域生态系统运动过程中，发生空间错位阻滞和时间上的节律变态有关。氮磷物质作为陆地生态系统中不可或缺的营养物质，由于不合理的人为活动，氮磷流失到水体中，而人们为了维持陆地生态系统的生产力不得不日益扩大氮磷的使用，结果水体中聚集了大量氮磷造成了污染。通过保护流域自然植被，调整农业生产方式，有助于较大程度地将氮磷保留在陆地生态系统之中，减缓水体的富营养化进程（White & Bayley，1999）；陆地地表覆盖的变化，比如林地面积的减少以及硬化地表的增加，都会导致水循环模式的变化，减少降雨下渗而快速聚集洼处，增大了洪灾威胁。

实践证明，以流域为单元管理自然资源最为有效合理，这一措施已被欧洲和北美各国政府环保、农业、林业、水土资源管理等机构普遍采纳。太湖流域水生态问题的解决，需要在流域资源开发、灾害治理、环境保护、经济和社会发展规划制定和实施时，尊重流域的本质特征，坚持以流域系统观为指导，重视流域生态系统过程及其功能，科学调控生态系统的发展，优化管理生态系统，实现自然流域系统的协调一致和社会流域系统的和谐发展。

1.2　生态服务功能

虽然人类对生态系统服务功能的研究才刚刚起步，但是我们的祖先早已意识到了生态系统对人类社会发展的支持作用（Aldo Leopold，1949）。20 世纪 40 年代以来生态系统概念与理论的提出和发展，促进了人们对生态系统结构和功能的认识和了解，为后来的生态系统服务研究奠定了科学基础。

1.2.1　生态服务功能概念

自从生态系统服务功能的概念提出以来，就一直有人不断尝试采用多种更加贴切提法来表述其内涵（Costanza et al.，1997；Daily，1997；孙刚等，1999），但是至今仍旧未有公认的统一的表述方式（Wallace，2007）。Daily（1997）认为，生态系统服务功能是指自然生态系统及其物种维持和满足人类生存、维持生物多样性和生产生态系统产品（比如海产品、牧草、木材、生物燃料、自然纤维等）的过程和能力；Costanza 等（1997）用生态系统产品（如食物）和服务（如消纳废物）表示人类从生态系统功能中直接或间接获得的效益；De Groot 等（2002）探讨了生态系统功能与生态系统产品和生态服务概念之间的关系，并将生态系统功能定义为自然过程及其组成部门提供产品和服务从而满足人类直接或间接需要的能力，当生态系统功能被赋予人类价值的内涵时便成为生态系统产品和服务；联合国千年生态系统评估（2003）综合了以上定义，认为生态系统服务功能是指人类从生态系统获取的效益。

在我国，“生态系统服务”根据国外表述方法的不同而有各种译名，比如有人译作“生态系统服务”（赵景柱等，2000；徐中民等，2002），有人使用“生态系统服务功能”（欧阳志云等，1999；谢高地等，2001），或者“生态服务功能”（石培礼等，2002；赵传燕等，2002）。对于生态系统服务功能概念的理解，应当注意生态系统功能与生态系统服务之间的区别与联系。生态系统服务是建立在生态系统功能基础上的，是人类能够从中获益的生态系统功能；而生态系统功能是生态系统结构的外在表现，是生态系统所固有的本质属性，二者不可等同，但联系又十分密切。为了更加清晰表述生态系统服务相关概念，本书首先对生态系统服务、生态系统服务功能以及生态服务功能等概念进行区别。生态系统服务是指人类从生态系统获得的各种惠益（MA），包括生态系统产品和服务；生态系统服务功能是指单一生态系统类型所提供的生态服务，侧重生态功能而非生态系统产品；生态服务功能是指流域或区域生态系统（包括多个生态系统类型）所提供的生态服务，同样侧重生态功能而非直接的生态产品。

1.2.2　生态服务功能特征

1.2.2.1　空间异质性与范围有限性

由于气候、地形等自然条件的差异，生态系统类型多样，其生态服务功能在种类、数量和重要性上存在很大的空间差异性。生态服务功能是在一个特定的地理区域内形成的，尽管会在一定程度上向外辐射，惠及其他区域甚至全球，但是绝大部分的生态服务功能具有明显的地域性特征，只是在一定的地理区域内发挥作用。

1.2.2.2 整体有用性与用途多样性

生态系统服务不是单个或部分要素对人类社会有用，而是所有组成要素综合成生态系统之后才起作用（阎水玉和王祥荣，2002）。生态系统服务功能是建立在生态系统整体性基础上的，是其整体功能的发挥。一种服务功能的提高必然导致另一种服务功能的降低。同时，生态系统的服务功能的种类是多样的，同一生态系统可以表现出较多的服务种类。各种生态服务功能的大小存在差异，并不像市场上流通的商品其使用价值一般情况下是比较单一的。

1.2.2.3 持续有用性与动态性

生态系统具有自然演替过程，受到自然或人为干扰后会发生相应变化，而且随着社会经济的发展，人们对生态系统服务的认识与评价也会发生变化。尽管生态系统服务功能随着生态系统的自然演替而发生变化，但是一般来说，自然演替的过程比较缓慢，如果没有受到外部干扰，生态系统服务功能是可以长期存在和持续利用的。但是如果人类过度地或不合理地从生态系统中攫取某一类型的服务，就可能导致所有的生态系统服务减少甚至消失。

1.2.2.4 公共产品性与外部性

生态系统服务不能离开具体的生态系统而存在，也不能离开具体的区域环境而进行。尽管具体的生态系统属于某一所有者，但是它所产生的生态服务可以超过其所有者的控制范围；再者，生态系统服务的发挥是公共的，不具有排他性。因此，有效解决生态系统服务所有者的独立性与消费者的不确定性之间的矛盾是生态系统服务价值评估的关键。由于人类的行为对生态系统产生负面的外部效应，导致生态系统服务功能和价值受到损害，间接地对人类的社会经济系统产生不利影响，增加了社会成本。

1.2.3 生态服务功能分类

生态系统具有多种多样的服务功能，各种服务功能之间互相联系、互相作用，因此，生态服务功能分类是开展生态服务研究的一个重要内容。国内外对于生态系统服务的分类研究相当重视，目前已有多种分类方法。比如 De Groot（2002）提出将生态系统服务分为调节功能、承载功能、生产功能和信息功能 4 类；Freeman（1993）提出另一种四分法，即为经济系统输入原材料、维持生命系统、提供舒适性服务以及分解、转移和容纳经济活动的副产品；张象枢等（1998）将其划分为物质性资源功能、环境容量资源功能、舒适性资源功能和自维持资源功能 4 类；李金昌等（1999）提出两分法：物质功能和生态功能。此外，还有许多国内外专家学者对生态系统服务的分类进行了探索，其中以 Costanza（1997）、De Groot（2002）以及 MA（2003）的分类方案最具有代表性（表 1-1）。

虽然这些分类体系都较为全面地概括了生态系统所提供的生态产品或功能，为生态系统服务及其价值评估建立了框架，并有助于开展针对不同生态服务功能的专项研究。但是这些分类体系属于以生态系统为起点，依据生态系统的组分、结构以及生态过程所进行的生态属性分类。由于通常情况下一种生态组分或过程对应多种生态服务，或者一种生态服务对应多个生态组分或过程，因此划分起来相当复杂，而且容易造成某些生态服务的重复出现；同时这些分类体系未能与人类需求有效结合起来，尽管 MA 将生态服务与人类福利对应起来，有助于反映生态系统变化对人类福利的影响，但是并不利于反映不同社会经济条件下人类需求的变化对生态系统的影响。虽然生态系统所能提供的产品或功能多种多样，但是人类对这些生态产品或功能的需求是具有选择性的。比如，在容易遭受洪水威胁或水资源缺乏地区，森林的水源涵养功能往往受到特别关注；而在大气环境高污染地区，森林的空气净化功能更加受到重视。因此，生态系统服务的有效存在与人类的实际需求有着紧密的联系。

表 1-1 生态系统服务分类方法

Costanza 等 17 项分类法	De Groot 4 类 23 项分类法	MA 4 类 20 项分类法
大气调节	调节功能	供给服务
气候调节	大气调节	粮食
干扰调节	气候调节	淡水
水调节	干扰控制	薪柴
水供应	水调节	纤维
防止侵蚀	土壤保持	生物化学物质
土壤形成	土壤形成	遗传资源
养分循环	养分调节	调节服务
废物处理	废物处理	气候调节
传粉	传粉	控制疾病
生物控制	生物控制	调节水资源
提供避难所	生境功能	净化水源
食物生产	生境地保存	支持服务
原材料	繁殖地保护	土壤形成
基因库	生产功能	养分循环
娱乐	食物	初级生产
文化	原材料	文化服务
	基因资源	精神与宗教
	医药品	消遣旅游
	装饰资源	美学
	信息功能	激励
	美学信息	教育
	消遣娱乐	地方感
	文化艺术	文化遗产
	精神历史	
	科学教育	

从人类需求的三个层次来看，生态系统所提供的生态服务应该包括丰富充足的物质产品、健康安全的生态环境和独特别致的景观文化。其中物质产品主要包括维持人们生活的粮食、果品、木材、薪柴、淡水等生活资料，以及作为生产原料的橡胶、纤维、树脂、颜料等生产资料；健康安全的生态环境包括健康舒适的大气环境（比如舒适的气候、清新的空气）、安全的水环境和丰富的水资源、肥沃的土地资源以及丰富多样的生物资源；而独特别致的景观文化是指生态系统能够作为人们的休闲消遣对象，或具备历史、宗教、地方感和激励作用的文化载体，以及作为教育、科研或产生灵感的知识源泉。

因此，基于人类需求的三个层次，张彪等（2010）将生态系统服务分为 3 类 12 项，即物质产品、生态安全维护功能和景观文化承载功能 3 类，其中物质产品是指生态系统利用大气、水等组分以及光合作用等生态过程，将太阳能转化为有机质（生物量），从而为人类生产生活所提供的基本物质，一般包括粮食、薪柴等生活资料，橡胶、纤维等生产资料2项；生态安全维护功能是指生态系统通过一系列生态过程维护大气环境、水环境、土壤环境以及生物资源等生态安全的作用，包括气候调节、大气调节、水文调节、水质净化、土壤保持、土壤培育、物种保护等7项；景观文化承载功能是指生态系统因其独特的组成或结构作为美学景观、历史文化、科研教育等的载体功能，可细分为景观游憩、历史文化承载和科研教育等3项（表1-2）。

表1-2 基于人类需求的生态系统服务分类

人类需求	生态系统服务
物质需求	物质产品生产服务
■生活资料 ■生产资料	■生活资料生产服务：生产供给粮食、果品、木材、薪柴等生活资料 ■生产资料生产服务：生产供给橡胶、纤维、树脂、颜料等生产资料
安全需求	生态安全维护服务
■大气安全	■气候调节：生态系统在局地尺度影响气温和降水，在全球尺度吸收或排放温室气体调节气候，提供了适宜人类生存的气候环境 ■大气调节：生态系统向大气环境中释放或吸收化学物质，提供了清洁的空气
■水安全	■水文调节：生态系统截留、吸收和贮存降水，调节径流，降低了洪灾旱灾 ■水质净化：生态系统滤除、分解降水中的化学物质，提供了洁净的水资源
■土壤安全	■土壤保持：生态系统固持土壤、减缓侵蚀，避免了土地废弃和泥沙滞留淤积 ■土壤培育：生态系统截留、分解有机物，提供了肥沃的土地资源
■生物安全	■物种保护：生态系统提供生物栖息生活环境，保存了生物多样性
精神需求	景观文化承载服务
■美学景观 ■文化艺术 ■知识意识	■景观游憩：提供了生态系统有关的美学和消遣的机会 ■精神历史：寄托生态系统有关的精神与文化，比如灵感、宗教、故土情结 ■科研教育：提供观测、研究和认识生态系统的机会，比如作为科研教育对象

1.3 生态服务功能研究进展

1.3.1 国外进展

人类很早就意识到自然和人类活动之间存在相应的因果关系，比如早在古希腊，柏拉图就认为雅典人对森林的破坏会导致水井的干涸。国外对生态学及生态系统服务功能的研究主要经历了萌芽、发展和融合三个阶段（李文华等，2008）。

1.3.1.1 萌芽阶段

由于生态系统及其过程形成和维持着人类赖以生存的自然环境条件及效用，所以人类早就意识到生态系统对人类生存和发展的重要作用，并且随着经济的发展和环境问题日益严重，生态系统服务功能研究越来越受到重视。18世纪的法国科学家巴丰（Buffon）是第一个直接研究人类经济活动对自然环境作用的学者（Sargent，1974）。马歇尔（Marshall）在《人与自然》（1864）一书中，记载了自然环境具有水土保持、分解动植物尸体等功能，并提到人类行为将会对生存环境构成威胁。德国学者海克尔（Haeckel）（1866）创建了生态学；坦斯利（Tansley）（1936）提出的生态系统概念，是生态学发展的重要的里程碑，标志着以生态系统为基础的生态学研究已经形成了科学的体系，并且从注重生态系统结构研究逐渐向关注生态系统功能的研究方向发展。

1.3.1.2 发展阶段

20 世纪后半叶，生态系统服务功能的研究进入了全新的发展阶段，逐渐成为生态学的一个重要研究方向。1949 年，Leopold 提出“土地伦理”的观念，指出人类本身不能替代生态系统的服务功能，Sears（1955）则注意到生态系统的再循环服务功能。1970 年，“Study of Critical Environment Problem”中提出了害虫控制、传粉、渔业、土壤形成、物质循环等“环境服务”功能；Holdren 和 Ehrlich（1974）将其拓展为“全球环境服务功能”，并在环境服务功能清单上增加了生态系统对土壤肥力和基因库的维持功能；1977 年，Ehrlich 将此命名为“生态系统公共服务”，后来 Westman 等又命名为“自然服务”，1981 年 Ehrlich 又进一步确定为“生态系统服务”，并对以下两个问题进行了讨论：一是生物多样性的丧失将如何影响生态系统服务功能，二是人类是否有可能用先进的技术替代自然生态系统的服务功能。随着这些研究成果的发表，生态系统服务功能这一术语逐渐为人们所公认和普遍使用。

1.3.1.3 融合阶段

20 世纪 90 年代以来，随着生态系统理论水平和实践能力的提高，生态系统服务功能的研究日益受到重视，从生态系统过程、生态系统服务功能的机理及其生态系统服务功能价值等多个方面开展了生态学与经济学的交叉综合研究，克服了过去的研究面过于集中理化定量研究以及忽略人类的效用等缺点。国外对生态服务功能研究主要集中在生态服务功能分类、生态服务功能的形成及其变化机制以及生态系统服务的价值化研究上（谢高地等，2006）。

构建一套科学合理的生态服务功能分类是生态系统服务及其价值化研究的基础，然而由于生态系统所提供的服务功能不仅多种多样，而且不同功能之间又存在着错综复杂的依存关系，以至于生态系统服务功能的分类体系比较复杂，甚至有些功能根本无法分割。因此生态服务功能的分类一直是生态系统服务研究中的难点，也是一个热点（张彪等，2010）。国外对生态服务功能的分类主要包括功能分类，比如调节、承载、栖息、生产和信息服务（Daily，1997，1999；De Groot et al.，2002）；组织分类，比如与某些物种相关的服务，或者与生物实体的组织相关的服务（Norberg，1999）；描述分类，比如可更新资源物品、不可更新资源物品、生物服务、生物地化服务、信息服务以及社会和文化服务（Moberg & Folke，1999）。目前功能分类是比较常见的分类方法，比如 Daily（1999） 和 Costanza 等（1997）提出的生态系统服务分类比较具有代表性，另外一个较有影响的生态服务功能分类由 MA（2003）提出，将生态系统服务分为供给、调节、文化和支持服务，这种分类体系更加直观，但是不同功能之间存在重叠交叉现象。

生态系统是生态服务功能形成与维持的物质基础。在生态系统服务形成和维持过程中，生物多样性通过它在生态系统的属性和所起的作用与生态系统服务产生密切联系（Costanza et al.，1997；Daily，1997；Naeem，2001；Loreau et al.，2001）。因此，生态系统服务功能的形成与变化机制的研究受到重视。Tilman 等（1997）对草地生态系统研究发现，生态系统功能多样性及其组成对生态系统过程的影响要比物种多样性更加显著，多样系统中生物多样性的微小变化只会导致极小的生态系统功能和服务供给的改变（Jones et al.，1994）。Loreau 等（2001）认为某些最少数量的物种在稳定条件下对生态系统功能非常必要，较大数量的物种可能对维持变化环境中生态系统过程的稳定性是非常必要的。Luck 等（2003）提出了服务供给单元，是指在一定时间或空间尺度内提供或未来会提供的已经认识到的生态服务的单元，为研究生态系统服务功能的形成、变化机制、受损生态系统服务的恢复提供了一个全新的观点和方法。

由于生态系统功能和服务的多面性，生态系统服务具有多价值性。近十几年来，Pearce（1995）、McNeely 等（1990）、Turner（1991）等人的研究，奠定了生态系统服务价值分类的理论基础。生态系统服务价值评估方法目前主要采用经济学评价方法、能值评价法和效益转换法。其中生态系统服务的经济学评价方法根据价值评价技术的市场基础不同分为 3 类：市场基础评估技术、代理市场评估技术以及模拟市场评估技术（Chee，2004）。能值评价法以能值核算为代表，是以生产非货币化和货币化资源、服务和商品的太阳能单位来表示其价值（Odum & Odum，2000）。效益转换法是指在一个研究区估计的经济价值通过市场为基础或非市场为基础的经济评价技术转换到另外的地方的方法（Barton，2002）。不过，效益转化法目前还是一个存在广泛争议的评价方法，它的有效性还没有得到证明（Brouwer，2000）。总之，当前国外生态系统服务及其价值评估研究已广泛开展，不同研究者从不同角度开展研究。Daily 等主要从生态学基础的角度探讨生态系统服务及其价值，Costanza 等则从经济学角度研究生态系统服务的价值，并探讨评价的技术与方法，Pimentel 等（1997）也估算了生态系统服务的价值，并与 Costanza 等的研究结果进行对比，Turner 注重生态系统服务经济价值评估技术与方法的研究，Naeem 则更关注生态系统服务变化的机制，特别是生物多样性与生态系统服务变化之间的相互作用。千年生态系统评估（MA）更加全面关注生态系统服务概念、与人类福利关系、变化的驱动因子、评价尺度、评价技术与方法以及最终政策制定等。

1.3.2 国内进展

我国虽然早在古代对生态系统的服务功能就有了感性认识与实践，但是从科学的高度对生态系统服务的研究开展较晚。不过近年来我国在这一领域研究进展较快，不仅对生态系统服务价值评估的理论与方法进行了研究与探索，而且开展了大规模的生态系统服务价值评估案例的具体实践，并取得了重要进展（李文华等，2009；Zhang 等，2010）。

1.3.2.1 感性认识实践时期

这是一个漫长的历史时期，包括从我们的祖先在中国这块土地上定居，大体到新中国成立。人们在长期的生产和生活实践中，逐渐积累了生态系统对人类生存和社会发展支撑作用的宝贵经验，并对这些经验给予文字的记述（李文华和赵景柱，2004）。早在 6 000～7 000 年以前，我国就已有在长江流域种植稻谷、在黄河流域种植谷子的记载；在商代，甲骨文中已零星记载生物与环境的关系；先秦时期，人们对森林保持水土的作用有了认识上的萌芽（关传友，2004），明清时期就普遍认识到了这种作用（樊宝敏和李智勇，2008）。《国语》《周礼》《农政全书》《吕氏春秋》等中国古代文献也有诸多记载，不过现在看来，这些认识和实践只是感性上的朴素认识和初始阶段的行为。

1.3.2.2 短期零散研究时期

新中国成立以后至 20 世纪 80 年代，是我国生态系统服务的短期零散研究阶段。尽管早在20世纪20年代，局部地区森林水文功能的研究就已开始（张增哲和余新晓，1989），不过直到新中国成立以后一些科研、教学和有关业务部门才相继开展这方面的研究。50年代末60年代初，天然与人工生态系统结构与功能的定位观测受到重视（李文华和赵景柱，2004），1958年中国科学院在云南西双版纳建立了我国第一个生物地理群落定位站，一些科研单位和高等院校也结合各自需要，开展了小规模的定位研究。到20世纪60—70年代，我国大规模的农田防护林建设实践积累了丰富的经验（曹新孙，1983），一些科研工作者对局部地区农田防护林的防风效应、热力效应、水文效应、土壤改良效应以及农作物增产效应等开展了定量研究。而在80年代初，国内以“森林的作用”为中心的大讨论（黄秉维，1981；汪振儒，1981），掀起了森林水文功能研究的热潮，森林与降水、径流、蒸发、土壤水分、水源以及水量平衡的关系受到高度关注。同时国内也出现了森林资源综合效益的早期核算研究（张嘉宾，1982；翟中齐和徐智，1982；宋宗水，1982；廖士义等，1983）。不过整体来看，此阶段的研究主要侧重于森林生态系统服务物理量的分析与测定，研究内容不够全面，研究范围也限于特定的区域，属于零散、短期的研究。

1.3.2.3 长期系统观测时期

20世纪80年代以后，我国生态系统结构与功能的定位观测开始向纵深发展。1988年中国科学院在原有生态系统定位观测站的基础上，开始筹建生态系统研究网络（CERN）。截止到2005年，CERN的基础台站已达36个（冯林，2004），涵盖了全国具有代表性的农业、森林、草原、湖泊、海洋等生态系统类型。国家林业局也根据需要独立组建了已有15个站入网的森林生态系统定位研究网络（CFERN）（李伟民和甘先华，2006）。这些大型长期生态学研究网络的建立，为我国生态学深入、定量和过程的研究提供了平台，而且在宏观尺度上为生态系统服务的网络化研究奠定了基础。

1.3.2.4 全面价值评估时期

20世纪90年代，国内对深入认识生态系统的服务功能并量化其经济价值有了强烈的实际需求。受Costanza等人研究成果的启发，国内生态学者开始对生态系统服务的价值评估进行了探索与实践。欧阳志云等（1999）系统阐述了生态系统的概念、内涵及其价值评价方法，并以海南岛生态系统为例，深入开展了生态系统服务价值评价的研究工作，后来又对中国陆地生态系统服务功能的价值进行了初步估算；赵同谦等（2004a；2004b；2003）评估了我国草地、森林、地表水等生态系统类型服务功能的价值；谢高地等（2001；2003a；2003b）对中国自然草地和青藏高原高寒草地的生态系统服务价值进行了研究与评估，并在对我国200位生态学者进行问卷调查的基础上，制定了中国生态系统服务价值当量因子表；余新晓等（2005；2002）对中国森林和北京市山区森林的生态系统服务价值进行了测算；在科技部、中国科学院以及国家自然科学重点基金支持下，李文华等（2002；2008）对中国典型生态系统服务功能及其经济价值的评估理论与方法也开展了一些研究，并出版了生态系统服务研究的专著；此外还有许多科学工作者也进行了卓有成效的研究实践。

生态系统服务研究是一项极为复杂的工作，它不仅取决于生态系统本身的自然特点，同时也取决于社会经济条件。面对这样一项艰巨的任务，国内外的生态学者们仍在进行着孜孜不倦的研究和探索。尽管我国生态系统服务研究取得了积极的进展和显著的成效，但主要是针对不同生态系统类型所进行的概算式研究，而对于基于空间和其他影响因素所建立起来的生态系统服务价值综合评估模型的研究较少，因此整体看来，中国的生态系统服务研究仍然处于初级阶段。

1.4 水生态服务功能及其研究进展

1.4.1 水生态服务功能概念

水是人类赖以生存的宝贵自然资源，同时也是社会经济赖以发展的重要物质基础，具有巨大的服务功能价值，近年来由于人们对水资源的不合理开发、利用以及工农业用水严重超过了水资源的承载力，导致河流断流、湿地丧失、区域生态环境退化、生物多样性受到威胁，如何协调水资源的直接利用及维持水的生态服务功能已成为水资源管理所面临的挑战（欧阳志云等，2004）。对水生态系统各项服务功能的定量评价有助于全面地认识水资源的价值，有助于人们重新审视水生态系统功能，提高社会对水生态系统保护重要性的认识，促进水生态系统研究和保护利用。

水生态服务功能主要表现为水生态系统及其毗邻的陆地生态系统所维持的人类赖以生存的自然环境条件与效用。在水域生态系统内，主要表现为供给人类生活及生产用水、水力发电、内陆航运、水产品生产、基因资源，以及水文调节、污染物稀释、气候调节、娱乐和生态旅游价值等；在陆地生态系统内，主要表现为陆地和水相互作用后所产生的功能，比如涵养水源、净化水质、保持水土、削洪、抵御旱涝灾害及维护水生境等。

1.4.2 水生态服务功能研究现状

20 世纪 70 年代，随着经济的快速发展与人口的急剧增长，社会经济用水挤占生态环境用水，全球范围内水生态系统日益恶化。明确水的生态服务功能并开展科学评价是解决水生态环境问题的关键支撑，具有重要的科学应用价值。目前，水生态服务功能研究已经从河流水资源娱乐价值扩展到水的多个方面，并取得了长足的发展（张诚等，2011）。

早在 20 世纪初，美国为建立野生动物保护区特别是迁徙鸟类、珍稀动物保护区而开展了湿地评价工作。70 年代，美国学者 Larson 提出了湿地快速评价模型，强调根据湿地类型评价湿地的功能，并以受到人类活动干扰的自然和人工湿地为参照，该模型在美国和加拿大得到广泛应用，并进一步推广和应用到发展中国家（Brown et al.，1992）。Daily 和 Costanza 等人的研究进一步明确了学科发展方向，使生态服务功能评价在不同的生态系统中得到广泛运用。Costanza 等（1997）评价表明，河流和湖泊的面积占评价地区总面积的 1.3%，但其提供的生态系统服务功能却占到了 13.7%，其单位面积的服务功能价值 7.0×10^4 元 • hm^{-2} • a^{-1}（1 美元折合 6.332 元人民币），是森林的 8 倍多，是草地的 36 倍多。因此充分发挥河流生态系统的服务功能是人类可持续发展的必然选择。Wilson 等（1999）对美国 1971—1997 年的淡水生态系统服务经济价值评估研究做了总结回顾，其中大多数研究涉及河流生态系统的娱乐功能评估。此后，湿地生态经济效益评价得到广泛的重视，评价方法也取得了巨大进展，并为湿地生态系统的管理提供基础（王欢，2006）。

目前，我国生态系统服务研究主要集中于陆地生态系统以及森林生态系统服务功能及其保护策略研究，而对于水生态系统服务的研究相对较少。我国湿地生态系统服务功能评价工作尚处于起步阶段。崔丽娟和宋玉祥（1997）开始了国内对湿地价值全面评价研究，并比较系统地阐述了湿地生态系统价值评估的理论与方法（崔丽娟，2000）。近年来，湿地生态系统服务价值评估方面的研究迅速增多，涉及面也相当广泛，既有理论方面的探索，也有方法和技术的介绍（严承高等，2000；崔丽娟，2000；宁龙梅等，2006），但更多还是针对不同湿地进行的案例研究。比如辛琨等（2002，2006）对盘锦地区湿地和香港米埔湿地、崔丽娟（2002，2004）对扎龙湿地和鄱阳湖湿地、郝运等（2004）对向海湿地、庄大昌（2004）对洞庭湖湿地、张天华等（2005）对西藏拉鲁湿地、陈鹏（2006）对厦门湿地服务价值的评估。此外，王伟和陆健健（2005）还提出了理论服务价值与现实服务价值的概念，并以温州三垟湿地为研究对象，选择其主要服务价值，分别进行了理论服务价值与现实服务价值的估算。

在全国尺度上，赵同谦等（2003）根据水生态系统提供服务特点，将我国陆地水生态系统分为河流、水库、湖泊、沼泽4个类型，结合基础数据的可获得性，建立了由生活及工农业供水、水力发电、内陆航运、水产品生产、休闲娱乐5个直接使用价值指标和调蓄洪水、河流输沙、蓄积水分、保持土壤、净化水质、固定碳、维持生物多样性7个间接使用价值指标构成的评价指标体系。欧阳志云等（2004）对我国水生态系统服务功能间接价值进行了初步的评价与估算，结果表明其总的价值为$6\,038.78\times10^8$元，相当于供水、发电、航运、水产品生产等水生态系统提供的直接使用价值的1.6倍。

总之，水生态服务功能是生态服务功能研究的重要内容，主要集中在水生态服务功能的辨识、评价以及演变规律和驱动机制三个方面，其中水生态服务功能的评价研究较多，而当前关于水生态服务功能的辨识研究以及演变规律和驱动机制研究较少，未来水生态服务功能研究需要重视发展关键支撑技术、建立多元化的评价方法以及开展面向流域生态安全与水安全的水资源管理与流域生态补偿研究（张诚等，2011）。

2 太湖流域生态系统特征分析

2.1 太湖流域概况

太湖流域面积 3.69 万 km^2，地处长江三角洲的核心区，北依长江，南濒杭州湾，东临东海，西以茅山、天目山为界，行政区划分属江苏、浙江、上海、安徽三省一市。流域为典型的平原河网地区，河道总长约为 12 万 km，密度达 3.3 km/km^2，0.5 km^2 以上的大小湖泊 189 个，太湖位于流域河流水系的中心，水面面积 2 338 km^2。

2.1.1 地形地貌

太湖流域地形为周边高、中间低，呈碟状平原。西部为山丘区，属天目山及茅山山区的一部分，中间为平原河网和以太湖为中心的湖泊洼地，北、东、南三边受长江口和杭州湾泥沙堆积影响，地势相对较高，形成碟边。流域地貌有山地、丘陵和平原，整体地势大致以丹阳—溧阳—宜兴—湖州—杭州为界分山丘与平原。平原区又分为中部平原区、沿江滨海平原区和太湖滨湖区部分。西部山丘区面积 7 338 km^2，占总面积的 20%，高程一般为 200～500 m（镇江吴淞高程）。丘陵高程一般为 12～32 m。中部平原区面积 19 350 km^2，占总面积的 52%，高程一般低于 5 m；沿江滨海平原区 7 015 km^2，占总面积的 19%，高程一般在 5～12 m；太湖湖区 3 192 km^2，占总面积的 9%。

2.1.2 气候

太湖流域属北亚热带季风气候区，呈现冬季干冷、夏季湿热、四季分明、降雨充沛和台风频繁等气候特点。冬季受西北冷气团侵袭，盛行西北风，气候寒冷干燥；夏季受海洋气团的控制，盛行东南风，水汽丰沛，气候炎热湿润。多年平均气温 15～17℃；全年无霜期 230 天左右；多年平均降水量为 1 177 mm，其中约 60%集中在 5—9 月的汛期；多年平均水面蒸发量为 822 mm，其中约 60%集中在 5—9 月的汛期。大多在每年的 5—7 月，暖湿气流北上，冷暖气流遭遇形成“梅雨”，易引起全流域洪涝灾害；盛夏受副热带高压控制，天气晴热，每年的 7—10 月，常受热带风暴和台风影响，形成“台风雨”，易出现暴雨狂风的灾害天气。如遇干旱年份，常发生伏旱，流域供水矛盾也十分突出。

2.1.3 水系

太湖流域河道总长约 12 万 km，河道密度达 3.25 km/km^2，河流水系纵横交错，湖泊星罗棋布，是全国河道密度最大的地区，也是我国著名的水网地区。流域内河道水系以太湖

本章执笔人：张彪，杨艳刚，王斌，杨丽韫，张灿强

为中心，分上游和下游两大水系。上游主要为西部山丘区独立水系，有苕溪水系、南河水系及洮滆水系等；下游主要为平原河网水系，主要有以黄浦江为主干的东部黄浦江水系（包括吴淞江）、北部沿江水系和南部沿杭州湾水系。京杭运河穿越流域腹地及下游诸水系，全长 312 km，起着水量调节和承转作用，也是流域最重要的内河航道。

太湖流域湖泊众多，是长江中下游 7 个湖泊集中区之一，面积大于 0.5 km^2 的大小湖泊面积共 3 159 km^2，占流域平原面积（29 557 km^2）的 10.7%，湖泊总蓄水量 57.68 亿 m^3。太湖流域湖泊全部为浅水型湖泊，平均水深不足 2.0 m，最大水深一般不足 3.0 m，个别湖泊最大水深大于 4.0 m。

太湖流域湖泊以太湖为中心，形成西部洮滆湖群，南部嘉西湖群，东部淀泖湖群和北部阳澄湖群。洮滆湖群包括洮湖、滆湖、钱资荡、西氿、东氿等，位于茅山和界岭的溪流入平原之处。嘉西湖群包括菱湖、钱山漾、百亩漾等，位于东苕溪山洪入平原之处。淀泖湖群包括澄湖、独墅湖、金鸡湖、淀山湖、元荡、汾湖等，数量最多，面积最大，分布最广，处于古太湖向东和东南泄水的通道处。阳澄湖群包括阳澄湖、昆承湖、傀儡湖、巴城湖等，位于太湖东北向泄水的通道上。面积大于 10 km^2 的湖泊有 9 个，分别为太湖、滆湖、阳澄湖、洮湖、淀山湖、澄湖、昆承湖、元荡、独墅湖，合计面积为 2 838 km^2，占湖泊总面积的 89.8%；常水位下蓄水量 50.77 亿 m^3，约占湖泊总蓄水容积的 88%。太湖面积 2 338 km^2，常水位下蓄水量 44.28 亿 m^3。

2.1.4 社会经济

太湖流域自然条件优越，物产丰富，交通便利。历史上就是我国著名的富庶之地，有“上有天堂，下有苏杭”之美誉。改革开放后，流域内凭借优越的区位优势和良好的经济基础、强大的科技实力、高素质的人才队伍和日益完善的投资环境，经济社会得到了高速发展，是长江三角洲的核心地区，成为我国经济最发达、大中城市最密集的地区之一。流域内除特大城市上海、杭州外，还有苏州、无锡、常州、嘉兴和湖州等大中城市以及迅速发展的众多城镇。2003 年，太湖流域总人口 4 533 万，占全国总人口的 3.8%；GDP 达 21 221 亿元，占全国的 11.6%；人均 GDP 4.7 万元，是全国人均 GDP 的 3.4 倍，城镇化率约为 70%。

2.2 太湖流域生态系统类型

太湖流域生态系统是由许多不同的子系统所组成的，这些子系统在流域中形成了一个巨大的网络，其组成、结构以及与外界的关系影响到太湖流域生态系统的能量流、物质流和信息流，进而影响其生态功能。因此，太湖流域生态服务功能的研究需要将整个生态系统作为一个整体，从宏观角度分析不同生态系统服务功能的关系与影响因素。

2.2.1 土地利用现状

土地利用是人类活动作用于自然环境的主要途径之一，是历史时期土地覆盖和全球环境变化的最直接和主要的驱动因子。土地利用现状是土地资源自然属性和经济特性的全面反映。为了精确认识太湖流域土地利用/土地覆被情况，采用 ALOS 高分辨数据作为基础数据源进行太湖流域 1∶50 000 土地利用/土地覆被类型解译。解译结果如表 2-1 所示，其空间分布见文后附图 1 所示。

表 2-1 土地利用类型编码及说明

一级分类		二级分类		三级分类		类别说明
名称	编码	名称	编码	名称	编码	
耕地	1	水田	11	水田	111	指有水源保证和灌溉设施，在一般年景能正常灌溉，用以种植水稻、莲藕等水生农作物的耕地，包括实行水稻和旱地作物（小麦、油菜等）轮种的耕地
				大棚	112	无法确定种植类型的大棚
		旱地	12			指无灌溉水源及设施，靠天然降水生长作物的耕地；有水源和灌溉设施，在一般年景下能正常灌溉的旱作物耕地；以种菜为主的耕地；正常轮作的休闲地和轮歇地
园地	2	果园	21	桃园	211	以种植桃树为主的园地
				葡萄园	212	以种植葡萄为主的园地
				桑树	213	以种植桑树主的园地
				其他果园	214	种植苹果等其他果树的园地
		茶园	22			以种植茶叶为主的园地
		其他园地	23			种植药材等其他作物的园地
林地	3	有林地	31	竹林	311	
				其他有林地	312	指郁闭度＞20%的天然林和人工林等成片林地
		灌丛林地	32			指郁闭度＞40%、高度在 2m 以下的矮林地和灌丛林地
		苗圃	33			用于育树苗、花卉等的土地
		其他林地	34			除上述林地以外的林地，包括因未成林的人工林地、迹地等，疏林地属于此类
草地	4	天然草地	41			生长天然草本植物，未经人工改良、用于放牧或割草的草地
		人工草皮	42			人工种植的用于绿化和球场等的草地
		荒草地	43			城区周围及山区
水域及水利设施用地	5	河流水面	51			指天然形成或者人工开挖河流常水位岸线之间的水面，不包括被堤坝拦截后形成的水库水面
		湖泊水面	52			指天然形成的积水区常水位线所围成的水面
		水库水面	53			人工拦截汇集而成的蓄水量≥10 万 m^3 的水库正常蓄水位岸线所围成的水面
		坑塘水面	54	坑塘水面	541	人工拦截汇集而成的蓄水量＜10 万 m^3 的水库正常蓄水位岸线所围成的水面
				养殖水面	542	养鱼、虾、蟹、牛蛙、水草（作为黑鱼的食物）等的水面
		滩涂	55			包括沿海滩涂和内陆（河流、湖泊）滩涂
		沟渠	56			人工修建，宽度＞1m，用于引、排、灌的渠道，包括渠槽、渠堤、护堤林等
		水工建筑用地	57			人工修建的闸、坝、堤路林、水电厂房、扬水站等常水位岸线以上的建筑物用地

一级分类		二级分类		三级分类		类别说明
名称	编码	名称	编码	名称	编码	
公共建筑设施及工业生产用地	6	公共建筑用地	61			公共基础设施用地、机关团体用地、医疗卫生用地等建筑用地
		瞻仰景观休闲用地	62			城市内公园，小区内大片绿地，休闲、景观绿地等
		教育及文体用地	63	教育及文体用地	631	学校、体育馆等
				高尔夫球场	632	高尔夫球场
		工业用地	64			指工业生产及直接为工业生产服务的附属设施用地，包括采矿、采石、采砂（沙）场，砖瓦窑等地面生产用地及尾矿堆放地。城区内部及周围白色未利用地
		特殊用地	65			军事、涉外、宗教、监教、墓葬等特殊用地
		其他建筑用地	66			类别难以确定或正在建设但类别尚无法确定的建筑用地
住宅用地	7	城镇住宅	71			指城镇用于生活居住的各类房屋用地及其附属设施用地。包括普通住宅、公寓、别墅等用地
		农村居民点	72			城镇以外，乡村与零散农户的居民点用地
交通运输用地	8	铁路用地	81			铁路路基及两侧辅助建筑物
		公路用地	82			公路路面及两侧林带、排水沟等用地
		民用机场	83			民用机场范围内的用地
		河港码头	84			沿海商港、渔港、专用码头等所属范围的用地
其他土地	9	沼泽地	91			指地势平坦低洼、排水不畅、长期潮湿、季节性积水或常年积水，地层生长湿生植被的土地
		裸地	92			指表层为土质，基本无植被覆盖的土地；或表层为岩石、石砾，其覆盖面积≥70%的土地，山区亮白色
		空闲地	93			指城镇、村庄、工矿内部尚未利用的土地
		田坎	94			主要指耕地中南方宽度≥1.0m
		设施农用地	95			指直接用于经营性养殖的畜禽舍、工厂化作物栽培或水产养殖的生产设施用地及其相应附属用地，农村宅基地以外的晾晒场等农业设施用地

2.2.2 生态系统划分方法

土地是人类社会生存和发展最根本的物质基础，是各种人类活动的载体。随着人类对土地需求的不断增加，很多具有独特生态价值的自然土地类型，比如湿地、荒漠、冻原和极地等，逐渐丧失了其生态价值，甚至转变为农用地和建设用地。另外，城市建设用地需求的日益增加和各种用地的矛盾愈加严重，尤其是生态用地不断遭到侵占，导致土地生态服务衰退。为了遏制土地生态价值大量损耗甚至消失的趋势，需要深入探讨土地的生态服务功能及其价值，确立生态用地的概念和分类，整合一切具有重要生态功能的土地，使土地资源发挥更大的生态功能和社会经济效益（邓红兵等，2009）。

生态土地分类是一个描述和划分地球表面具有不同生态学特征区域的过程（Klijn，1994），它以现代生态学和生态系统理论为基础，综合自然地理、土壤、植被等方面的信息，将某一地区复杂的环境状态，按其生态属性的异同进行合并和区分，构成不同的立地单元（肖宝英等，2002）。生态土地分类具有以下特点：

①生态土地分类是一种生态系统分类和综合分类，突出土地的综合性和生态属性，综

合自然地理、土壤、植被、人为影响等方面的信息，将某一地区的复杂的环境状态按其生态属性的异同进行合并和区分，构成不同的立地单元；

②生态土地分类将宏观区域的自然区划和区域尺度以下的景观途径的土地分类相结合，统一进行生态分类。不同的分类目的侧重不同的层次，制作不同的生态分类图；

③主要采用区划式分类，随着分类等级的提高，划分的土地单元在面积上是逐渐扩大的；将上一级土地单元划分为下一级土地单元时，是将一个实体分为几个实体，一般不代表着严格意义的类型划分；除最低级的土地单元是同质自然体外，其他各级均为镶嵌体，代表着一种特定空间格局；不同分类等级与制图比例尺是联系的，高的分类等级采用小比例尺，低的分类单位采用大比例尺；

④广泛应用 3S 技术，利用航空照片和卫星影像，结合地面生态土地调查来取得地理信息和制作各类图件，满足资源综合管理和景观分类的要求。

生态土地分类系统是一个把生态学理论应用在国土治理、资源开发、森林保护与利用之中的有效的工具（Rowe 和 Sheard，1981）。它将土地分类中的区划式分类和划分类型的方法有机地结合起来，综合成具有现代多元意义的生态土地分类，使得生态土地分类在资源管理方面凸显出极其重要的作用和意义。在某种意义上说，生态土地分类已经成为一个面向生态（ecologically-oriented）管理或计划实施的分类，为生态系统要素和景观要素的确定和描述提供一个基本框架的先决条件，为获得土地资源分类、评价及自然资源综合管理的基础信息提供了一条明晰的道路。

在土地生态分类系统中一个重要的依据就是土地的生态功能理论（梁留科，2003）。土地的生态功能就是对土地的生产能力的使用，对土地功能的使用不当会破坏其能力，土地的生态能力必须保护；任何一块土地都具有特定的功能，其功能是多样的。土地本身具有自然功能，但不能满足人类日益增长的需要。人类对土地的利用，使土地功能发生了变化，土地的某些功能得到了增强或减弱。自然状态下，土地具有天然生态功能与能力，如土地具有天然承重能力、天然生产能力、生态功能等。人类为了更快地发展，对土地进行了干预，从而使土地功能发生了重大变化，如在土地上进行工业、交通、住宅建设等，延伸了土地的承载功能；仿照植物生态系统所进行的农业和林业生产，使土地的生产能力得到了极大的增强。

因此，任何一种类型的土地都具有特定的生态功能，其生态功能随土地类型的人为属性的增加而在不断递减。土地生态功能包括土地在自然状态下，为生物提供其生长、发育时所需要的物质与能量，为维系生物多样性和唯一性提供生态空间保证。人类对土地的农林利用，实际上是对土地这一功能的增强。

2.2.3 生态系统分类体系

不同的土地利用系统具有不同的功能特征，形式上表现为不同的地理景观，其利用与管理方式、规划设计内容、生态服务及环境净化与控制内涵均不同。因此，借鉴不同生态系统特点以及生态土地分类的思想，根据各种用地的主体功能进行分类，同时参考土地利用方式和景观等的差异，结合太湖流域水网密集的特点，基于土地利用现状数据，由下而上建立 9 类生态系统的分类体系，分别是湿地、河流、湖泊、水库、农田、森林、草地、城镇和荒地生态系统，见表 2-2。

表 2-2 基于土地利用类型的生态系统划分

生态系统类型	生态土地单元	土地利用类型
湿地生态系统	滩涂沼泽	滩涂
		沼泽地
	坑塘	坑塘水面及以下部分
		养殖水面及以下部分
	沟渠	沟渠水面及以下部分
河流生态系统	河流	河流水面及以下部分
湖泊生态系统	湖泊	湖泊水面及以下部分
水库生态系统	水库	水库水面及以下部分
农田生态系统	水田	水田
	旱田	旱地
森林生态系统	有林地	竹林
		其他有林地
	园地	果园
		茶园
		其他果园
	灌木林	灌丛林地
	苗圃地	苗圃地
	疏林地	疏林地及其他林地
草地生态系统	天然草地	天然草地
	荒草地	荒草地
城镇生态系统	城镇绿地	人工草地
		瞻仰景观休闲用地
	居住生产	城镇住宅、农村居民点、铁路用地、公路用地、河港码头、公共建筑用地、工业用地、教育、文体用地、特殊用地、其他建筑用地、设施农用地、水工建筑用地
荒地生态系统	未利用土地	裸地
		空闲地
		田坎

2.2.3.1 湿地生态系统

由于湿地生态系统种类繁多，介于陆地和水生生态系统之间，其组成结构独特，不同国家、不同行业根据各自的目的对湿地有着不同的定义和确定方法，因此给出湿地确切的、较为科学的定义并非易事。《国际湿地公约》(*International Convention on Wetlands*)中指出："湿地是指天然或人工，永久或临时性的沼泽地、湿原、泥炭地或水域地带，包括静止或流动的淡水、半咸水、盐水水体，低潮时不超过 6m 的水域。”此外，湿地包括岛屿或湿地范围内低潮不超过 6m 深的海域。河流、湖泊、红树林、泥炭地以及珊瑚礁也属于湿地范围。湿地还包括人工湿地，诸如鱼塘、虾塘、农田池塘、灌溉农地、盐池、水库、砂砾矿坑、污水处理厂以及运河（魏晓华和孙阁，2009）。在本书中，湿地属于狭义概念，仅指滩涂沼泽、坑塘和沟渠等湿地类型。

2.2.3.2 河流生态系统

河流通常是指陆地河流，即陆地表面成线形的自动流动的水体。河流是地球上水分循环的重要路径，对全球的物质、能量的传递与输送起着重要作用。流水还不断地改变着地表形态，形成不同的流水地貌，如冲沟、深切的峡谷、冲积扇、冲积平原及河口三角洲等。在河流密度大的地区，广阔的水面对该地区的气候也具有一定的调节作用。本书中的河流生态系统是指天然形成或人工开挖的河流及主干渠常年水位以下的空间。

2.2.3.3 湖泊生态系统

湖泊是一个由静止的淡水或盐水所组成的地域，四周由土地环绕，它接收来自河流、溪流、泉水等水源（魏晓华和孙阁，2009）。自然湖泊的形态差异很大，但是许多湖泊近椭圆形。湖泊的自然形态对湖泊的物理、化学和生物学的特征影响深远，同时也影响水文与泥沙的相互作用及湖泊的水生生产力。由于人类的不断利用与开发，世界上大多数自然湖泊已经不再属于自然状态，人类对这些湖泊生态系统的影响已经超出了它们自身的承载能力，使这些湖泊的生态功能发生了根本的变化。目前，大多数自然湖泊分布于纬度较高、人类活动稀少的寒带地区。本书中的湖泊生态系统是指天然形成的积水区常年水位以下的生态空间，对应土地利用类型中的湖泊水面及其以下部分。

2.2.3.4 水库生态系统

水库通常为人为修造的人工湖泊或池塘，水被收集和蓄存以用于公共事业、灌溉等。水库通常是在河流上修筑水坝而形成，又称人工湖泊。它们常用于防洪、灌溉和蓄水。在一些地区，由于气候较干旱或者年内降水分配不均匀，修筑水库常被认为是解决水资源不足和不均的重要途径。这些水库可在降水较多的季节拦蓄由降水而产生的径流，以便在降水稀少的季节提供水量。本书中的水库生态系统是指人工修建的蓄水区常年水位以下的生态空间，对应土地利用类型中的水库水面及其以下部分。

2.2.3.5 森林生态系统

森林是地球最重要的生态系统之一。尽管人们对森林并不陌生，但是至今并未形成一个严格公认的定义，也没有一个统一的界定标准。国家林业局提出，“森林是指土地面积 $\geq 0.067\,hm^2$，郁闭度 ≥ 0.2，就地生长高度 2m 以上（含 2m）的以树木为主的生物群落，包括天然林与人工幼林，符合这一标准的竹林，以及特别规定的灌木林，行数在 2 行以上（含 2 行）且行距 $\leq 4m$ 或冠幅投影宽度在 10m 以上的林带”。一般来说，森林生态系统是指以乔木、竹类和灌木等为主要生产者的陆地生态系统。在本书中，森林生态系统是指生长乔木、灌木、竹类以及沿海红树林地等林业用地，主要包括有林地、灌木林、疏林地以及其他林地。

2.2.3.6 草地生态系统

草地生态系统，是指以多年生草本植物为主要生产者的陆地生态系统。我国的草地生态系统主要分布在北部、西北部和西南部的干旱和半干旱区，以及南方湿润区的荒地，是我国陆地面积最大的生态系统类型。草地生态系统主要由多年生禾草植物组成，多年生杂类草及半灌木也起到一定的作用；群落结构和营养结构相对简单；种群密度、群落结构和生产力的时空变化较大，主要是受到水分的限制。本书中的草地生态系统是指以生长草本植物为主，覆盖度在 5%以上的各类草地，包括以牧为主的灌丛草地和郁闭度在 10%以下的疏林草地。

2.2.3.7 农田生态系统

农田生态系统，是指以作物为主要生产者的陆地生态系统。由于是人工建立的生态系统，人的作用非常突出。农田生态系统的生物群落结构较简单，常为单优群落，伴生有杂草、昆虫、土壤微生物、鼠、鸟等其他小动物；由于大部分生产力随收获而被移出系统，养分循环主要靠系统外投入而保持平衡；农田生态系统的稳定有赖于一系列耕作栽培措施的人工养地，在相似的自然条件下，土地生产力远高于自然生态系统。本书中农田生态系统是指种植农作物的土地，包括熟耕地、新开荒地、休闲地、轮歇地、草田轮作地，以种植农作物为主的农果、农桑、农林用地以及耕种三年以上的滩地和滩涂，主要包括水田和旱田两种。

2.2.3.8 城镇生态系统

城镇生态系统是人类对自然环境的适应、加工、改造而建设起来的特殊的人工生态系统。它不仅有生物组成要素（植物、动物和细菌、真菌、病毒）和非生物组成要素（光、热、水、大气等），还包括人类和社会经济要素，这些要素通过能量流动、生物地球化学循环以及物资供应与废物处理系统，形成一个具有内在联系的统一整体。本书中的城镇生态系统主要是指城乡居民点及县镇以外的工矿、交通等用地，主要包括城镇用地、农村居民点和其他建设用地。

太湖流域城镇密集，城市化高度发达，其城市绿地生态系统对于维护城市生态平衡，促进城市可持续发展起着举足轻重的关键作用。城市绿地主要是指城镇内部及其附近的各种绿化地（多为人工种植），本书中所提及的城市绿地类型主要包括 “人工草皮”、“瞻仰景观休闲用地” 以及 “高尔夫球场”。

2.2.3.9 荒地生态系统

荒漠生态系统，是指分布在干旱区的以耐旱植物为主要生产者的陆地生态系统。由于自然条件极为严酷，在荒地生态系统中动植物种类非常稀少；植物以及其耐旱的灌木、小半灌木和肉质植物为主，动物大都具有特殊的适应能力，如昼伏夜出等；植被稀疏，结构单调，生产力低下，食物网过于简单；种群密度、群落结构和生产力的时空变化较大，主要是受到水分的限制。本书中的荒地生态系统主要是指未利用土地。

2.3 太湖流域各类生态系统特征

2.3.1 湿地生态系统

太湖流域湿地主要是沟渠、坑塘、滩涂、沼泽和养殖水体，总面积为 2 910.20 km^2，在太湖流域不同地市中，苏州市和常州市湿地生态系统面积较大，其次为湖州和无锡；不同湿地类型中，养殖水体面积最大，沟渠面积最小（表 2-3）。

表 2-3 太湖流域湿地分类型面积统计 单位：km^2

地区	沟渠	坑塘	滩涂	养殖	沼泽	合计
常州市	9.50	40.85	3.33	554.11	10.25	618.03
杭州市	0.00	35.08	0.00	78.63	0.00	113.71
湖州市	5.65	95.27	5.08	284.03	6.37	396.40
嘉兴市	0.00	3.77	0.26	140.64	0.00	144.68
南京市	0.06	1.28	0.02	7.55	0.00	8.91
上海市	0.03	28.90	0.08	221.01	0.00	250.02
苏州市	0.66	48.74	7.58	814.32	9.66	880.96
无锡市	0.02	25.40	1.08	318.33	0.58	345.41
宣城市	0.01	3.13	0.00	1.71	0.05	4.89
镇江市	0.01	34.00	0.00	113.15	0.02	147.18
总　计	15.93	316.40	17.44	2533.48	26.94	2910.20

当前，太湖流域滩地围垦主要集中在太湖、滆湖、阳澄湖、洮湖、淀山湖和澄湖 6 个大、中型湖泊，滩地围垦影响流域生态环境。湖泊滩地地势平坦、土质肥沃，且兼具水陆两重性质，一般植被发育都较好。由于围垦，太湖流域许多湖泊内芦苇已经大面积消失。植物分布区的围垦，减少了天然鱼类和底栖动物栖息、产卵的场所，导致水产资源衰退。围垦造成的湖泊生态环境恶化，同样影响到水禽的栖息。20 世纪 50 年代，太湖、滆湖、洮湖等广袤的芦苇草滩还是野鸭、大雁等多种水禽栖息的重要场所，而现今因大片的芦苇草滩被围垦，水禽种类和数量都已锐减，许多地区难以见到水禽踪迹。滩地围垦对湖泊水环境质量也有间接影响。因此，滩地围垦和水生植物资源的破坏也导致湖泊缓冲污染物的能力下降（刘庄，2003）。

2.3.2 河流生态系统

河流通常是指陆地河流，即陆地表面成线形的自动流动的水体。太湖流域河流生态系统总面积为 1046.62 km^2，其中苏州和湖州河流较多，其次为上海、嘉兴、无锡、常州、杭州和镇江（表 2-4）。

表 2-4 太湖流域河流分地区面积统计 单位：km^2

地区	常州市	杭州市	湖州市	嘉兴市	南京市	上海市	苏州市	无锡市	宣城市	镇江市	总计
面积	86.42	60.11	217.22	120.61	1.20	154.23	241.64	116.09	0.14	43.99	1041.65

在太湖流域内河道水系以太湖为中心，分上游和下游两个系统。上游有发源于天目山南北麓的苕溪水系，发源于湖西茅山及界岭脚下的南河水系及洮滆水系；下游主要为平原河网水系，东部以黄浦江为主干，称黄浦江水系（包括吴淞江），黄浦江是流域重要的排水通道和航道；北部沿江水系，主要河道有浏河、望虞河、锡澄运河、德胜港、九曲河、大运河等 18 条河道通长江，并与河网相通；南部沿杭州湾水系，主要为人工开挖疏浚的

入杭州湾的河道，有长山河、海盐塘、盐官下河和上塘河等；此外直接通东海的有大治河、金汇港等。

太湖虽然属长江水系，与长江的直线距离也仅有 50 km 左右，但太湖与长江的引排系统并不通畅，长期以来没有主干河道沟通。只是在 20 世纪 90 年代才开挖了一条望虞河，还是主要作为排泄洪水的通道，直到最近几年因太湖水资源和水环境问题日益严重，才开始进行引江济太试验。太湖的下泄排海通道也仅有一条太浦河，也是直到 20 世纪 90 年代后才打通运行。单一的引排通道与复杂的湖形结构不相适应，导致湖泊水体交换不畅。而且这几年实际引江济太的水量也很少，难以起到引清释污、以动制静的功效（吕振霖，2007）。

2.3.3 湖泊生态系统

湖泊是陆地上洼地积水形成的、水面比较宽阔、换流缓慢的水体。太湖流域湖泊生态系统总面积为 3 036.58 km^2，从不同地市来看，苏州湖泊面积最大，其次为无锡，这与太湖主要位于这两个地区有关。常州由于洮湖和滆湖的原因，湖泊面积也较大，其他地区湖泊面积相对较小（表 2-5）。

表 2-5 太湖流域湖泊分地区面积统计 单位：km^2

地区	常州市	杭州市	湖州市	嘉兴市	南京市	上海市	苏州市	无锡市	宣城市	镇江市	总计
面积	170.71	17.02	23.38	17.70	0.01	66.53	2 088.93	642.63	0.10	8.62	3 035.64

太湖流域共有面积大于 10 km^2 的湖泊 9 座，分别是太湖、滆湖、阳澄湖、洮湖、淀山湖、澄湖、昆承湖、元荡、独墅湖，合计面积 2 838.3 km^2，占流域湖泊总面积的 89.8%；蓄水容积 50.77 亿 m^3，占全部湖泊总蓄水容积（57.68 亿 m^3）的 88%。

太湖是一个浅水型湖泊，处于平原水网地区，平均水深只有 2.0 m。由于湖体长期处于富营养化不断积累的状态，在阳光、气温适宜的情况下，极易发生藻类生态危害。太湖水体流动性慢，域内地势低平，地面坡降仅为 1/（2×10^5）～$1/10^5$，水体交换周期长达 309 天，水动力条件差，污染物稀释、降解效率低，水体的自净能力差。此外，太湖是一个流态复杂的湖泊。除了主湖区外，口袋形的湖湾很多，特别是竺山湖、梅梁湖、贡湖、五里湖这些特殊湖湾区，水体常年不流动、不交换，加之风向等原因，这些湖湾区的污染物容易集聚、积累，导致水生态环境加快恶化，甚至威胁到水源地的供水安全（吕振霖，2007）。

2.3.4 水库生态系统

水库是指在山沟或河流的狭口处建造拦河坝形成的人工湖泊。太湖流域水库生态系统总面积为 59.44 km^2，在常州市和湖州市分布水库较多，其他地区水库相对较少（表 2-6）。

表 2-6 太湖流域水库分地区面积统计 单位：km^2

地区	常州市	杭州市	湖州市	嘉兴市	南京市	上海市	苏州市	无锡市	宣城市	镇江市	总计
面积	24.74	0.30	21.47	1.07	0.66	1.12	0.00	2.59	1.40	6.02	59.36

目前，太湖流域上游的浙西山区苕溪水系和湖西宜溧山区南河水系，已建成库容超过 1 亿 m^3 的大型水库 7 座，总库容 10.17 亿 m^3，防洪库容 4.94 亿 m^3。其中 4 座位于浙西山区的苕溪水系，即青山、对河口、老石坎和赋石水库；3 座位于湖西宜溧山区的南河水系，即沙河、大溪和横山水库。

拦河筑坝改变了河流时空结构，使天然河流消失，水库迅速形成，流量、流速、水位等水文、泥沙情势发生突变，河流的非连续化、径流量均一化及湖库化对水体生境、生物资源及生物多样性产生直接影响。河流因建坝而经历的化学、物理和生物变化会极大地改变原有水质状况，主要表现为水库水体盐度增高、水库水温分层、库中藻类繁殖加剧等。流域梯级开发及水库群建设，在长时间、大尺度范围会对生态系统完整性、生态阻隔、生物多样性、水资源利用、水环境污染、重要湿地生态、河口环境变化等流域性问题产生叠加累积效应及综合影响（陈文祥，2006）。

2.3.5 农田生态系统

农田生态系统是在自然基础上经人工控制形成的农业生态系统中的亚生态系统，是地球上最重要的生态系统之一，提供着全世界 66%的粮食供给。太湖流域现有农田面积为 19 062.25 km^2，其中水田面积为 17 914.51 km^2，占农田总面积的 94%，旱地占 6%（表 2-7）。

表 2-7 太湖流域不同地市农田面积

地 市	常州市	高淳县	杭州市	湖州市	嘉兴市	上海市	苏州市	无锡市	镇江市
旱地面积/hm^2	18 944	25	35 036	7 203	4 437	4 878	16 877	893	4 254
所占比例/%	10.36	0.18	97.71	6.03	2.04	2.47	8.71	0.65	4.30
水田面积/hm^2	163 900	13 861	821	112 293	213 392	192 876	176 808	136 541	94 728
所占比例/%	89.64	99.82	2.29	93.97	97.96	97.53	91.29	99.35	95.70
农田面积/hm^2	182 844	13 886	35 857	119 496	217 829	197 755	193 685	137 434	98 982
所占比例/%	42.16	77.05	14.51	20.52	55.52	38.35	23.81	30.18	49.02

高肥料用量的农田对水体富营养化构成潜在威胁，主要是因为土壤富含水溶性氮、磷，成为氮、磷污染物释放源；在集约化种植方式下，各种速溶性肥料的频繁施用，极易造成降雨与施肥期的耦合，引发大量的农田氮、磷径流流失；加上我国南方河网地区，纵横交错的河网、渠系成为连接陆域农田与主河道、湖泊水体的直接通道，使得距离主河道和湖区较远的农田，即使在地表径流较小的条件下，也很容易形成面源污染。近些年来，太湖水污染状况日趋严重，水体富营养化问题已成为国际上广泛关注的环境问题。一般认为，造成富营养化的重要原因是水体中累积了过量的磷和氮，而农田中的氮、磷养分又可能通过径流、渗漏等途径进入水体，尤其是在高浓度条件下，其流失风险剧增。

2.3.6 森林生态系统

森林是地球最重要的生态系统之一。太湖流域森林生态系统面积约 68.09 万 hm^2，约占太湖流域土地面积的 18.4%。从不同行政区内森林分布来看，湖州市分布最多，面积为 30.26 万 hm^2，占太湖流域森林总面积的 45.3%，其次为杭州市和无锡市，林地面积分别为 12.32 万 hm^2 和 7.03 万 hm^2，比重分别占 18.5%和 10.5%，常州市和苏州市的林地面积分别为 5.14 万 hm^2 和 4.34 万 hm^2，分别占太湖流域森林面积的 7.7%和 6.5%，嘉兴、上海和镇江三市森林面积分布较少（图 2-1）。

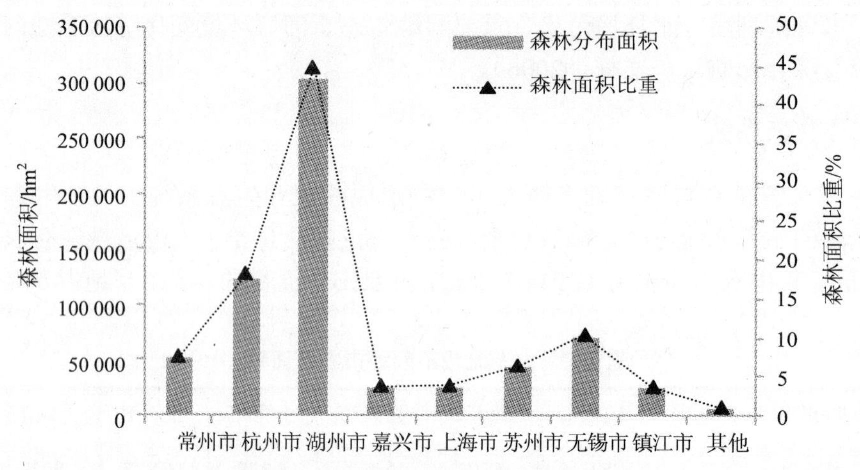

图 2-1 太湖流域主要城市森林分布

总体来看，在太湖流域，森林集中分布在流域上游的西南部，西北部有少许分布，其他地区呈零星分布。其中以湖州、常州和宜兴三市森林生态系统为主体，合计占流域总面积的 60.09%。此外，森林生态系统特征还存在以下特点：

（1）单位面积蓄积量较低

在太湖流域，湖州市和常州市乔木林单位面积蓄积量分别为 40.95 m^3/hm^2、35.94 m^3/hm^2，分别低于浙江省乔木林单位蓄积量（50.76 m^3/hm^2）的 19.33%和 29.2%。在县级市森林生态系统单位蓄积量也呈现该趋势（表 2-8）。

表 2-8 太湖地区森林单位面积蓄积量 单位：m^3/hm^2

地区	江阴市	安吉县	长兴县	浙江省	江苏省	全国
单位蓄积	37.65	41.25	36.9	31.95	51.6	84.75

（2）林分结构中纯林占优势

在太湖流域，纯林所占比重较大。从各地市来看，乔木林中纯林的面积和蓄积都占有绝对优势，其中纯林与混交林的面积比平均为 72.53∶27.47，蓄积比为 76.92∶23.08。而有些地区的纯林面积所占比重更高，如湖州市纯林和混交林的面积比达到 83.4∶16.6（表 2-9）。

表 2-9 纯林、混交林面积与蓄积比重 单位：%

林型		湖州	常州	宜兴	平均
纯林	面积	83.4	61.91	72.29	72.53
	蓄积	83.7	69.21	77.85	76.92
混交林	面积	16.6	38.09	27.71	27.47
	蓄积	16.3	30.79	22.15	23.08

（3）林龄结构以幼中龄林为主

太湖流域森林林龄较低。从湖州市、常州市和宜兴市乔木林的龄林结构来看，幼龄林、中龄林无论从面积还是蓄积上，比重都较大，3 市幼龄林和中龄林的面积分别占到乔木林的 78%、71.67%和 67.14%，蓄积比例分别为 61.8%、57.81%和 51.35%（表 2-10）。

表 2-10 乔木林龄组织结构和蓄积比重 单位：%

林型		湖州	常州	宜兴
幼龄林	面积	54.2	50.57	36.02
	蓄积	26.4	28.31	18.64
中龄林	面积	23.8	21.1	31.12
	蓄积	35.4	29.5	32.71
近熟林	面积	14.5	14.64	16.02
	蓄积	23.9	21.93	23.14
成熟林	面积	6.8	13.23	14.89
	蓄积	12.9	19.32	22.24
过熟林	面积	0.7	0.45	1.96
	蓄积	1.4	0.94	3.27

（4）天然林和人工林分布各占优势

在太湖流域，不同地市天然林与人工林组成比例不同。从天然林和人工林的面积比重来看，湖州市天然林较多，其中天然乔木林面积为 72 605.5 hm^2，蓄积 274.1 万 m^3，分别占乔木林面积、蓄积的 56.1%和 51.7%，人工乔木林 56 762.3 hm^2，蓄积 255.9 万 m^3，分别占乔木林面积和蓄积的 43.9%和 48.3%；天然竹林 91 070.1 hm^2，人工竹林 39 105.2 hm^2，分别占竹林面积的 70%和 30%，合计起来，天然林与人工林的面积比重为 63∶37。而常州市和宜兴市人工林占有绝对优势，宜兴市天然林面积 12 654.44 hm^2，人工林面积 33 198.41 hm^2，面积比重为 27.6∶72.4，常州市几乎为人工林，面积比重多达 99.63%（表 2-11）。

表 2-11 人工林、天然林面积比重 单位：%

林型		湖州市	常州市	宜兴市
人工林	面积	37	99.63	72.4
天然林	面积	63	0.37	27.6

（5）竹林资源相对丰富

太湖流域森林生态系统显著的一个特点就是以竹林生态系统为主，特别是在湖州市，竹林面积占有林地面积的一半以上。据统计，湖州市竹林面积 13.02 万 hm^2，占有林地面积的 50.1%，常州市竹林面积 6 742.91 hm^2，占有林地面积的 13.41%，宜兴市竹林面积 1.33 万 hm^2，占有林地面积的 35.81%（表 2-12）。

表 2-12 湖州市、常州市和宜兴市竹林面积及比重

项目	湖州市	常州市	宜兴市
竹林面积/hm^2	130 175.33	6 742.91	13 328.85
竹林占有林地比重/%	50.1	13.41	35.81

2.3.7 草地生态系统

太湖流域草地生态系统主要包括天然草地和荒草地两类，约 1.99 万 hm^2，占流域总面积的 0.34%。其中荒草地面积 17 193 hm^2，占草地总面积的 86%，主要分布在植被几经破坏后的荒坡荒山区；天然草地面积 2 788 hm^2，占 24%，零星分布在人为干扰较少的山地丘陵。

从不同地市来看，草地生态系统主要分布在常州、湖州和苏州 3 地，分别占流域草地系统的 27.19%（5 434 hm^2），24.83%（4 961 hm^2）和 19%（3 796 hm^2），其余地区均在 10% 以下。西北部荒草地主要分布在常州的市区（包括武进区）、金坛西部山区、镇江市区、丹徒、句容等荒山草坡，西南部主要分布在长兴、湖州市区、德清、余杭等天目山山地丘陵地区，东部主要分布在苏州市区、昆山和太仓。由于人为干扰活动剧烈，太湖区域天然草地很少，总面积仅 2 788 hm^2，其中约有一半以上（53.69%）分布在常州，主要在溧阳西部山地。其次是苏州有天然草地 445 hm^2，主要分布在吴江和昆山丘陵地带。湖州有 355 hm^2，主要分布在安吉山地丘陵区。其他少量天然草地散存在其余地市（表 2-13）。

表 2-13 太湖流域草地生态系统 单位：hm^2

类型	常州	湖州	杭州	嘉兴	无锡	苏州	上海	镇江	太湖流域
天然草地	1 497	355	4	55	234	445	0	44	2 788
荒草地	3 937	4 606	1 753	669	340	3 351	878	1 659	17 193

2.3.8 城镇绿地生态系统

太湖流域城镇密集，城市化高度发达，城镇绿地生态系统对于维护城市生态平衡，促进城市可持续发展起着举足轻重的关键作用。根据《全国土地利用现状分类系统》，本书中的城镇绿地类型主要包括“草地”大类中的“人工草皮”、“公共建筑设施及工业生产用地”大类中的“瞻仰景观休闲用地”以及“高尔夫球场”3 个类别。采用 ALOS 的 2.5 m 全色波段和 4 个多光谱波段融合的遥感图像解译的土地利用数据，得到太湖流域各地区城镇绿地数据（表 2-14）。

表 2-14 太湖流域城市绿地及草地组成

单位：hm^2

类型	常州	湖州	杭州	嘉兴	无锡	苏州	上海	镇江	太湖流域
人工草皮	3 180	140	1 962	98	399	2 620	392	118	8 488
瞻仰景观休闲用地	465	1 135	1 143	2 781	1 726	15 837	22 184	844	47 198

基于遥感影像解译数据，太湖流域城镇绿地总面积为 5.57 万 hm^2，占太湖流域总面积的 1.6%。其中，城镇人工草皮总面积为 8 488 hm^2，占城市绿地总面积的 15.2%，相对较少，主要是面积较大的人工种植草皮（如高尔夫球场等）；瞻仰景观休闲用地 47 198 hm^2，占城市绿地总面积的 84.8%，是城市绿地的主要组成部分。从城镇绿地分布来看，太湖流域城镇绿地分布十分不均（图 2-2）。城市绿地所占比例最大的是上海市，占 40.54%，其次是苏州市，占 33.14%，常州市居第三，占 6.55%，而镇江所占面积最小，仅为 1.73%，其余地市所占比例均不足 5%。

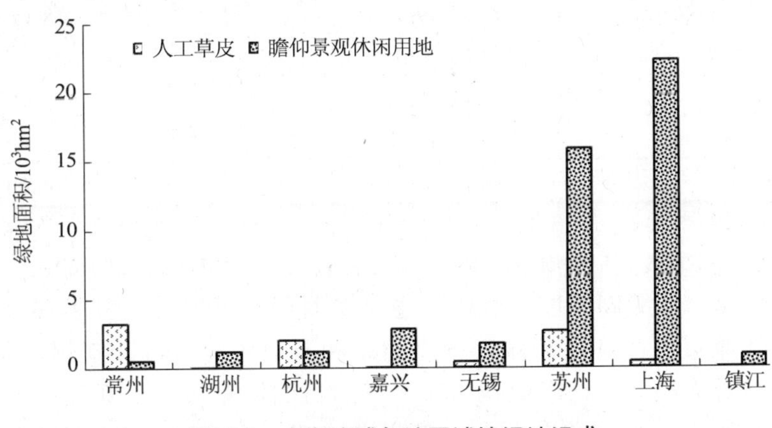

图 2-2 太湖流域各地区城镇绿地组成

2.4 太湖流域生态系统景观特征

2.4.1 太湖流域生态系统组成特征

根据太湖流域遥感解译图和土地利用数据，将太湖流域分为湿地、河流、湖泊、水库、农田、森林、草地、城镇、荒地等 9 大生态系统，各种生态系统相互镶嵌。整体来看，农田生态系统广布，尤其是在海拔较低的平原河网区，农田生态系统是太湖流域最大的生态系统，面积占太湖流域的 32.8%；森林生态系统分布较为集中，主要分布在太湖流域的西部山区，尤以西南部最为集中，面积大约占 18.4%；受太湖流域的碟状地形影响，湖泊生态系统主要分布在流域的中部，太湖湖体位于流域的中心位置，水面面积 2 338 km^2，0.5 km^2 以上的大小湖泊 189 个，湖泊生态系统约占流域面积的 8.5%；由沼泽滩涂、坑塘、沟渠组成的湿地生态系统主要分布在湖泊的周围地区，面积占 7.6%；流域为典型的平原河网地区，河道总长约为 12 万 km，密度达 3.3 km/km^2，流域内河道水系以太湖为中心，分上游水系和下游水系两个部分。上游主要为西部山丘区独立水系，有苕溪水系、南河水系及洮滆水系等；下游主要为平原河网水系，主要有以黄浦江为主干的东部黄浦江水系（包括吴淞江）、北部沿江水系和南部沿杭州湾水系。京杭运河穿越流域腹地及下游诸水系。太湖流域也是中国大中城市最密集的地区之一，城镇生态系统面积占 28.1%，其他生态系统的面积比例较小（表 2-15）。

表 2-15 太湖流域各生态系统面积与比重

生态系统类型	面积/hm^2	占流域的比重/%
湿地生态系统	278 816.58	7.59
河流生态系统	104 086.49	2.83
湖泊生态系统	312 715.92	8.51
水库生态系统	5 930.33	0.16
农田生态系统	1 204 689.99	32.77
森林生态系统	674 699.09	18.36
草地生态系统	19 735.61	0.54
城镇生态系统	1 033 048.97	28.10
荒地生态系统	42 026.86	1.14
合计	3 675 749.85	100.00

在太湖流域，主要包括苏州市、湖州市、镇江市、无锡市、常州市、嘉兴市、杭州市、上海市等地市。从太湖流域各城市生态系统面积比重来看（表 2-16），常州市农田生态系统所占比重最大，其次为城镇生态系统和湿地生态系统；湖州市和杭州市的森林生态系统占绝对优势；嘉兴市湿地生态系统所占的比重最大，其次为城镇生态系统；无锡市农田与城镇生态系统分布较大；苏州市城镇生态系统面积比重最大，其次为湖泊和农田生态系统；太湖流域镇江市以城镇和农田生态系统为主；上海市农田生态系统占绝对优势。

表 2-16 太湖流域主要城市各生态系统比重

单位：%

	常州	湖州	杭州	嘉兴	无锡	苏州	镇江	上海	其他	总计
湿地	12.14	6.78	4.24	3.62	7.57	10.77	4.78	6.97	3.55	7.59
河流	1.99	3.73	2.46	3.08	2.55	2.96	2.99	2.17	0.38	2.83
湖泊	6.04	0.40	0.69	0.46	14.11	25.68	1.29	0.43	0.03	8.51
水库	0.57	0.37	0.01	0.03	0.06	0.00	0.02	0.30	0.56	0.16
农田	42.16	20.52	14.60	55.52	30.18	23.81	38.35	49.02	58.61	32.77
森林	11.85	51.97	50.17	6.54	15.44	5.34	5.04	12.31	20.21	18.36
草地	1.35	0.77	0.71	0.15	0.14	0.47	0.19	0.82	0.02	0.54
城镇	22.81	13.36	24.87	30.42	28.79	30.10	47.06	25.92	14.12	28.10
荒地	1.08	2.10	2.25	0.19	1.17	0.87	0.27	2.05	2.53	1.14
总计	100	100	100	100	100	100	100	100	100	100

不过，从各生态系统在不同市域的分布分别来看（表 2-17），湿地生态系统分布最多的为苏州市，其次为常州市和湖州市；河流生态系统分布较多的为苏州市和湖州市；湖泊生态系统在苏州市占有绝对优势，其次为无锡市；水库生态系统则主要分布在常州市和湖州市；农田生态系统的分布较为分散，具有优势的市域不明显；森林生态系统在湖州市分布较多，其次为杭州市；草地生态系统分布较多的为常州市、湖州市和苏州市；城镇生态系统则主要集中在上海市、苏州市和无锡市。

表 2-17　太湖流域各生态系统在不同城市的比重　单位：%

	湿地	河流	湖泊	水库	农田	森林	草地	城镇	荒地	合计
常州市	18.89	8.30	8.38	41.72	15.18	7.62	29.70	9.57	11.11	11.80
湖州市	14.16	20.87	0.75	36.21	9.92	44.86	22.81	7.53	29.09	15.84
杭州市	3.73	5.80	0.54	0.50	2.98	18.26	8.84	5.91	13.15	6.68
嘉兴市	5.09	11.60	0.57	1.80	18.08	3.80	3.01	11.55	1.80	10.67
无锡市	12.37	11.14	20.55	4.38	11.41	10.42	3.14	12.69	12.64	12.39
苏州市	31.43	23.13	66.80	0.00	16.08	6.43	19.25	23.70	16.87	22.13
上海市	8.84	14.81	2.13	1.88	16.42	3.86	4.87	23.49	3.34	14.03
镇江市	5.05	4.22	0.28	10.15	8.22	3.68	8.36	5.07	9.86	5.49
其他	0.45	0.13	0.00	3.36	1.73	1.06	0.03	0.49	2.14	0.97
总计	100	100	100	100	100	100	100	100	100	100

2.4.2　太湖流域城镇绿地景观特征

从城市景观的角度出发，可依据绿地斑块面积的大小对城市绿地系统进行分类和评价（高峻，2000；Wu 等，2004）。依据景观生态学和城市规划原理，结合太湖流域城镇景观的基本特点，本研究选择了绿地斑块数量、大小和景观格局指数来进行城市绿地景观健康初步评价。首先对太湖流域城市绿地斑块的数量和面积进行了统计（表 2-18），并按面积大小进行分类，据此作为流域城市绿地的景观类型加以分析。

表 2-18　太湖流域城镇绿地斑块类型

类型	面积/hm^2）	比例/%	斑块数/个	比例/%
微型斑块	14.64	0.03	245	1.81
小型斑块	2 105.07	3.78	3 735	27.56
中型斑块	16 300.92	29.27	6 818	50.31
大型斑块	37 265.33	66.92	2 755	20.33
总　计	55 685.96	100.00	13 553	100.00

太湖流域城镇绿地以大型绿地为主，其面积占流域城镇绿地总面积的 2/3，主要是太湖流域北部城市较大的风景名胜区、周边的森林公园和郊野公园等，反映这些区域的生态健康状况较好，是城市生态系统安全的重要保障。但太湖流域从西南到东北沿沪宁铁路以南的地区大型绿地相当缺乏，仅在主要城市中心有零星分布，不利于区域城市生态的沟通和调节，反映其生态健康相对较差。其次，太湖流域城镇绿地中型绿地斑块数最多，占流域总量的一半，其面积所占比例也相对较多，其分布格局与大型斑块极为相似，除大型斑

块所在的大区域外，分布较多的还有嘉兴市区、嘉善，无锡的市区北部、张家港市和江阴市区，镇江市区等。不过，中型绿地更多地靠近城市中心区分布或从城郊嵌入城市，从空间上来看分布仍不均，沪宁线南部区域很少，特别是城市化不断发展的乡镇区域十分缺乏，反映出城市化过程连片发展的风险较大，生态健康存在较大隐患；太湖流域的小型和微型绿地所占面积较小，但斑块数量较多，约占30%。小、微型斑块的分布主要在上海的松江、闵行、嘉定，苏州的市区、常熟、太仓，无锡张家港等地，其余广大地区严重缺乏，反映了本区域城镇内部绿地分配的不均匀性较大，对城市绿地系统健康不利。

此外，本研究选择了景观斑块的多样性、破碎度、分离度和分维数等指标（Iverson，2004；邬建国，2007）对太湖流域城市绿地系统进行评估，各指数计算结果见表2-19。

表2-19 太湖流域不同类型城市绿地斑块景观格局指标

类型	TCAI	MPFD	C	ISO	SDI
大型斑块	36.0332	1.3200	0.0739	0.1662	—
中型斑块	9.0402	1.3566	0.4183	0.5977	—
小型斑块	0.0386	1.4075	1.7743	3.4255	—
微型斑块	0.0000	1.4625	16.7355	126.1535	—
流域总体	26.4669	1.3651	0.2434	0.2467	0.7544

注：TCAI为绿地核心区总面积指数；MPFD为平均斑块分维数；C为斑块破碎化指数；ISO为分离度指数；SDI为绿地景观多样性指数。

从景观多样性来看，流域绿地景观多样性（SDI）为0.7544，其多样性指数均高于上海各区的景观多样性（高峻等，2000），表明相对于人口密集的大城市，流域绿地系统整体上具有较大的复杂性和稳定性，健康程度比单独的城市绿地要好。从城镇绿地核心区总面积指数（TCAI）来看，其与斑块大小变化一致，即从大型斑块到小型斑块，其核心区面积指数逐渐递减，且大型斑块远超过其他类型的斑块，表明本区域大型斑块核心区对整个绿地系统健康起着关键性的作用。

与核心区面积相反，斑块破碎化指数（C）和分离度指数（ISO）均有随着斑块类型尺度减小而逐渐增加的趋势。本区域仅大型斑块的破碎度和分离度均小于流域的总体破碎度，显示大型斑块受人为干扰相对较小，且斑块之间的连接度要优于其他类型；中型斑块的破碎度和分离度也较低，其人为干扰比大型斑块多；而微型斑块的破碎度和分离度远超过其他类型斑块，显示微型斑块类型相当破碎，不利于其功能的发挥。

从绿地系统平均斑块分维数（MPFD）来看，大中型斑块的分维数比小型和微型斑块的分维数低，显示本区域城市绿地中较大斑块的几何形状规律性比较小斑块更强，即受人为干扰的因素较大。但大小斑块之间以及与流域总体分维数相比相差均不明显。因此，本区域城镇绿地整体受到人为活动的影响相对比较轻微，健康度较好。

总体来看，太湖流域城镇绿地中以大型绿地斑块为主，主要是城市较大的风景名胜区、周边的森林公园和郊野公园等；中型绿地斑块数最多，多为城市较大的公园绿地或城镇附近的小型防护林和丘陵绿地；小型和微型绿地所占面积较小，但小型斑块数量较多，多为城镇的道路绿地、居住区绿地区、工矿和商业区绿地。不同类型城镇绿地在沪宁线以北分布较多，健康度较高，但沪宁线以南比较缺乏，健康度欠佳。此外，对太湖流域城市绿地系统格局评估结果显示，流域整体多样性较大；大型斑块的核心区面积指数最大，对整个绿地系统健康起着关键性的作用，中型斑块核心区面积指数远小于大型斑块，对绿地系统起到较好的补充作用，但小型斑块的核心区面积指数相当小，辐射影响功能欠佳；各类型斑块的破碎化指数和分离度指数均有随着斑块类型尺度减小而逐渐增加的趋势，城镇绿地较大斑块遭受人为活动影响较弱，景观绿地的连接度相对较好，而较小斑块具有相反的特征。流域整体城镇绿地受到人为活动的影响相对比较轻微，格局健康度较好。

2.4.3 太湖流域景观生态系统特征

为分析太湖流域景观指数的空间分布，将太湖流域划分为10km×10km的亚格网，分析各子格网单元内的景观多样性指数、破碎度指数、均匀度指数、平均斑块面积等景观指标，具体计算方法参照邬建国（2000，2007）。

计算结果表明，太湖全流域尺度，各分区单元斑块密度分布呈集中分布特征，集中在流域北部和南部地区，这部分地区与城镇分布特征相近，并且上述区域均是太湖流域小城镇集中分布区域。西部丘陵地带以及太湖湖体斑块密度低，西部上游区域植被状况良好，森林成片分布，太湖湖区基本为水体生态系统覆盖，因此斑块密度低。均匀度指数分布无明显规律。从景观多样性指数来看，西部丘陵山地区由于海拔高差较大，植被类型丰富，所以景观多样性指数较高，同时，在太湖东部区域，苏州、无锡市区附近景观多样性指数也较高，可能的原因是这部分区域历史上长期受人类活动干扰，景观已趋于破碎，并且人工引进斑块与自然斑块呈现交错分布格局，因此这部分区域单元格景观多样性指数也较高。景观破碎度指数空间分布状况与斑块密度分布相似，破碎度指数较高的地区为苏州、无锡、嘉兴地区，以及常州、湖州的市区范围，这部分区域受人类活动干扰强烈，斑块破碎化现象明显。西部丘陵地带由于自然植被保护较好，并且较少地受到人为干扰，其景观破碎化程度较轻。由综合指数分布表2-20可看出，流域景观综合评价指数较高的区域是西部丘陵区以及太湖湖区，在湖体南北两侧的苏州、无锡、嘉兴市区景观综合指数值最低，而常州市区、上海市区景观综合指数处于中等水平。

表2-20 太湖流域各行政区内景观指数值

城市	斑块密度/（块/km^2）	破碎度指数	多样性指数	均匀度指数	综合指数
常州市	10.692	0.057	0.924	0.299	1.106
杭州市	6.066	0.047	0.908	0.330	1.171
湖州市	11.558	0.076	0.966	0.320	1.124
嘉兴市	18.533	0.172	0.846	0.277	0.690
南京市	4.246	0.018	0.831	0.294	1.127
上海市	12.487	0.118	0.907	0.312	0.948
苏州市	13.851	0.110	0.909	0.299	0.948
无锡市	13.354	0.097	0.890	0.291	0.956
宣城市	3.419	0.023	0.775	0.306	1.089
镇江市	10.758	0.101	0.964	0.327	1.064
流域均值	11.872	0.093	0.905	0.305	1.001

3 太湖流域生态系统实地调查

3.1 太湖流域水生生物调查

为准确全面了解太湖流域水生生物现状，在搜集分析太湖流域水生生物现有文献记录基础上，开展野外实地调查。本次调查共设采样点 79 个，其中江苏境内 43 个，上海境内 11 个，浙江境内 24 个（具体见表 3-1）。调查时间共分两次调查，平水期 2010 年 4 月 20 日至 5 月 10 日，丰水期 2010 年 7 月 5—25 日。调查项目主要包括浮游动物、浮游植物、底栖动物、水生高等维管束植物和鱼类。

3.1.1 浮游植物调查

3.1.1.1 调查方法

2010 年 4—8 月参照历年水情，分平水期和丰水期两次采集原生动物定性和定量分析样品。4 月采样期间天气以晴为主，水温平均值为 14.1℃；7 月天气以阴雨为主，水温平均值为 26.8℃。现场用 YSI 6600 V2 型多参数水质监测仪（美国）测定表层（0.2～0.3 m）及中下层（≈1 m）的水温、电导率、溶解氧等水质指标；取 50 mL 混合水样装入聚乙烯小瓶内，加入 0.5 mL 鲁戈试剂固定，用于浮游植物分析。

浮游植物计数时从 50 mL 浮游植物样品中取 25 mL 样品放入 25 mL 管状浮游生物沉淀器（Plankton Sediment Cylinders，奥地利 Uwitec 公司）静置 24 h，浓缩体积至 3 mL 于圆形计数框内（Plankton Counting Chambers，奥地利 Uwitec 公司），用倒置显微镜（Zeiss Axiovert135）在 512 倍（20×1.6×16）下参照有关文献鉴定浮游植物种类和计数；计数方法为目镜视野法，一般随机计数 30～50 个视野，使得细胞数在 300 以上。由于浮游植物的比重接近于 1，故可以直接由浮游植物的体积换算为生物量（湿重），即生物量为浮游植物的数量乘以各自的平均体积，单位为 $mg \cdot L^{-1}$，单细胞的生物量主要根据浮游植物个体形状测量而得。本节实验主要参考《淡水浮游生物研究方法》。

3.1.1.2 调查结果

对流域 79 个采样点的样品分析，共鉴定浮游植物有 72 属，分别隶属于蓝藻门（10 属）、硅藻门（17 属）、绿藻门（34 属）、甲藻门（2 属）、裸藻门（4 属）、隐藻门（3 属）和金藻门（2 属）。因此绿藻门、硅藻门和蓝藻门是太湖流域浮游植物主要门类。

本章执笔人：陈宇玮，邵晓阳，杨艳刚，杨丽韫，王斌

表 3-1 太湖流域水生生物资源调查采样点分布

行政区	编号	经度（E）/度	纬度（N）/度	行政区	编号	经度（E）/度	纬度（N）/度
江苏省	FQ1	119.27	31.40	江苏省	FQ41	121.13	31.00
	FQ2	120.54	31.78		FQ42	119.46	31.46
	FQ3	120.55	31.71		FQ43	119.82	31.85
	FQ4	120.85	31.50		FQ44	120.47	31.41
	FQ5	120.85	31.61		FQ45	120.66	31.07
	FQ6	120.88	31.37		FQ46	119.98	31.71
	FQ7	120.98	31.19	上海市	HSH01	121.20	30.19
	FQ8	119.45	31.92		HSH02	121.16	31.14
	FQ9	120.13	31.58		HSH03	121.12	30.08
	FQ10	120.45	31.41		HSH04	121.26	30.86
	FQ11	119.93	31.32		HSH05	121.38	31.08
	FQ12	120.66	31.20		HSH06	121.14	30.59
	FQ13	120.47	31.23		HSH07	121.02	30.58
	FQ14	119.56	31.99		HSH08	121.13	30.56
	FQ15	120.46	31.67		HSH09	121.22	30.54
	FQ16	119.68	31.39	浙江省	ZHU01	120.26	30.52
	FQ17	119.55	31.35		ZHU02	120.20	30.47
	FQ18	119.69	31.36		ZHU03	120.18	30.42
	FQ19	119.50	31.65		ZHU04	120.04	30.33
	FQ20	119.91	31.53		ZHU05	120.03	30.20
	FQ21	119.67	31.91		ZHU06	120.07	30.55
	FQ23	119.90	31.92		ZHU07	120.03	30.53
	FQ24	120.32	31.65		ZHU08	119.50	30.50
	FQ25	119.70	31.64		ZHU09	119.42	30.43
	FQ26	120.46	31.89		ZHU10	119.39	30.34
	FQ27	120.93	31.64		ZHU11	119.23	30.31
	FQ28	120.75	31.63		ZHU12	119.51	31.01
	FQ29	120.88	31.40		ZHU13	119.47	30.56
	FQ30	120.75	31.22		ZHZ01	120.07	30.21
	FQ31	121.04	31.11		ZHZ02	119.58	30.24
	FQ32	120.76	31.15		ZHZ03	119.57	30.18
	FQ33	119.80	31.81		ZJX01	121.03	30.47
	FQ34	119.91	31.35		ZJX02	120.51	30.57
	FQ35	119.64	31.62		ZJX03	120.48	30.45
	FQ36	119.71	31.49		ZJX04	120.43	30.38
	FQ37	120.00	31.46		ZJX05	120.49	30.57
	FQ38	120.30	31.45		ZJX06	120.26	30.32
	FQ39	120.03	31.49		ZJX07	120.31	30.28
	FQ40	120.25	31.72		ZJX08	120.36	30.48

平水期鉴定有63属，丰水期有49属。平水期优势属为隐藻属（出现频率为26.9%），其次为直链硅藻（21.8%）、栅藻（15.4%）和针杆藻（8.75%）。丰水期优势属为隐藻属（53.2%）、裸藻属（7.6%）等。

苕溪水系春、夏季浮游植物门类组成变化不大，出湖河道门类组成略有变化，而运河水系和宜溧河水系变化较大，硅藻和绿藻的优势地位被隐藻、裸藻和蓝藻共同取代。春季由于水温较低（15.1±1℃），适应低水温的硅藻能获得很好的竞争优势。随着水温升高，夏季（27.4±2℃）硅藻的优势地位被其他适应较高水温的藻类所取代，例如隐藻最适生长范围为15～35℃、裸藻最佳生长温度范围为20～35℃。

与太湖湖区相比，由于没有大规模蓝藻水华的发生和空间异质性，因此优势属种类比湖区丰富。但主要优势属大都为β-中污染指示属，说明水体中有机物较少，溶解氧浓度升高（春季溶解氧DO=9.6±7.2 mg/L，夏季溶解氧DO=6.4±3.4 mg/L）。

浮游植物生物量平均值为24.5 mg/L，4月、7月分别为29.2 mg/L（0.025～113.5 mg/L）和19.7 mg/L（0.172～93.5 mg/L）。细胞丰度4月为2×10^6 cells/L（9.7×10^4～1×10^7 cells/L），7月为8.9×10^6 cells/L（5.4×10^4～2.7×10^8 cells/L）。

浮游植物生物量平均值为24.5 mg/L，平水期生物量为29.2 mg/L（0.025～113.5 mg/L）、丰水期为19.7 mg/L（0.172～93.5 mg/L）。

太湖流域水系的划分如表3-2所示。

春季：在三大入湖水系中春季以硅藻为绝对优势门类。苕溪水系优势属为直硅藻、栅藻、针杆藻和舟形藻，总生物量为62.42±28 mg/L，其中硅藻门平均生物量为25.17±7 mg/L，其次是绿藻门21.69±17 mg/L；宜溧河水系优势属为锥囊藻、针杆藻、直硅藻、隐藻和脆杆藻，总生物量为1.24±0.51 mg/L，其中硅藻门平均生物量为0.65±0.36 mg/L，其次为绿藻 0.26±0.11 mg/L。运河水系优势属为隐藻、脆杆藻、纤维藻和针杆藻等，总生物量为1.34±1.54 mg/L，硅藻门平均生物量为 0.98±1.24 mg/L，其次为绿藻门 0.25±0.18 mg/L。出湖河道主要优势属为直硅藻、栅藻、隐藻、星杆藻和新月藻等，总生物量为28.9±39 mg/L，绿藻门平均生物量为11.51±18 mg/L，硅藻门平均生物量为9.35±12.29 mg/L。

夏季：与春季类似，苕溪水系优势门类为硅藻和绿藻，总生物量为38.7±26 mg/L，硅藻门平均生物量为11.21±5 mg/L，绿藻门平均生物量为12.24±13 mg/L，优势属为针杆藻、十字藻和隐藻属。宜溧河水系中硅藻的绝对优势被隐藻、裸藻和硅藻共同取代，优势属为隐藻、裸藻、直硅藻和双菱藻，总生物量为1.88±1 mg/L，裸藻门平均生物量为0.82±1 mg/L，隐藻门平均生物量为0.46±0.3 mg/L，硅藻门平均生物量为0.28±0.2 mg/L。运河水系优势门类为隐藻、蓝藻，其次是硅藻、绿藻和裸藻，优势属有裸藻、隐藻、微囊藻和多甲藻等，总生物量为 1.17±1 mg/L，蓝藻门平均生物量最高为 0.45±1 mg/L，其次为隐藻门0.23±0.2 mg/L，绿藻门0.14±0.1 mg/L，裸藻门0.13±0.2 mg/L。出湖河道以隐藻为优势门类（生物量36.7±24 mg/L），其次为绿藻门（21.1±14.6 mg/L），优势属有直硅藻、栅藻、隐藻、针杆藻和星月藻等。

表 3-2 太湖流域不同水系划分及范围

水系	范围	代表河道	采样点
苕溪水系（入湖）	源于浙江天目山北麓，包括东西苕溪两条河流，是水系中唯一代表山区性质的河流。苕溪水系经由湖州，在小梅口、大钱口等沿湖溇港入湖。其水系总面积为太湖水系中最大	西苕溪 ZHU11 ZHU10 ZHU09 ZHU08 ZHU07 东苕溪 ZHZ03 ZHZ02 ZHU04 泗安溪 ZHU13 ZHU12	ZHU01 ZHU02 ZHU03 ZHU05 ZHU06 ZHU07 ZHU08 ZHU09 ZHU10 ZHU11 ZHU12 ZHU13 ZJX03 ZJX04 ZJX05 ZJX06 ZJX07 ZJX08 ZHZ01 ZHZ02 ZHZ03
宜溧河水系（入湖）	整个水系在溧阳之上实际被称为淳溧河，在溧阳之下才称宜溧河。但是现在通常把整个水系通称为宜溧河水系	淳溧河 FQ1 FQ42 宜溧河 FQ16 FQ18 FQ11 横塘河 FQ34 屋溪河 FQ17	FQ1 FQ11 FQ16 FQ17 FQ18 FQ34 FQ36 FQ42
运河水系（入湖）	包括锡澄运河以西，茅山以东，滨江高地地区。大部分经由百渎港、直湖港入太湖。小部分由洮湖、滆湖，再经太滆运河等地	直湖港 FQ9 漕桥河 FQ20 FQ39 太滆南运河 FQ37 京杭运河 FQ43 锡澄运河 FQ40 FQ24	FQ8 FQ9 FQ14 FQ19 FQ20 FQ21 FQ23 FQ24 FQ25 FQ33 FQ35 FQ37 FQ38 FQ39 FQ40 FQ43 FQ46
出湖水系	位于太湖东部，由于地势较低，河流大都以出湖为主	东清河 FQ2 FQ15 京杭运河 FQ12 FQ45 FQ44 太仓港 FQ6 盐铁港 FQ27 横河 FQ26	FQ2 FQ3 FQ4 FQ5 FQ6 FQ7 FQ12 FQ13 FQ15 FQ26 FQ27 FQ28 FQ29 FQ30 FQ31 FQ32 FQ41 FQ44 FQ45 HSH01 HSH02 HSH03 HSH04 HSH06 HSH07 HSH08 HSH09 ZJX01 ZJX02

3.1.2 浮游动物调查

3.1.2.1 调查方法

2010 年 4—8 月参照历年水情，分平水期和丰水期两次采集原生动物定性和定量分析样品。定性样品用 25 号浮游生物网在表层水面作“∞”形移动 3～5 min，加 4%甲醛溶液固定，用于种类鉴定。定量样品用 5 L 采水器取表层、中层和底层各水层分别取水样 5 L 混合，取 1 L 混合水样 1%浓缩鲁戈氏液（Lugol’s solution）固定，沉淀 48 h 后去上清液，转 0.5L 透明容器中再沉淀 24 h，沉淀液转入 50 mL 水样瓶，定容至 50 mL 用于定量分析。

定量分析移取浓缩样品溶液 0.1 mL 至计数框，用 10×20 倍显微镜下进行全片计数，每个标本重复计数 2 片，取其平均值，2 片计数结果的误差＜15%。浮游动物密度按下列公式计算：

$$N=(V_s \cdot n)/(V \cdot V_a)$$

式中：N——1 L 水中浮游动物密度，ind·L^{-1}；

V_s——沉淀体积，50 mL；

n——计数体积观察的个数；

V——采样体积，1 L；

V_a——计数体积，0.1 mL。

3.1.2.2 调查结果

（1）原生动物

对太湖流域 79 个采样点的水样鉴定与分析，共鉴定出原生动物 98 种，分属 6 纲、19 目、70 属。原生动物种类平水期 65 种，丰水期 63 种，原生动物种类组成以肉足纲、动基片纲、寡膜纲种类为主，3 纲种类数占总种类数的比例依次为 27.6%、21.4%、16.3%，在平水期与丰水期，3 纲种类数占的比例分别为：23.1%、21.5%、18.5%（平水期）；28.6%、22.2%、14.3%（丰水期）。

原生动物个体数量组成，平水期各类群的平均密度占总平均密度的百分比由高到低依次为动基片纲（41.4%）、肉足纲（15.9%）、寡膜纲（15.9%）、多膜纲（14.0%）、植鞭毛纲（9.3%）、动鞭毛纲（3.5%）；丰水期各类群依次排序为肉足纲（31.9%）、动基片纲（25.5%）、植鞭毛纲（18.3%）、多膜纲（8.5%）、寡膜纲（7.9%），动鞭毛纲（7.9%）。

平水期各采样断面平均密度占总平均密度（186 174 ind/L）2%以上的种类由高到低依次为：食藻斜管虫（68 743 ind/L）、梨型四膜虫（23 991 ind/L）、暗黄睫杵虫（20 761 ind/L）、小单环栉毛虫（8 766 ind/L）、尾瘦尾虫（8766 ind/L）、天鹅长吻虫（8 304 ind/L）、肋状半眉虫（6 459 ind/L）、鳞壳虫（5 998 ind/L）、粗圆纤虫 *Strongylidium crassum*（4 152 ind/L）、柱纤口虫（3 809 ind/L）。在这些种类中，动基片纲种类的密度为 116 843 ind/L，占总平均密度的 63%。

丰水期各采样断面平均密度占总平均密度（109 216 ind/L）2%以上的种类由高到低依次为：鳞壳虫（15 705 ind/L）、小单环栉毛虫（14 856 ind/L）、瓶砂壳虫（8 546 ind/L）、多变明壳虫（6 367 ind/L）、弯曲变胞藻 *Astasia curvata*（5 808 ind/L）、尖细异丝藻 *Heteronema acus*（5 605 ind/L）、肋状半眉虫（3 396 ind/L）、奇观盖氏虫 *Glaeseria mira*（2 547 ind/L）、太阳球吸管虫 *Sphaerophrya soliformis*（2 547 ind/L）、黏液蓝环虫 *Cyrtolophosis mucicola*（2 547 ind/L）。在这些种类中，肉足纲种类的密度为 33 164 ind/L，占总平均密度的 30%，动基片纲种类的密度为 20 798 ind/L，占总平均密度的 19%。

（2）轮虫

在平水期和丰水期两次对太湖流域 79 个采样断面进行水样鉴定与分析，共鉴定出轮虫 89 种，分属 2 目、13 科、37 属。游泳亚目占种类组成的 91%，有 81 种。臂尾轮科 32 种，占全部种类的 36%；鼠轮科 14 种，占 15.7%。

平水期轮虫 66 种，分属 11 科，其中臂尾轮科 21 种、鼠轮科 11 种、椎轮科 9 种，为该时期的主要类群；丰水期轮虫 48 种，分属 10 科，主要组成类群为臂尾轮科（20 种）、鼠轮科（7 种）、腔轮科（6 种）。臂尾轮科和鼠轮科在平水期、丰水期轮虫种类数量构成比例上与总的组成比例基本一致，差异较大的是椎轮科的种类，平水期 9 种，丰水期仅 1 种。

平水期出现频率大于 50%的种类依次为针簇多肢轮虫 *Polyarthra trigla*、螺形龟甲轮虫 *Keratella cochlearis*、矩形龟甲轮虫 *K.quadrata*、角突臂尾轮虫 *Brachionus angularis*、缘板龟甲轮虫 *K.ticinensis*、迈氏三肢轮虫 *Filinia maior*、萼花臂尾轮虫 *B.calyciflorus*、前节晶囊轮虫 *Asplanchna priodonta*、舞跃无柄轮虫 *Ascimorpha saktans*、梳状疣毛轮虫 *Synchaeta pectinata*；丰水期出现频率大于 50%的种类仅为针簇多肢轮虫，大于 10%的由高到低依次为暗小异尾轮虫 *Trichocerca pusilla*、角突臂尾轮虫、曲腿龟甲轮虫 *Keratella valga*、迈氏三肢轮虫、螺形龟甲轮虫、卜氏晶囊轮虫 *Asplanchna brightwelli*、萼花臂尾轮虫。

各采样断面轮虫密度差异较大，平水期流域西部山区独立水系出现轮虫的 10 个采样断面平均密度为 160～190 ind/L，最小值为 4ind/L，最大值为 520ind/L。位于西苕溪中上游的 5 个采样断面轮虫平均密度只有 30 ind/L。平均密度大于 100 ind/L 的种类依次为针簇多肢轮虫（480 ind/L）、螺形龟甲轮虫（250 ind/L）、矩形龟甲轮虫（200 ind/L）、角突臂尾轮虫（200 ind/L）、缘板龟甲轮虫（200 ind/L）、迈氏三肢轮虫（200 ind/L）、萼花臂尾轮虫（130 ind/L），其平均密度之和占总平均密度的 83.4%。

流域平原水网出现轮虫的 38 个采样断面平均密度为 2 500～2 700 ind/L，最小值 20 ind/L，最大值 9 600 ind/L。

丰水期流域西部山区独立水系出现轮虫的 15 个采样断面平均密度为 19 500～28 700 ind/L，最小值 150ind/L，最大值 64 000 ind/L；密度最低的断面为西苕溪进入湖州市（ZHU07）和东苕溪进入瓶窑镇（ZHZ02）的通航河道，密度仅为 50 ind/L，河水浑浊、泥沙含量大，悬浮有机颗粒物含量分别为 11.3 mg/L、18.9 mg/L。对悬浮有机颗粒物含量与轮虫密度进行相关性检验，结果 r =0.76（p<0.01），表明轮虫的密度受水体悬浮有机颗粒物含量的影响较大。

流域平原水网出现轮虫的 46 个采样断面平均密度为 16 000～38 000ind/L，最小值 50ind/L，最大值 190 000ind/L。

丰水期平均密度大于 1 500 ind/L 的种类依次为针簇多肢轮虫（9 800 ind/L）、卜氏晶囊轮虫（5 700 ind/L）、角突臂尾轮虫（2 700 ind/L）、跃进三肢轮虫 *Filinia passa.*（2 600 ind/L）、欧氏鞍甲轮虫 *Lepadella ehrenbergii*（2 100 ind/L）、曲腿龟甲轮虫（1 600 ind/L）、纵长异尾轮虫 *Trichocerca elongata*（1 600 ind/L）。

丰水期轮虫丰度大于平水期，可能与水温升高，水体周围营养物质因雨水、径流冲刷进入水体有关。温度升高、营养物质增加，有利于轮虫繁殖生长。

（3）浮游甲壳动物

调查共采集到浮游甲壳动物 36 种，分别属于 2 目、12 科、24 属。其中桡足类有 2 目、5 科、11 属 14 种，枝角类 7 科 13 属 10 种。最多的样点有 11 种，最少的仅有 1 种。桡足类的剑水蚤科 *Cyclopidae* 有 10 种，枝角类的溞科 *Daphniidae* 有 9 种，2 科的种类数合计超过总种数的 1/2。

平水期桡足类 13 种，枝角类 12 种；丰水期桡足类 9 种，枝角类 17 种。从种类组成分析，太湖流域浮游甲壳动物具有两个特点：（1）平水期枝角类与桡足类的种类数基本相同，丰水期枝角类种类数则明显增加，接近为桡足类种类数的 2 倍；（2）总种类数平水期与丰水期基本相同，但各采样点的种类数，丰水期比平水期明显增加，方差分析结果差异极显著（p<0.01）。

平水期出现频率大于 40%的种类依次为简弧象鼻溞 *Bosmina coregoni*（70.9%）、广布中剑水蚤 *Mesocyclops leuckarti*（59.5%）、特异荡镖水蚤 *Neutrodiaptomus tumidus*（43.0%）。无节幼体出现率为 98.7%，桡足幼体出现率为 88.6%。其余种类的出现率均小于 20%，有 16 种出现率小于 10%。

丰水期出现频率大于 40%的种类依次为广布中剑水蚤（81.0%）、短尾秀体溞 *Diaphanosoma brachyurum*（74.7%）、远东裸腹溞 *Moina weismanni*（74.7%）、宽尾网纹溞 *Ceriodaphnia laticaudata*（69.6%）、简弧象鼻溞（55.7%），特异荡镖水蚤出现率为 39.2%，与平水期较接近。无节幼体出现率为 97.5%，桡足幼体出现率比平水期上升，为 98.7%。平水期出现率高的种类，在丰水期仍比较高，这些种类对环境变化的耐受性较强，为流域内的常见种、广布种。

各采样断面浮游甲壳动物平均密度差异较大。流域西北部山区独立水系，平水期 6 个采样断面浮游甲壳动物平均密度（包括无节幼体和桡足幼体，下同）为 3～6 ind/L，最小值 2 ind/L，最大值 9 ind/L；丰水期平均密度为 31～40 ind/L，最小值 6 ind/L，最大值 92 ind/L。流域西部山区独立水系，平水期 10 个采样断面浮游甲壳动物平均密度为 5～10ind/L，最小值 1 ind/L，最大值 30 ind/L；丰水期平均密度为 24～29 ind/L，最小值 2 ind/L，最大值 90 ind/L。流域北部平原水网，平水期 23 个采样断面浮游甲壳动物平均密度为 7～9 ind/L，最小值 3 ind/L，最大值 35 ind/L；丰水期平均密度为 35～43 ind/L，最小值 5 ind/L，最大值 137 ind/L。流域东南部平原水网，平水期 23 个采样断面浮游甲壳动物平均密度为 9～11 ind/L，最小值 1 ind/L，最大值 65 ind/L；丰水期平均密度为 98～118 ind/L，最小值 1 ind/L，最大值 568 ind/L。

从种群分析，平水期除无节幼体和桡足幼体之外，平均密度大于 1 ind/L 的种类只有中华窄腹剑水蚤 *Limnoithona sinensis* 和特异荡镖水蚤；丰水期平均密度大于 1 ind/L 的种类增加至 7 种，有台湾温剑水蚤 *Thermocyclops taihokuensis*（11.8 ind/L）、宽尾网纹溞（7.9 ind/L）、短尾秀体溞（4.7 ind/L）、简弧象鼻溞（3.8 ind/L）、远东裸腹溞（2.4 ind/L）、广布中剑水蚤（1.7 ind/L）、虫宿温剑水蚤 *Thermocyclops vermifer*（1.2 ind/L）。无节幼体在平水期和丰水期丰度分别为 3.5 ind/L、33.5 ind/L，桡足幼体在平水期和丰水期分别为 3.0 ind/L、14.1 ind/L。丰水期种群数量大的种类数增加，以及浮游甲壳动物的幼体数量增加，在一定程度上表明水体营养物质丰富度提高。从幼体在各站点丰度中占的比例分析发现，平水期幼体比例平均为 75.4%，丰水期为 64.3%。方差分析结果显示差异极显著（$p<0.01$）。

3.1.3 底栖动物调查

3.1.3.1 调查方法

本研究于 2010 年 4 月和 7 月对太湖流域河道进行两次采样。样品采集用改良的彼得生采泥器（1/16 m^2）采集样品，泥样用 60 目尼龙网筛洗，剩余物置于白磁盘中，将底栖动物活体逐一挑出。获得的样品用 7%的福尔马林溶液保存。在实验室中对样品进行种类鉴定和个体计数。用滤纸吸除底栖动物表面固定液，置于 Sartorius 电子天平（量程 120 g，精度 0.1 mg）上称重，并将结果折算成单位面积的密度和生物量。

3.1.3.2 调查结果

调查共发现大型底栖动物 88 种，隶属于 3 门 8 纲 48 科。五水系中寡毛类、腹足类、双壳类、水生昆虫（指除摇蚊幼虫以外的水生昆虫）、摇蚊幼虫以及其他物种在不同水系间种类数量和组成具有较大差异。黄浦江水系发现的物种最多（47 种），以寡毛类和摇蚊幼虫为主；苕溪次之（37 种），其中水生昆虫 26 种；南河种类数最少（15 种）。

由于不同种类底栖动物密度和生物量差异较大，因此本书采用相对重要性指数（*IRI*，

Index of Relative Importance）来确定各水系中的优势种，计算公式为：

$$IRI=(W+N)\cdot F$$

式中：W——某一种类的生物量占各水系大型底栖动物总生物量的百分比；

N——该种类的密度占各水系大型底栖动物总密度的百分比；

F——该物种在各水系中出现的相对频率。

霍甫水丝蚓的 *IRI* 值均处在第 1 位，且与其他物种的 *IRI* 值相差较大，可见霍甫水丝蚓在 5 个水系中均处于优势地位，但其在苕溪和黄浦江水系的 *IRI* 值明显低于其他 3 个水系。铜锈环棱螺在各水系（除苕溪外）相对重要性指数也较高。值得注意的是，3 种对水质要求较高的蜉蝣目昆虫也为苕溪水系的优势种类，而在其他水系很少甚至未出现。

全流域主要河流大型底栖动物的平均密度和生物量分别为 5888.91 ind/m^2 和 105.18 g/m^2。寡毛类占平均密度的 94.19%，腹足类占平均生物量的 72.50%。5 种底栖动物在各水系中的密度方面，沿江水系总密度最高（21648.80 ind/m^2），其次是洮滆（3025.33 ind/m^2）和南河水系（2966.33 ind/m^2）。苕溪水系最低（254.12 ind/m^2），仅为沿江水系密度的 1.17%，远远小于其他 4 个水系。寡毛类占绝对优势，在苕溪水系中所占比例最少（40%），在南河、洮滆以及沿江水系中都在 90%以上，其中在沿江水系中高达 97.8%。水生昆虫在苕溪水系中占到 37.3%，而在其他水系所占比例均小于 1%。摇蚊幼虫在黄浦江水系中所占比例最多（26.7%），其次是苕溪水系（19.6%）。腹足类和双壳类在各水系中所占密度均较低（<9%）。

生物量方面，最高生物量同样出现在沿江水系（250.78 g/m^2），其次黄浦江水系（133.98 g/m^2）。苕溪水系生物量最低（1.16 g/m^2），与密度相似，远远低于其他水系。腹足类由于个体较大，因而在南河、洮滆、黄浦江以及沿江水系中比例都至少达到 50%，最高值出现在黄浦江水系（88.2%）。寡毛类密度较高，因而在各水系的生物量中占到一定比例，但腹足类的密度百分比在黄浦江水系达到最大，导致黄浦江水系中寡毛类的生物量百分比较低。水生昆虫的生物量在苕溪水系中所占比例最大，其他水系中的生物量百分比同样均小于 1%。

3.1.4 水生高等维管束植物调查

3.1.4.1 调查方法

由于调查区域内，水生维管束植物出现较少，一般表现为透明度小于 50 cm 的站点河道不存在水生维管束植物。在出现水生维管束植物的站点沿断面布设 3～6 个采样点，用 0.3×0.3 彼得生采集器采集，带回驻地全部清洗干净，归类计数，吸湿后称重，并压制成标本。全部标本拍摄主要器官图片，测量、记录主要形态学数据和生境条件，分类鉴定。

3.1.4.2 调查结果

调查共获得 17 科 21 属 24 种水生（湿生）维管束植物，具体如表 3-3 所示。

表 3-3 水生维管束植物主要种类密度分布　　单位：ind/m^2

种名	HSH06	HSH08	ZHU01	ZHU02	ZHU03	ZHU05	ZHU09	ZHU11	ZJX03	ZJX06	ZJX08
菹草	134				96	68			133	134	214
水盾草		234			36				67		
马兰头								84			
水田碎米荠								42			
狗牙根								1 582			
芦苇			132		32	69			334		
狐尾藻				198							
肾叶天胡荽				67							
大巢草							4				
水鳖					11						
喜旱莲子草			92		33						
合计	134	234	224	265	208	137	4	1 708	534	134	214

仅 11 个采样点采集到水生维管束植物。调查发现，河道平缓、底质为沙泥质的水体比较适宜水生和湿生维管束植物生长，水体周边农田、经济林和土壤有机物经雨水冲刷与水生维管束植物生长也有一定的关系。平原河网水体，水生维管束植物生长，与水体营养水平和水体透明度有关。大部分采样点水体透明度都小于 50 cm，以及水体堤岸多为垂直、石砌，缺少水陆交界的缓坡，这是影响水生维管束植物分布的主要原因。在采集到水生维管束植物的 11 个采样点，Shannon-Wiener 多样性指数平均为 0.413，有 5 个采样点为单优势种。菹草、水盾草、芦苇优势度相对较高。

3.1.5 鱼类调查

本次调查鱼类资源目标是要准确掌握鱼类种类组成、区系特点、鱼类食性、繁殖习性、三场分布、特有鱼类种类和资源现状、经济鱼类种类和资源量等，主要通过鱼类组成宏观调查和各站点鱼类组成调查完成，其中鱼类组成宏观调查包括历史资料收集分析和现场调查统计分析，各站点鱼类组成调查结合历史资料记载的种类，以当地主要渔具在不同水层、生境作业的渔具，在不同的时间段进行捕捞，统计所有捕捞的种类。

3.1.5.1 采样方法

在各调查站点渔政执法人员陪同下，联系站点所辖行政区域内的渔民，向渔民收购渔获物。（1）对单艘渔船上的渔获物全分类计数、称重；（2）小规格种类，每种每网次 20 尾以下全收购，20 尾以上随机收购 20 尾，在驻地测量形态学指标；大规格个体（>2 kg）每种每网次收购 2～3 尾，在驻地测量形态学指标；（3）每站点收购由 2～3 个渔民分别捕捞的渔获物；（4）调查网具、捕渔地点、鱼类活动区域以及区域内鱼类资源的历史信息。

3.1.5.2 调查结果

调查渔船 45 艘次，统计 15 043 尾（389 054 g）渔获物。分类结果表明，属于 5 目 13

科，共计 49 种。其中鲤形目 35 种，鲈形目 7 种，鲇形目 5 种，合鳃鱼目、鲱行目各 1 种。鲤形目鱼类中，以鲤科鱼类的种数最多，有 33 种，占总种数的 67.3%。

对调查的渔获物组成进行分析，近 2/3 的站点鱼类多样性指数低于 2.000，多数种类为常见种，以底层鱼类为主。麦穗鱼（*Pseudorasbora parva*）、鲤（*Cyprinus carpio*）、鳘（*Hemiculter leucisculus*）、鲫（*Carassius auratus*）、乌鳢（*Channa argus*）为各站点的优势类群。这些鱼类对污染环境的耐受性程度较高。渔获物中，鲤、鳘、鲫、乌鳢合计达 309 445 g，占总渔获物质量的 79.54%。

小型鱼类个体数量在渔获物量组成中占绝对优势，大规格经济鱼类以底层耐污型种类鲤、鳢为主，种类组成存在简单化的趋势。主要的原因有两个方面：（1）环境破碎化，因为挖砂、吸砂，破坏了原有的水生生境，大规格鱼类所需要的宽阔、稳定的“三场”基本不存在。（2）破碎的生境，对小型鱼类、小规模的种群可能是合适的，沿岸居民住宅生活污水、农田施肥污染，为水中底栖生物提供丰富的营养物质。

3.2　太湖流域森林土壤养分调查

土壤是陆地生态系统存在的基础条件，它为植物的生长提供了必不可少的水分和养分，良好的土壤物理健康状况对于维持地上植被的生产力十分重要（Amirinejad，2010）。随着人类活动范围和强度的加大，生态系统不可避免地受到干扰。对于森林生态系统来说，人工施肥和森林管理措施改变了原有土壤中养分平衡状况，主要表现为森林砍伐造成水土流失既而造成养分流失，施肥过量导致化学肥料流入其他生态系统。森林土壤养分流失导致的富营养化问题目前已引起广泛关注（董敦义等，2011）。太湖上游地区由于水土流失以及人为干扰等因素使土壤发生退化，营养成分流失，造成下游水体富营养化程度加剧。因此本研究开展了太湖流域上游地区森林生态系统土壤养分调查，拟从土壤养分分布特征及其与植被、地形、土壤因子的关系入手，分析森林生态系统养分蓄积及流失情况对水生态系统的影响。

3.2.1　样地信息

安吉县位于浙江省北部（东经 119°14′～119°53′，北纬 30°23′～30°52′），总面积 1 886 km^2，其中丘陵山地（940.05 km^2）占总面积的 49.84%，平原与岗地（726.11 km^2）占 38.5%，低山（182.94 km^2）占 9.7%，中山（33.95 km^2）占 1.8%。境内地貌多样，岩性复杂，土壤类型多，山地肥力差异较大。

安吉县位于北亚热带季风区，四季分明，气候温和，雨水充沛，光照充足。年平均气温 15℃，极端最高气温 40.8℃，极端最低气温−17.4℃，年均降雨量 1 350 mm，有效积温为 4 934.1℃，无霜期 226 d。属中亚热带常绿阔叶林北部亚地带青冈（*Cyclobalanopsis glauca*）、苦槠（*Castanopsis sclerophylla*）植被区。天然植被有青冈、苦槠常绿阔叶林、马尾松林（*Pinus massoniana*）、针阔混交林、竹林（*Phyllostachys heterocyla Pubescens*）以及灌丛植被。人工植被有马尾松林、杉木（*Cunninghamia lanceolata*）、湿地松（*Pinus elliottii*）及经济林。安吉有林地面积 109 875.2 hm^2，绝大部分森林分布于低山丘陵地带，土壤主要是发育于酸性岩浆岩和沉积岩的红壤。

3.2.2 采样方法

在浙江省安吉县境内，研究小组于 2009 年 7 月 29 日至 8 月 11 日沿一级河道西苕溪自上游至下游选择了 26 个森林样点进行土壤取样（表 3-4）。26 个样点涵盖了竹林、混交林、纯林等植被类型，样地分布的海拔为 10～380 m。在每个样点内布置 20 m×20 m 大小林地样方，在每个样方内均匀布设 3 个土壤取样剖面，分层 0～10 cm，10～30 cm，30～50 cm 采集土壤样品，每个深度取土 1 kg 左右，装于聚乙烯塑料袋中，袋上注标签。共采集 26 个点，取土样 234 个。带回实验室内，将每个样点上 3 份样品充分混匀后风干去杂质，过 2 mm 筛，进行土壤养分的测定，共测定有效磷、硝态氮、水解氮、全氮、全磷五项指标。

表 3-4 各样地基本概况

样点编号	面积/hm^2	植被类型	海拔/m	坡向	土壤类型	土层厚度	植被高度/m	覆盖度/%
高村 131	157	毛竹林	380	北	红壤	薄	7.0	60
高村 151	93	栎林	250	东南	红壤	薄	1.0	70
高村 094	178	毛竹林	300	北	红壤	中	5.0	50
高村 273	81	栎林	260	东南	红壤	薄	2.0	50
高村 003	321	毛竹林	300	西北	红壤	—	4.0	60
姚村 269	24	栎林	200	西南	红壤	薄	1.0	70
姚村 051	240	硬质阔叶林	360	西北	红壤	薄	1.0	70
姚村 174	132	硬质阔叶林	240	东南	红壤	中	2.0	70
姚村 807	24	红笋竹	250	无	水稻土	厚	0.2	50
吴村 036	98	硬质阔叶林	260	西南	红壤	薄	1.5	80
吴村 025	60	枫树林	160	东北	红壤	薄	7.0	80
吴村 018	55	栎林	160	西北	红壤	薄	1.0	70
吴村 135	145	红笋竹	280	东	红壤	薄	5.0	60
吴村 145	106	枫树林	200	西南	红壤	薄	2.0	80
吴村 148	89	枫树林	180	东南	红壤	薄	1.5	70
吴村 152	88	毛竹林	160	东	红壤	薄	5.0	60
磻溪 016	106	湿松	180	南	红壤	薄	1.0	70
磻溪 054	36	红笋竹	140	南	红壤	薄	0.5	40
松坑 071	210	杉树	180	东	红壤	薄	1.0	70
松坑 158	121	杉树	130	东北	红壤	薄	1.0	70
桐杭 018	118	杉树	20	南	红壤	薄	1.0	70
和村 169	66	毛竹林	200	北	红壤	薄	6.0	40
和村 158	18	混交林	140	北	红壤	薄	7.0	60
和村 155	17	栎林	120	西北	红壤	薄	6.0	40
赵家上 006	171	淡竹	10	无	红壤	厚	0.3	30
康山 039	80	红笋竹	65	东南	红壤	中	0.3	30

以下是测定的各项养分指标的含义：

土壤有效磷（Available phosphorous），缩写为 AP，也称为速效磷，是土壤中可被植物吸收的磷组分，包括全部水溶性磷、部分吸附态磷及有机态磷，有的土壤中还包括某些沉淀态磷。

土壤水解氮（Hydro nitrogen）HN：土壤水解氮能反映土壤近期内氮素供应情况。土壤水解性氮或称碱解氮包括无机态氮（铵态氮、硝态氮）及易水解的有机态氮（氨基酸、酰铵和易水解蛋白质）。采用凯氏定氮法测定土壤水解氮和全氮。

土壤全氮（Total nitrogen）TN：包括所有形式的有机和无机氮素，是标志土壤氮素总量和供应植物有效氮素的源和库，综合反映了土壤的氮素状况。土壤中氮是生物作用的结果，随死亡的有机体进入土壤，以有机形态储存起来，成为植物生长必需的大量元素之一，并对土壤肥力产生深刻的影响。因此氮素与有机质的关系较为密切。

土壤全磷（Total phosphorous）TP：即磷的总储量，包括有机磷和无机磷两大类。土壤中的磷素大部分是以迟效性状态存在。

土壤中全氮、全磷、全钾含量水平的高低，可以反映该土壤的供肥潜力。土壤中氮素绝大部分为有机的结合形态。无机形态的氮一般占全氮的 1%～5%。土壤有机质和氮素的消长，主要取决于生物积累和分解作用的相对强弱以及气候、植被、耕作制度诸因素，特别是水热条件，对土壤有机质和氮素含量有显著的影响。

土壤有效磷、全磷采用钼锑钪比色法测定；水解氮、全氮采用凯氏定氮法测定；土壤硝态氮采用酚二磺酸比色法测定。

3.2.3　结果分析

研究区内土壤有效磷含量在 0.3～2.18 mg/kg，平均值为 1.15 mg/kg。硝态氮含量在 2.43～9.13 mg/kg，平均值为 4.58 mg/kg。水解氮含量在 59.42～367.78 mg/kg，平均值为 138.83 mg/kg。全氮含量在 1.02～3.55 mg/kg，平均值为 1.92 mg/kg。全磷含量在 0.16～0.71 mg/kg，平均值为 0.34 mg/kg。五种土壤养分指标中除全氮含量的变异系数较小外，其他四种养分含量的变异系数均在 0.4 左右（表 3-5）。

表 3-5　研究区土壤养分状况描述性统计

养分	样本量 *N*	最小值 Minimum	最大值 Maximum	平均值 Mean	标准差 *S.D.*	变异系数 *CV*
有效磷/（mg/kg）	26	0.30	2.18	1.15	0.52	0.45
硝态氮/（mg/kg）	10	2.43	9.13	4.58	1.87	0.41
水解氮/（mg/kg）	26	59.42	367.78	138.83	65.04	0.47
全氮/（g/kg）	26	1.02	3.55	1.92	0.54	0.28
全磷/（g/kg）	26	0.16	0.71	0.34	0.14	0.40

3.2.3.1　营养物质相关性分析

研究区采样点上土壤全氮、水解氮、硝态氮与有效磷之间表现出明显的正相关性，呈极显著水平。土壤全 N 和有效 P 对群落地上部现存量起联合限制作用，枯枝落叶层的现存量与N、P、K 含量呈显著正相关（张凤杰，2009）。各营养成分与全磷相关性均不显著。主要原因可能是，其他几种营养成分均可随水发生迁移，并且受植被状况、生物有机体归还以及降水等自然或生物条件影响，因此它们之间相关性较高，而全磷含量主要受成土母质影响，因此与其他几种营养成分相关性不大（表 3-6）。

表 3-6 土壤营养成分含量相关系数

养分	有效磷	硝态氮	水解氮	全氮	全磷
有效磷	1.00	0.48**	0.56**	0.52**	0.04
硝态氮		1.00	0.77**	0.85**	0.21
水解氮			1.00	0.77**	0.13
全氮				1.00	0.27
全磷					1.00

**显著性水平 $P<0.01$，其余为 $P<0.05$

3.2.3.2 营养物质与土壤深度关系分析

在土壤剖面上，全氮、全磷、速效养分等指标则随着土层深度的增加而降低，与土壤深度呈显著负相关（图 3-1）。原因是由于土壤养分，特别是可溶性的氮元素大多来自于地表枯枝落叶层的分解，枯落物在雨水淋溶作用下，快速分解，养分迅速归还给土壤。从而使凋落物层直接接触的土壤表层接受的养分归还量多于下层土壤，造成养分聚集在表层的现象（张洪亮，2010）。

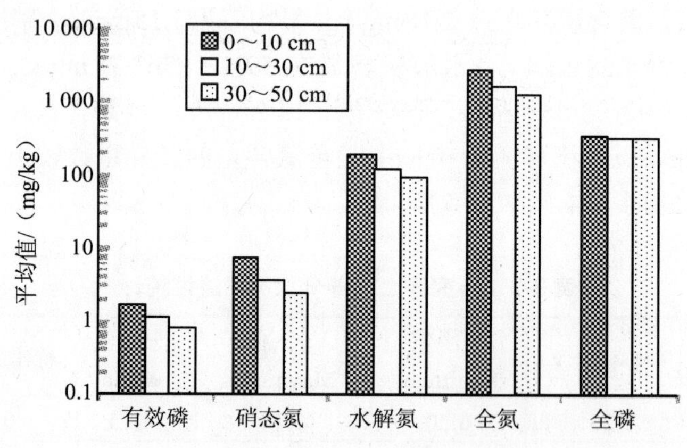

图 3-1 各土壤深度内土壤营养成分含量

磷素的风化、淋溶、富集、迁移是成土过程中各种元素共同作用的结果。在成土过程中，生物的富集、迁移是磷素累积的主导性因素。土壤全磷含量主要受到母质中的矿物成分、土壤质地、剖面层次及耕作管理措施等因素影响（黄少燕，2009）。土壤中磷主要来源于成土矿物，其次是所施入的磷肥肥料（周敏，2009），而研究区内样点分布范围相对较小，且土壤类型基本为红壤，所以受成土母质影响较大的磷元素在各样点间的差异很小。

通常认为变异系数 $CV \leqslant 10\%$时为弱变异，$10\% < CV \leqslant 100\%$为中等变异，当 $CV > 100\%$为强变异。研究区内各层土壤养分含量变异均属于中等变异（图 3-2）。除硝态氮外，其他土壤营养成分含量变异系数随土壤深度增加而增大，4 种土壤养分变异系数不同，可能与土壤水分条件、有机肥的施用、作物吸收和土壤母质有关。硝态属于相对活跃的土壤养分，因此表层变异较大，底层变异系数较小，有效磷受人工施肥作用影响较大，研究区内由于较少施用磷肥，因此表层土壤有效磷含量变异系数较小，而深层土壤有效磷含量受成土母质矿化影响，因此不同样点上含量差异较大，表层土壤的水解氮、全氮含量高于底层土壤，这是表层土壤由于受植被状况及枯落物情况影响较大造成的，研究区样地内林下植被生长状况良好，且枯落物层较厚，使土壤氮素物质保持在较稳定水平，而下层土壤由于受土壤水分移动带来的营养物质迁移的影响，各样地土壤入渗条件差异较大，因此，下层土壤氮素含量差异较大。全磷含量主要受成土母质的影响，研究样地土壤基本上为砂质红壤，因此变异系数相差不大。

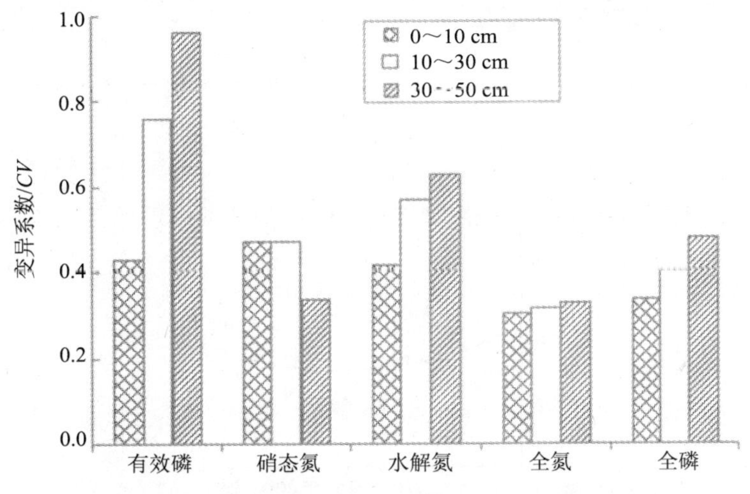

图 3-2　不同深度土壤中营养成分变异系数

3.2.3.3　营养物质空间变化特征

硝态氮、全氮、水解氮等营养物质随着采样梯度自西苕溪上游至下游呈现先减少后增加的趋势，拟合曲线决定系数达到显著水平（图 3-3）。上游植被状况较好，森林结构完整，林下植被生长状况良好且枯落物层较厚，有利于氮素营养物质归还和保持，至中游样地由于植被条件变差，土壤中氮素营养物质含量降低，至下游，由于人工施肥等管理活动增强，又增加了土壤中氮肥含量，但是这部分地区由于植被相对较差，对于营养物质的存储效果较差，因此其氮素营养含量低于上游地区。有效磷、全磷等营养物质主要受成土母质影响，因此上下游差异不大。

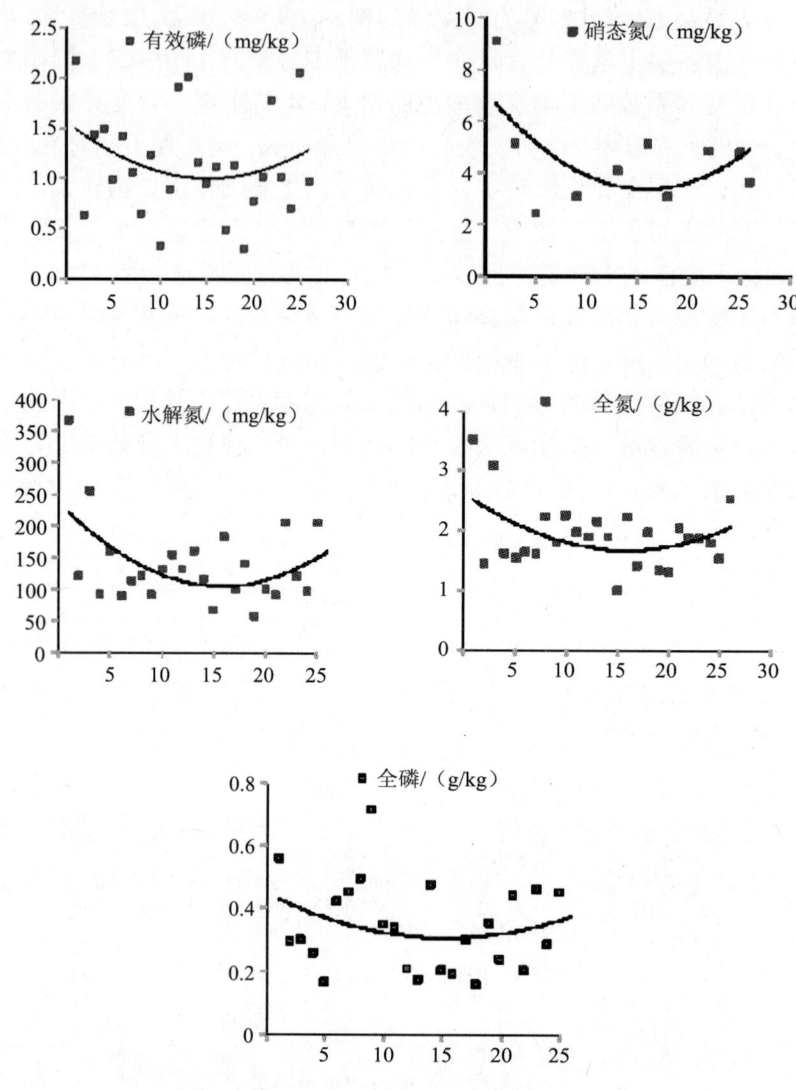

图 3-3 上游至下游采样点各土壤养分变化

3.2.3.4 营养物质与植被关系分析

林型影响到了植被对土壤养分的吸收、凋落物养分的归还、微生物活性等养分循环各个环节，从而导致了土壤养分储量的变化。因此分析森林结构以及林地自然条件状况对土壤养分分布的影响有重要意义。

根据样点树高不同分析土壤营养物质差异发现：0～10cm 土壤深度上水解氮在水中可随土壤水分流动而迁移，因此平均树高高的森林群落会产生更多的枯落物，枯落物在雨水淋溶作用下，快速分解，养分迅速归还给土壤；10～30cm 深度土壤养分含量均是≥10m 样地的含量（表 3-7）。形成这一分布格局的原因可能是相对较高的平均高度使林分结构变得复杂，有利于枯落物的形成和保存，枯落物使土壤中的酶活性增强，加速枯落物分解与有机物的代谢，使土壤中的速效养分增加。另外地表覆被物对雨滴冲溅有缓冲作用，降低降雨对土壤侵蚀的强度，对土壤养分起到保持的作用；30～50cm 土壤深度上各土壤养分指标差异均不显著，说明在较深土壤层中土壤养分含量受植被状况影响较小。

表 3-7 不同树高样点土壤养分含量状况

养分	树高	平均值			显著度		
		0～10cm	10～30cm	30～50cm	0～10cm	10～30cm	30～50cm
有效磷/（mg/kg）	＜10m	1.57	1.17	0.88	0.50	0.71	0.61
	≥10m	1.78	1.03	0.70			
硝态氮/（mg/kg）	＜10m	7.04	3.05	2.27	0.41	0.13	0.47
	≥10m	9.28	4.78	2.71			
水解氮/（mg/kg）	＜10m	177.35	105.09	90.57	0.02**	0.06**	0.67
	≥10m	261.00	158.85	101.79			
全氮/（g/kg）	＜10m	2.64	1.59	1.27	0.16	0.18	0.58
	≥10m	3.17	1.89	1.38			
全磷/（g/kg）	＜10m	0.36	0.32	0.35	0.43	0.51	0.70
	≥10m	0.40	0.36	0.32			

**为 $P<0.01$，其余为 $P<0.05$

按样点年龄分为 5 年以下和 10 年以上两类，5 年以下样地均为竹林样地，其有效磷、水解氮、全氮含量均高于其他林地（表 3-8）。造成这一现象的主要原因可能是，竹林虽然建植时间短，但是有人工施肥措施，从而迅速提高了土壤肥力，尤其以水解氮更高。磷素是一种沉积型矿物，在植物需要的各种营养元素中，磷在风化壳中的迁移是最小的，虽然竹林有人工施肥措施，但是土壤全磷含量主要受成土母质、土壤质地等因子的影响，因此两种样地全磷含量差异不显著。

表 3-8 不同林龄样地土壤营养状况差异比较

养分	林龄	平均值			显著度		
		0～10cm	10～30cm	30～50cm	0～10cm	10～30cm	30～50cm
有效磷/（mg/kg）	＜5 年	1.96	1.72	1.18	0.06**	0.00**	0.06**
	＞10 年	1.43	0.79	0.56			
水解氮/（mg/kg）	＜5 年	261.30	168.99	135.69	0.00**	0.00**	0.00**
	＞10 年	166.71	92.80	64.74			
全氮/（g/kg）	＜5 年	3.31	1.98	1.44	0.02**	0.02**	0.22
	＞10 年	2.49	1.50	1.21			
全磷/（g/kg）	＜5 年	0.35	0.33	0.32	0.47	0.99	0.70
	＞10 年	0.39	0.33	0.35			

**为 $P<0.01$，其余为 $P<0.05$

10～30cm 深度土壤有效磷、水解氮、全氮含量存在显著差异，均是竹林高于其他林地，竹林的人工施肥措施增加了养分的供给并且水溶性营养元素可随土壤水向下迁移，使得竹林中层土壤的土壤养分状况也高于其他林地；30～50cm 深度上土壤有效磷、水解氮含量存在显著差异，均是建植年龄较短样地高于年龄较长林地，建植年龄较短样地以竹林等人工植被为主，人工施肥及管理措施可对较深层土壤产生影响，说明水溶性土壤营养物质可随土壤水分渗入到较深层土壤中。这两种样地中全磷含量差异均不显著。

根据地类将研究区内采样点分为针阔混交林、纯林、竹林三类，采用单因素方差分析方法分析上述 3 种林地土壤养分状况的差异，在 0～10 cm、10～30 cm 土壤深度上，有效磷、水解氮、全氮差异显著（表 3-9），针阔混交林、竹林土壤有效磷含量显著高于纯林地，可能的原因是针阔混交林由于有更复杂的森林结构和林下植被。而竹林的水解氮和全氮含量显著高于针阔混交林与纯林，人工施肥措施可能是形成这种分布格局的主要原因，在不同土壤深度上针阔混交林、竹林、纯林样地全磷含量相近，而决定土壤全磷含量的成土母质因素可能是造成这一现象的主要原因。

30～50 cm 土壤深度上，各地类上水解氮含量存在显著差异，竹林高于针阔混交林和纯林，这 3 种林地上其他营养物质含量差异不显著。这可能是由于人工林的种植对表层土壤的养分影响较大，而对底层土壤养分状况影响较小造成。

表 3-9 不同地类样地内土壤养分含量差异比较

养分	地类	平均值			显著度		
		0～10 cm	10～30 cm	30～50 cm	0～10 cm	10～30 cm	30～50 cm
有效磷/（mg/kg）	针阔混交林	1.97	0.83	0.69	0.00**	0.01**	0.15
	竹林	1.96	1.72	1.18			
	纯林（针或阔）	1.00	0.64	0.47			
水解氮/（mg/kg）	针阔混交林	162.67	86.76	63.81	0.02**	0.01**	0.01**
	竹林	261.30	168.90	135.69			
	纯林（针或阔）	169.86	89.15	65.44			
全氮/（g/kg）	针阔混交林	2.51	1.35	1.16	0.06**	0.02**	0.44
	竹林	3.31	2.01	1.44			
	纯林（针或阔）	2.48	1.52	1.25			
全磷/（g/kg）	针阔混交林	0.35	0.30	0.31	0.44	0.79	0.67
	竹林	0.35	0.33	0.32			
	纯林（针或阔）	0.42	0.35	0.38			

**为 $P<0.01$，其余为 $P<0.05$

3.2.3.5 营养物质与海拔高度关系分析

将各采样点按海拔高度排序，分析土壤营养成分沿海拔分布特征。有效磷、水解氮、全氮、全磷含量随海拔升高均出现先下降后上升趋势（图 3-4），西苕溪上游样地土壤养分含量最高，随海拔下降，各养分含量均出现下降，至较低海拔（<100 m）时，各营养成分又出现上升趋势，但是低海拔各养分含量低于高海拔样点。

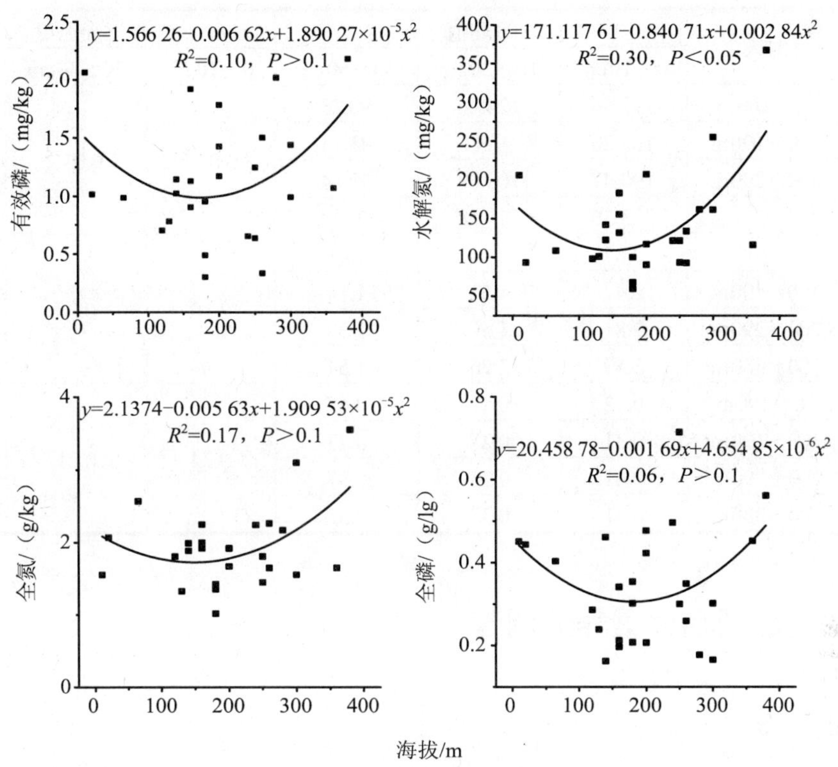

图 3-4　各样地土壤营养成分沿海拔分布特征

根据海拔高度将采样地分为四类，方差分析结果表明不同海拔样地 0～10 cm、10～30 cm、土壤深度上水解氮含量存在极显著差异，30～50 cm 深度上各营养成分在各海拔带上差异不显著（表 3-10）。主要是海拔 300～380 m 样地上水解氮含量显著高于其他较低海拔样地，高海拔样地受人为干扰较少，植被生长状况良好，有较好的持留养分功能，并且森林郁闭度较大，林下植被生长茂盛，可以起到对雨滴的缓冲作用，减轻土壤侵蚀，有利于溶解态养分持留。各海拔样点上有效磷、硝态氮、全氮含量均是高海拔样点大于低海拔样点，但差异不显著。全磷含量受成土母质影响较大，因此各海拔样点上含量差异很小。

表 3-10　不同海拔样点上土壤营养元素差异比较

养分	海拔	平均值			显著度		
		0～10cm	10～30cm	30～50cm	0～10cm	10～30cm	30～50cm
有效磷/（mg/kg）	20～100m	1.41	1.58	1.08	0.68	0.30	0.53
	100～190m	1.54	0.75	0.48			
	200～290m	1.64	1.34	1.01			
	300～380m	2.01	1.36	0.88			
硝态氮/（mg/kg）	20～100m	6.47	3.90	2.43	0.87	0.45	0.71
	100～190m	7.82	2.79	1.75			
	200～290m	6.90	2.76	2.50			
	300～380m	9.28	4.78	2.71			

养分	海拔	平均值			显著度		
		0～10cm	10～30cm	30～50cm	0～10cm	10～30cm	30～50cm
水解氮/（mg/kg）	20～100m	193.60	124.46	90.23	0.00**	0.03**	0.61
	100～190m	165.20	97.43	93.13			
	200～290m	190.47	108.68	80.64			
	300～380m	333.36	211.08	130.46			
全氮/（g/kg）	20～100m	2.87	1.83	1.48	0.19	0.08	0.45
	100～190m	2.47	1.51	1.14			
	200～290m	2.81	1.57	1.30			
	300～380m	3.59	2.26	1.54			
全磷/（g/kg）	20～100m	0.42	0.43	0.45	0.24	0.21	0.35
	100～190m	0.31	0.27	0.27			
	200～290m	0.41	0.35	0.37			
	300～380m	0.41	0.38	0.32			

3.3 太湖流域园地土壤养分调查

3.3.1 样地信息

太湖流域上游安吉县境内园地主要分布在沟谷地带，部分茶园散布在山地丘陵，主要由各类果园和苗圃组成。园地生态系统比重虽远不及林地系统，但由于园地系统多为人工经营管理的经济林，形态上介于自然林地和耕地之间，一方面具有林地的部分保水保土等功能，另一方面由于施肥、灌溉、杀虫等人为管理措施而具有环境污染的风险，因此园地生态系统对水生态环境往往具有关键性的作用，研究安吉县西苕溪流域林园地土壤碳、氮、重金属等元素的含量、储量和分布特征等，对于研究太湖流域土壤养分循环规律、生态系统服务功能、面源污染与治理以及生态功能区划等具有基础意义。

本研究选择了太湖上游安吉县境内一典型小流域——西苕溪为研究对象，以分类的 GIS 数据和图形为基础，通过定点和随机选择相结合的方式，沿西苕溪河流两侧选择了不同种类的园地小斑，涵盖了西苕溪流域上游和中游的纯林、竹林、经灌林和苗圃等 4 种土地利用类型，分布在低山、丘陵和平原 3 种地貌上。

典型采样小斑的选择步骤如下：首先以安吉主要河流西苕溪为研究流域，在 ArcGIS 中利用缓冲分析模块，以 1km 为距离选择相关的所有小斑；以地貌、地类、林种起源、林种组成、林龄为主要因子，进行聚类分析。分为 46 大类 86 个小类别；根据作业的工作量和小斑面积、位置，初步选择典型调查小斑；根据现场勘察和具体条件，调整典型调查小斑数量，并补充因属性数据缺失而未参与聚类的其余类型；开展现场取样、勘测、实验室分析等研究工作。

3.3.2 采样方法

采样点布设根据研究区域园地类型，在西苕溪的中上游，距河流 1 km 范围内取了 60 个样地，每一个样地内取 3 个取样点，采集平行样品。每个样点分 3 层采集不同深度的样品，分别为：0～10 cm（简称表层土壤）、10～30 cm（简称中层土壤）、30～50 cm（简称下层土壤，土层厚度小于 50 cm 的按实际土层深度取样）。

样品采集利用地图和 GPS 定位取样样地，通过土钻或挖土壤剖面分层取样，每个样品由平行的 3 点混合取样组成，取土壤样品 1 kg 左右。同时用环刀取样用于土壤容重测定。最终采集到 60 个林园地小斑的土壤样品共 465 份，其中表层土壤为 180 份，中层土壤 159 份，下层土壤 126 份。

土壤样品预处理时，环刀内的土壤样品取出后在 105～110℃下烘 6～8 h 至恒重。样品袋内的土壤样品则让其自然风干，初步破碎挑拣出石块和植物碎屑，采用四分法取约 20 g 样品用研钵研磨过 60 目土样筛，然后再按四分法取部分样品研磨至全部过 100 目土筛，放入样品袋中备用。

土壤样品实验室分析采用环刀取样通过烘干法测定土壤样品的容重，用重铬酸钾氧化外加热法测定 SOC 含量，用高氯酸-硫酸消化法测土壤全氮，用碱解蒸馏法测土壤速效氮，用氟酸-高氯酸-硝酸消煮原子吸收光谱法测定重金属元素铅（Pb）和铬（Cr）。

3.3.3 结果分析

3.3.3.1 土壤体积质量特征

土壤体积质量的数值大小，受土壤质地、结构、有机质含量以及各种自然因素和人工管理措施的影响。安吉县园地土壤体积质量测定结果见图 3-5。结果分析发现，西苕溪流域土壤体积质量值随着土壤深度的增加而增加，土壤表层、中层、下层的体积质量均值分别为 1.26 g/cm^3、1.35 g/cm^3、1.43 g/cm^3。从土壤表层到中层的增幅为 8.81%，从中层到下层的增幅为 4.24%，增幅大幅度减小。0～50 cm 土壤平均体积质量为 1.35 g/cm^3，略大于我国土壤平均体积质量 1.24 g/cm^3。经单因素方差分析检验，不同深度土壤体积质量均值之间存在显著性差异。本区土壤体积质量的变化与多数研究结论一致（Jobby，2000），即通常表层土壤的体积质量较小，而心土层和底土层的体积质量较大，尤其是淀积层的体积质量更大。

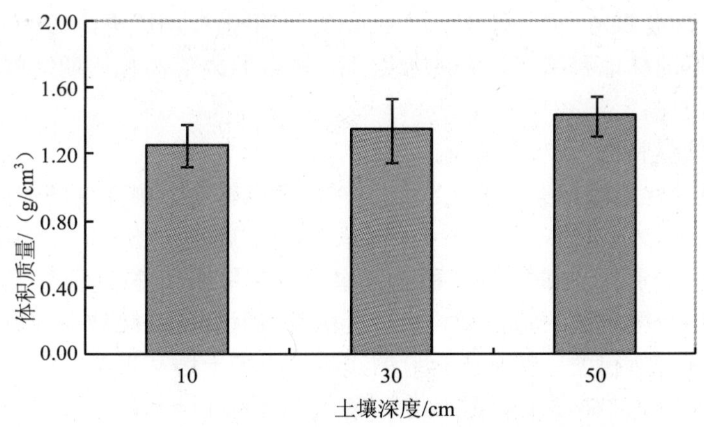

图 3-5 不同土壤深度的土壤体积质量

3.3.3.2 有机碳含量特征

土壤有机碳（SOC）也受到自然因素（如植被、气候、土壤属性等）以及人为因素特别是土地利用方式变化的影响（王绍强等，2003；方精云等，1996）。研究结果显示（图3-6），本区土壤表层 SOC 含量较高，平均为 2.16%。随着土壤深度的增加 SOC 含量逐渐降低，下层土壤平均 SOC 含量下降到 1.15%，仅为表层土壤的 53%，但 SOC 含量随深度增加降幅趋小，方差检验显示不同土壤深度 SOC 含量存在显著性差异。从 0～50 cm 土壤 SOC 含量平均为 1.56%，高于我国土壤平均 SOC 含量的 1.57%（康占军等，2009）。不过在本区较小的地理空间范围内，由于温度和降雨等气候因素差异较小，SOC 含量主要受到植被覆盖和土地利用方式的影响。地面植被残落物和根系作为土壤有机质的主要来源，是影响本区不同深度土壤 SOC 含量的主要原因。

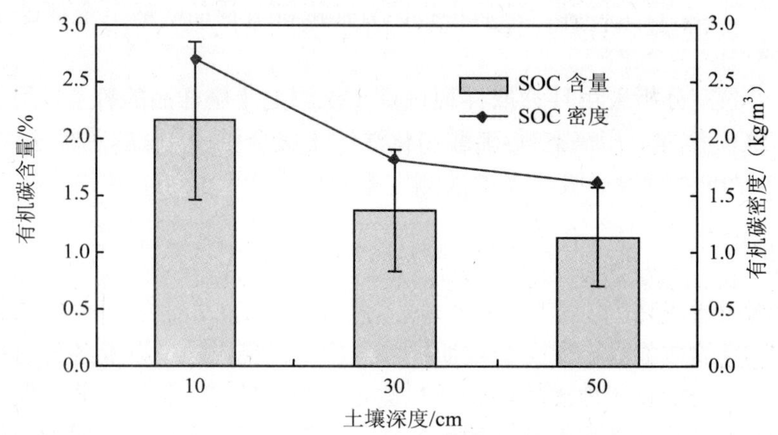

图 3-6　不同深度土壤 SOC 含量和密度

受土壤体积质量和 SOC 含量的共同影响，本区 SOC 密度（以平均深度 10 cm 土层计算）也随土壤深度的增加而快速下降。土壤表层、中层、下层的 SOC 平均密度为 2.68 kg/m^3、1.82 kg/m^3 和 1.61 kg/m^3，0～50 cm 总 SOC 密度 9.54 kg/m^3。若将此 50 cm 土层折算为我国土壤平均厚度 79 cm 计算，本区土壤密度可达到 15.07 kg/m^3，远高于全国土壤 SOC 平均密度 10.83 kg/m^3 和红壤 SOC 平均密度 5.18 kg/m^3（王绍强和周成虎，1999）。主要原因是，本区多是植被较好的林地和施肥较多的水稻土，较多的凋落物和长期的施肥使这些土壤有机质和 SOC 含量较高。

3.3.3.3　土壤氮含量特征

与 SOC 含量变化趋势相似，本区土壤全氮含量也随着土壤深度增加而降低（图 3-7）。土壤表层的全氮含量为 0.13%，中层为 0.09%，二者平均为 0.11%，小于安吉县红壤表层 0～20 cm 全氮含量的 0.18%，与浙江省水稻土表层全氮含量的 0.13%接近（康占军等，2009），主要源于本区林地土壤较低的氮含量。中层土壤速效氮含量变化波动十分明显，与土地利用方式和施肥状况密切相关。受氮素含量的影响，流域土壤从表层到下层全氮密度迅速降低，中层比表层下降了 26%，而下层比中层降低了 40%。

流域土壤速效氮含量表层较高，为 215 mg/kg；中层和下层之间土壤速效氮含量变化并不显著，且远低于土壤表层（图 3-7）。土壤 0～30 cm 速效氮平均含量为 190 mg/kg，大于 167.5 mg/kg，达到了“肥沃”的水平（徐秋芳等，2002）。园地较多的氮肥输入是引起本区土壤速效氮含量相对较高的主要原因。

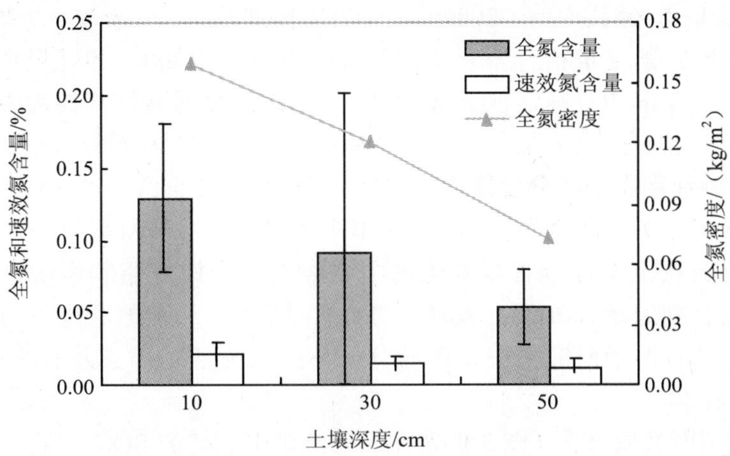

图 3-7 不同深度土壤全氮、速效氮含量和全氮密度

3.3.3.4 土壤 Pb 与 Cr 含量特征

随着全球经济的迅速发展，含重金属的污染物通过各种途径进入土壤，造成土壤严重污染（曹雪琴等，2009）。土壤重金属污染可影响农作物产量和质量的下降，并可通过食物链危害人类的健康，也可以导致大气和水环境质量的进一步恶化，因此引起世界各国的广泛重视。本研究对本流域园地土壤铅和铬含量进行了采样分析，结果见图 3-8。土壤中 Pb 含量随着土壤深度的增加呈缓慢下降趋势，但各层次之间 Pb 含量差异并不显著，0～50cm 土壤 Pb 含量平均值为 50.59 mg/kg。以安吉和浙江省红壤 0～20cm 的元素背景值 34.8 mg/kg 和 34.3 mg/kg 为对照来看（康占军等，2009），本流域土壤各层 Pb 含量均超过背景值，且 0～50cm 土壤 Pb 平均含量为安吉和浙江省红壤背景值的 1.5 倍。

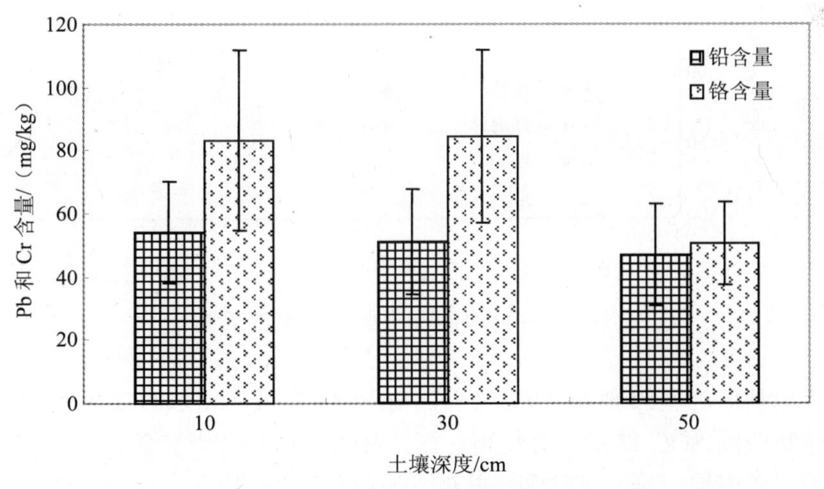

图 3-8 不同深度土壤铅和铬含量

本区土壤表层、中层和下层土壤 Cr 含量分别约为 83 mg/kg、85 mg/kg 和 50 mg/kg，表层和中层含量远高于安吉县红壤表土 0～20cm Cr 的含量（57 mg/kg）和浙江省红壤的

平均含量（35 mg/kg）（康占军等，2009）。下层 Cr 含量平均值低于安吉平均值但高于浙江省平均值。与其他元素含量稍有差别的是，本区土壤重金属 Cr 的含量在中上层土壤中并无显著变化，且含量均较高，但下部土壤中 Cr 含量急剧降低，仅为中上层土壤含量的约 60%。

3.3.3.5 不同土地利用类型养分含量差异

西苕溪流域林地多为次生阔叶林，而园地多为茶园、果园和桑园。在几十年尺度上，人类活动是影响流域土壤养分含量变化的主要因素，土地利用和覆被是人为活动的外在表现（王绍强和刘纪远，2002；Post，2001）。因此，从土地利用的角度分析土壤养分含量及其变化是有助于研究生态系统养分循环的人为活动因素及其驱动力。

土壤碳含量特征

从不同土地利用类型来看（图 3-9），在表层土壤中纯林的 SOC 含量（2.26%）高于其他类型，而在下层土壤中纯林最低，为 1.03%。主要是因为纯林多数为天然次生林，人为干扰相对较少，常年的凋落物为上层土壤提供了大量的有机质来源。表层土壤中苗圃 SOC 含量居其次，主要是因为苗圃使用了较多的有机肥料，竹林和经灌林 SOC 含量均小于土壤平均 SOC（2.15%）。而在中层土壤中，苗圃的 SOC 含量较高，得益于其翻耕土地种植增加了耕作层的 SOC 含量。下层土壤中竹林的 SOC 含量最高，主要源于竹林根系向较深的方向发展。经灌林在各个图层中的 SOC 含量均比较低，主要是因本区经灌林主要为荒废的果园等，既缺少人工施肥，又缺少天然次生林地的有机质来源。

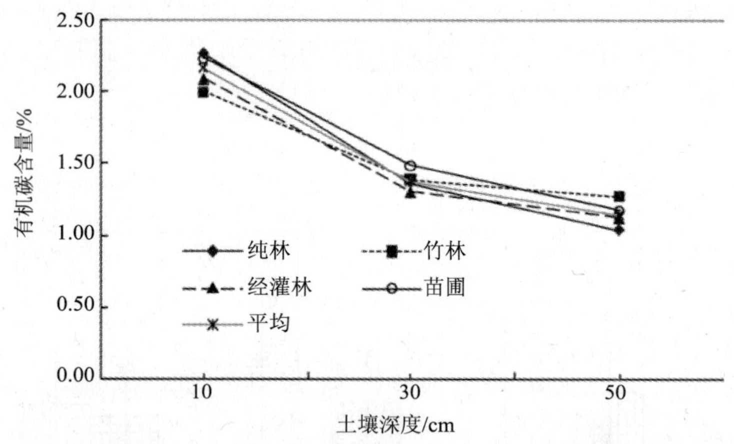

图 3-9 不同土地利用类型土壤 SOC 含量

从不同土地利用类型的 SOC 储量来看，与 SOC 含量有相似的规律（图 3-10）。在土壤表层，纯林和苗圃 SOC 储量相对较高，而竹林和经灌林相对较低，小于本区土壤 SOC 储量的平均值。在中层土壤，纯林和竹林的 SOC 储量相对较高；而竹林的 SOC 储量在土壤下层也是最高的；经灌林的 SOC 含量在中层和下层土壤中都是较低的。

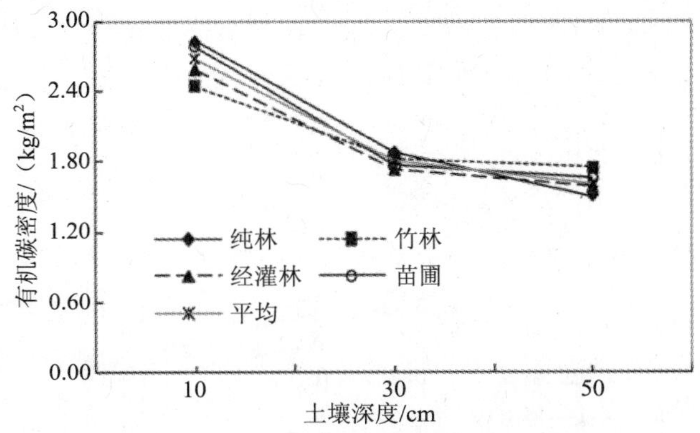

图 3-10 不同土地利用类型土壤 SOC 密度

土壤氮含量特征

不同土地利用类型的土壤全氮含量和储量具有基本一致的特征（图 3-11 和图 3-12）。在表层土壤，苗圃的全氮含量和储量是最高的，主要是因为苗圃使用了较多的化学氮肥。其余几种类型的全氮含量和储量均十分接近。在中层土壤，竹林的全氮含量和储量均显著高于其他类型，实验数据显示是因为流域一红笋竹样地氮含量过高所致，极可能是因本样地的采样误差。苗圃中层土壤的全氮含量和储量已经下降到与其他类型同等水平。在下层土壤，纯林的全氮含量和储量均较低，其他类型没有明显差异。

不同土地利用类型土壤速效氮含量与全氮含量有较大差异（图 3-13）。在表层土壤中，苗圃速效氮含量仍然最高，其次是竹林，人工干扰最少的纯林和经灌林最低。中层土壤速效氮含量规律与此基本相似，但纯林速效氮含量较低。在下层土壤，除了竹林速效氮较高之外，其余土地利用类型速效氮含量十分接近。

土壤 Pb 与 Cr 含量特征

本流域土地利用类型土壤表层 Pb 含量在 51～58 mg/kg，平均为 54.05 mg/kg，是背景值的 1.55 倍（图 3-14）。在土壤表层和中层，苗圃的 Pb 含量均是最高的，主要源于苗圃生产使用了较多的农药（陈志良和仇荣亮，2002；Tipping，2003）；而经灌林的 Pb 含量是所有土地利用类型中最低的。竹林、纯林和经灌林在各层次的 Pb 含量相差均不大，且随着土壤深度的增加而含量缓慢降低。但各种土地利用类型的 Pb 含量都高于安吉和浙江省红壤、黄壤和水稻土的背景值含量，显示各类土地土壤均受到一定的污染。

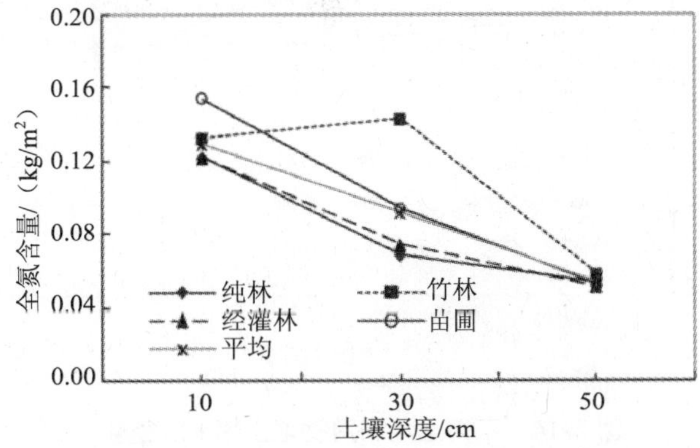

图 3-11 不同土地利用类型土壤全氮含量

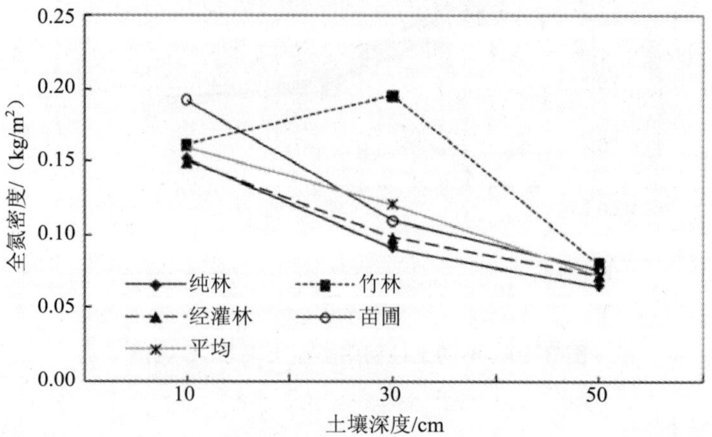

图 3-12 不同土地利用类型土壤全氮密度

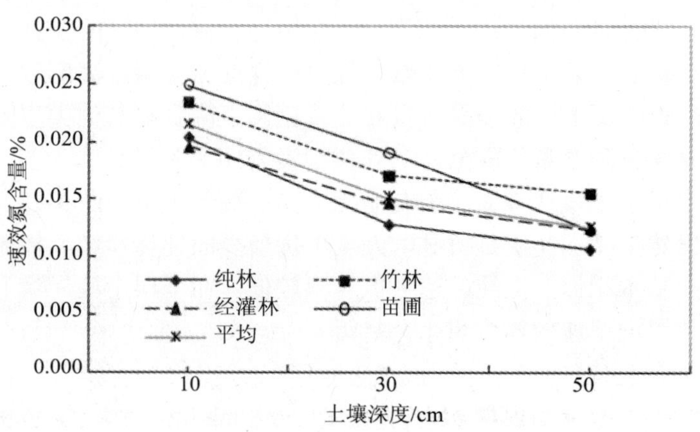

图 3-13 不同土地利用类型土壤速效氮含量

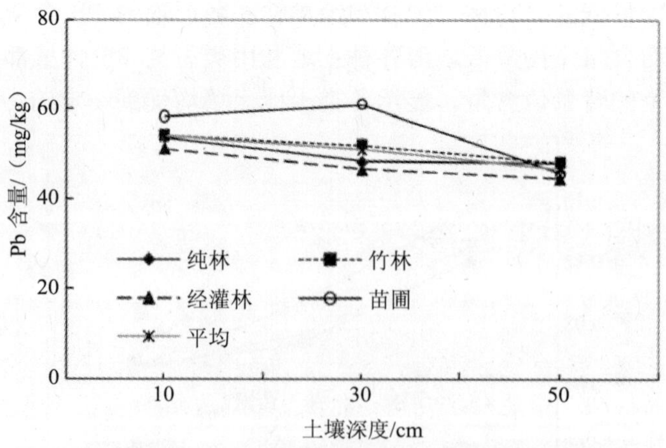

图 3-14 不同土地利用类型土壤 Pb 含量

与 Pb 含量不同，各土地利用类型上层土壤 Cr 含量与其中层之间变化很小，且中层土壤略大于上层；下层土壤 Cr 含量均急剧降低，平均比中层土壤 Cr 含量降低了 40%（图 3-15）。苗圃上层和中层土壤 Cr 的含量显著高于其他利用类型，是背景值的 1.73 倍，Cr 污染相对严重。其余土地利用类型不同土壤层次中 Cr 含量的大小顺序基本是纯林 > 竹林 > 经灌林，但同一层次的含量均比较接近。除了下层土壤中 Cr 含量均小于背景值之外，各土地类型中上层土壤中 Cr 含量均超过背景值，平均分别为背景值的 1.46 倍和 1.49 倍，显示其受到一定的污染。

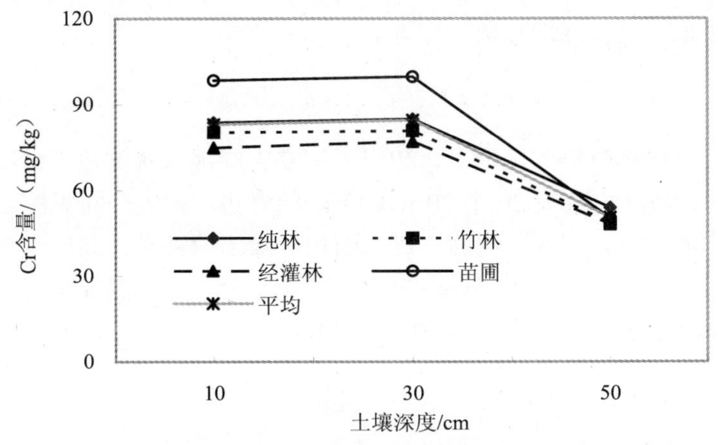

图 3-15　不同土地利用类型土壤 Cr 含量

通过对465份土壤样品的研究显示，本区土壤容重随土壤深度的增加而增加，土壤SOC含量和密度、全氮含量和密度以及速效氮含量均随着土壤深度的增加而降低，但中下层降低幅度趋缓。土壤 SOC 含量和密度高于我国土壤的平均值，中上层土壤的全氮含量低于浙江省红壤平均水平。土壤重金属 Pb 含量随土壤深度而缓慢下降，但各层含量差异不明显；Cr 的含量在下层土壤较低。从土地利用类型来看，纯林的 SOC 含量和密度均较高，而经灌林相对较低；表层土壤的全氮含量和储量均以苗圃最高，经灌林和纯林较低；中上层土壤中苗圃的 Pb、Cr 含量均显著高于其他利用类型；各土地利用类型中上层土壤重金属元素 Pb、Cr 均高于安吉或浙江背景值，显示出一定的污染特征。人为施肥、管理是造成本区土壤不同养分差异的主要因素。

3.4　太湖流域城镇绿地生态调查

绿地生态系统是城镇生态系统中的重要组成部分。随着城镇的不断扩张，绿色空间逐渐减少，城镇中绿地系统的建设受到政府和居民广泛的关注，已成为衡量城镇人居环境的重要指标之一。而绿地系统规划和建设与其所提供的生态服务功能有非常重要的关系，绿地系统生态服务功能的研究是城市规划和建设的重要依据之一。绿地的生态服务功能与绿地的植被组成、土壤类型等紧密相关，因此，对绿地生态系统进行系统的调查是研究绿地生态服务功能的基础。

3.4.1 样地选择

本项调查以太湖流域上游区域的安吉县城绿地系统作为对象，研究安吉县城绿地系统的植被组成及其种类。安吉县城是太湖流域上游西苕溪流经的县城，人类活动对太湖流域的水质和水量有非常重要的影响，而绿地系统作为县城中主要的陆地自然生态系统，是否能减轻人类活动对于流域的影响，这都需要对安吉县城绿地系统的组分进行较为系统的研究，以此为基础，分析绿地系统的水生态服务功能，为太湖流域水环境的治理提供绿地系统生态影响的基础依据。本研究将安吉县的绿地系统按功能分为 4 大类，即居住区及单位附属绿地、公园绿地、道路绿地和防护绿地。

3.4.2 调查方法

在收集安吉县城园林资料的基础上，初步了解安吉绿地系统的建设情况后，进行实地调查。在安吉县的建成区内共设 20 个 20 m×20 m 的样方，样方分布见图 3-16。在每个样方中调查主要乔木的种类、胸径、树高、树冠面积；灌木的种类、高度和盖度；草本的种类和盖度；并用直径和高度分别为 5 cm 的环刀取绿地土壤样品测定土壤容重，用内径为 3.5 cm 的土钻取绿地土壤样品 0～10 cm 和 10～30 cm，测定其养分含量。

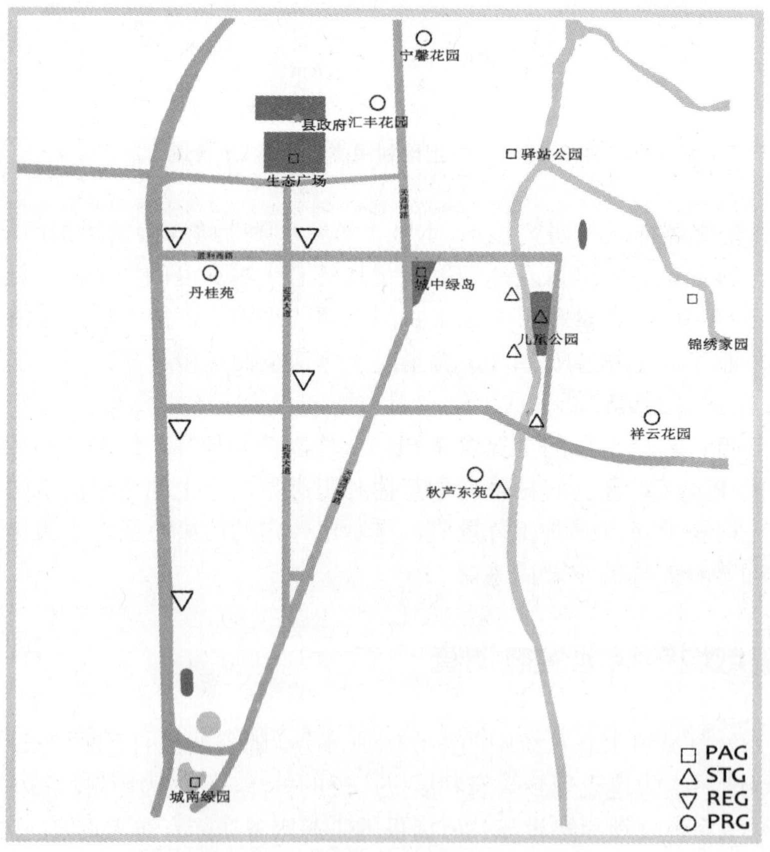

注：PAG：公园绿地；STG：道路绿地；

REG：防护绿地；PRG：居住区及单位附属绿地

图 3-16 安吉城区绿地调查样地分布图

3.4.3 结果分析

3.4.3.1 安吉县绿地系统主要类型

根据收集绿地资料表明：安吉县绿地类型主要有公园绿地、道路绿地、居住区和单位附属绿地、防护绿地，不同绿地类型面积见表 3-11。安吉县的绿地类型中居住区及单位附属绿地、公园绿地所占比重较高，两者比例在 80%以上；交通绿地和防护绿地所占比例则较小。

表 3-11 安吉县城园林绿化类型

绿地类型	面积/hm^2	所占比例/%
居住区及单位附属绿地	235.64	46.57
公园绿地	170.32	33.66
道路绿地	55.64	11.00
防护绿地	44.38	8.77
总计	505.98	100.00

3.4.3.2 安吉县绿地系统主要种属

根据实地样方调查表明，安吉县绿地属、种类较为丰富（表 3-12），但草本的种类比较单一，大多绿地的草本为马尼拉。安吉县主要绿地类型的植被见书后附表 3 至附表 6。

表 3-12 安吉县绿地种、属数量统计

植被类型	居住区及单位附属绿地		公园绿地		道路绿地		防护绿地	
	种	属	种	属	种	属	种	属
乔木	10	9	10	10	3	3	13	11
灌木	17	16	31	29	20	14	19	18
草本	3	2	3	2	2	2	2	2
统计	30	27	44	41	25	19	34	31

3.4.3.3 安吉县绿地系统主要特征

依据 20 个样方的实地调查，安吉绿地系统中乔木、灌木、草本的基本特征见表 3-13。调查分析可知，安吉县城中公园绿地和防护绿地的乔木平均株树较多，因此这两个功能区的平均冠幅盖度也较高，分别为 25.2%和 19.6%，基本达到林地的标准（中华人民共和国森林实施条例，2000）；而居住区及单位附属绿地和道路绿地中乔木和灌木平均冠幅盖度较小，草本盖度较高，因此这两类功能区属于草地系统。道路绿地的乔木平均株树较少，主要是没有将行道树统计到道路绿地中，主要是因为行道树为单棵生长的树木，与道路绿地分割开来，较难发挥水生态服务功能。

表 3-13 不同功能区的绿地系统结构特征

功能区	类型	平均株树/株	平均胸径/cm	平均高度/m	平均冠幅盖度/%
居住区及单位附属绿地	乔木	5	18.52	5.00	9.9
	灌木	15	—	1.69	12.2
	草本	—	—	0.11	77.9
公园绿地	乔木	9	22.92	6.73	25.2
	灌木	19	—	2.15	30.1
	草本	—	—	0.09	44.7
道路绿地	乔木	2	13.31	5.33	2.8
	灌木	15	—	1.85	9
	草本	—	—	0.05	88.2
防护绿地	乔木	15	13.43	6.10	19.6
	灌木	13	—	1.95	21.7
	草本	—	—	0.06	58.7

3.5 太湖流域湿地水质与底泥调查

随着工农业生产的快速发展、人口的急剧增加、化学肥料使用量的增加以及生活污水的直接排放，我国河流、湖泊等地表水的氮磷污染有加剧的趋势，如北方的辽河、汾河、海河及淮河，南方的黄浦江、太湖、巢湖、滇池等都受到严重污染（李志萍，2004）。氮磷是引起水体富营养化的主要营养盐，而沉积物既是污染物的“汇”，又是污染物的“源”，对沉积物的理化性质进行研究不仅可以了解水体的污染历史，还可以预测沉积物对未来水质的影响（安敏，2007；魏荣菲，2009）。

3.5.1 研究区概况

西苕溪地处浙江省西北部安吉县境内，位于东经 119°14′～119°53′，北纬 30°23′～30°52′，总面积 1 886 km^2，其中丘陵山地面积为 940.05 km^2，占总面积的 49.84%（图 3-17）；年平均气温 15℃，年平均降雨量 1 350 mm，≥10℃的积温为 4934.1℃，无霜期 226 d。安吉县有林地面积 1098.75 km^2，绝大部分森林分布于低山丘陵地带，土壤主要是发育于酸性岩浆岩和沉积岩的红壤土类（陈三雄，2008）。

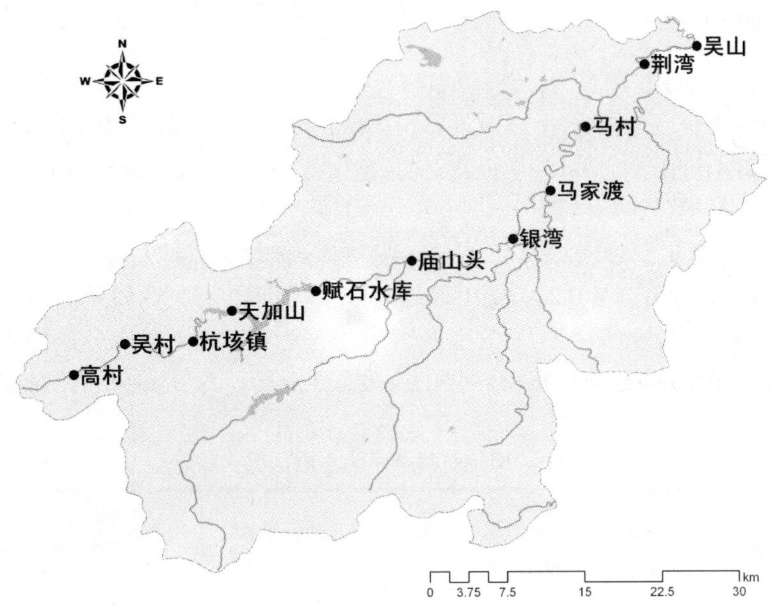

图 3-17 西苕溪河流采样点分布

3.5.2 样品采集

沿西苕溪沿线采集河道内自水面下 0.3～0.5 m 处的表层水样于 250 mL 的聚乙烯塑料瓶中，放入有冰块的保温箱，带回实验室立即放入低于 4℃的冰箱中保存。共选择 11 个采样点（图 3-17）。用沉积物柱状采样器采集河道底泥，底泥样品取每个沉积柱的顶部表层 0～4 cm，在通风干燥处（室温下）自然风干，磨碎过 20 目和 100 目筛，装入自封袋中备用。共采集水样 37 个，土样 58 个，分别由杭州西湖风景名胜区环境监测站和张家港市农产品质量检验测试站完成水样和土样样品分析（表 3-14）。

表 3-14 检测方法及依据

类型	检测项目	方法依据
上覆水	pH	（玻璃电极法）GB/T 6920—1986
	总磷	（钼酸铵分光光度法）GB/T 11893—3989
	溶解性正磷酸盐	（钼锑抗分光光度法）《水和废水监测分析方法（第四版）》
	总氮	（碱性过硫酸钾消解、紫外分光光度法）GB/T 11894—3989
	氨氮	（纳氏试剂比色法）GB/T 7479—3987
	硝酸盐氮	（离子色谱法）HJ/T 84—2001
底泥	全氮	《土壤全氮测定方法（半微量开氏法）》GB 7173—87
	全磷	《土壤全磷测定方法》GB 9837—88
	速效磷	《土壤检测 酸性土壤有效磷的测定》NY/T 1121.7—2006
	碱解氮	《土壤碱解氮的测定 扩散法》ZNJ/FB.05—2009

3.5.3 结果分析

3.5.3.1 西苕溪河流水质

太湖上游西苕溪河流上覆水呈微碱性，pH 为 7.31～7.86，总氮为 1.120～4.295 mg/L，总磷为 0.012～0.244 mg/L（表 3-15）。研究表明，当水体中总氮大于 0.3 mg/L，总磷大于 0.02 mg/L 时有可能会引发富营养化（沃飞，2007）。可以看出，除赋石水库总磷低于 0.02 mg/L 外，其余各采样点水质均已处于富营养化状态，其中中下游地区银湾总氮含量最高，达到 4.295 mg/L，荆湾总磷含量最高，达 0.244 mg/L，这与中下游河段工农业较发达有关。当水体中 N/P 大于 10 时，磷可考虑为藻类生长的限制因子，研究区河流上覆水各采样点 N/P 都超过了 10，相对于氮来说，磷是水体富营养化的主要限制因子，氮是主要的污染源。

表 3-15 西苕溪河流水质状况

采样点	pH	总氮 TN	氨氮 NH_3-N	硝酸盐氮 NO_3-N	总磷 TP	溶解性正磷酸盐 HPO_4	N/P
高村	7.860	2.030	0.040	1.715	0.028	0.012	72.50
吴村	7.853	2.513	0.070	2.047	0.024	0.012	104.71
杭垓镇	7.850	2.145	0.060	1.640	0.033	0.014	65.00
天加山	7.830	1.235	0.330	0.575	0.061	0.044	20.25
赋石水库	7.810	1.245	0.070	0.765	0.012	0.010	103.75
庙山头	7.470	1.120	0.120	0.850	0.040	0.010	28.00
银湾	7.310	4.295	0.175	3.450	0.100	0.026	42.95
马家渡	7.700	2.410	0.320	1.920	0.196	0.025	12.30
马村	7.450	2.680	0.080	2.240	0.221	0.016	12.13
荆湾	7.320	2.490	0.125	1.990	0.244	0.024	10.20
吴山	7.585	2.610	0.115	2.340	0.133	0.019	19.62
平均	7.640	2.252	0.137	1.776	0.099	0.019	22.75

3.5.3.2 上覆水中氮磷含量及形态的空间分异

河流上覆水总氮含量的变化范围为 1.12～4.295 mg/L，平均值为 2.252 mg/L，略低于苏州河网区河道上覆水总氮含量平均值 2.75 mg/L（表 3-15）。高村至庙山头上游地区总氮含量明显低于银湾至吴山中下游地区。上覆水中铵态氮为 0.04～0.33 mg/L，硝态氮为 0.575～3.45 mg/L。各采样点中硝态氮均高于铵态氮。通常高浓度的铵态氮是人畜排泄物和生活污水的主要特征，而农田氮流失主要以硝态氮为主，因此，该河流上覆水来自农田流失的氮可能高于生活污水和人畜排泄物排放的氮，农田排水对河道地表水的污染影响较大。在河流上覆水中，溶解性正磷酸盐为 0.010～0.044 mg/L，总磷为 0.012～0.244 mg/L。上游（高村至赋石水库）总磷含量明显低于中下游（庙山头至吴山）。

3.5.3.3 底泥中氮磷含量及形态的空间分异

河流底泥全氮为 0.071～0.297 g/kg，平均含量为 0.148%，与太湖沉积物中总氮平均值

0.14%接近。河流底泥碱解氮为 40.800～246.800 mg/kg，平均含量为 86.418%（表 3-16）。上游河段底泥总氮含量明显高于中游河段，造成这种分布趋势可能与沉积物类型有极大关系，河道上游沉积物类型多为粉砂质黏土，而中部多为黏土质粉砂，上游沉积物颗粒比中部细，对营养元素的吸附能力强，所以沉积物中营养元素的含量就高。除赋石水库外，上下游底泥碱解氮含量相差不大。赋石水库底泥总氮和碱解氮含量明显高于其他地区，这可能与上游来水被水库拦截，污染物得以沉淀有关。河流底泥速效磷为 0.185～14.255 mg/kg，全磷为 0.047～0.093 mg/L，上游总磷含量明显低于中下游。

表 3-16 西苕溪底泥状况

采样点	全氮（N）/%	碱解氮/（mg/kg）	全磷（P）/%	速效磷/（mg/kg）
高村	0.211	40.800	0.093	14.255
吴村	0.185	82.500	0.083	0.185
杭垓镇	0.167	67.675	0.084	3.480
天加山	0.162	90.350	0.082	6.050
赋石水库	0.297	246.800	0.068	1.560
庙山头	0.123	127.400	0.069	11.520
银湾	0.090	54.400	0.073	3.510
马家渡	0.077	43.100	0.056	7.515
马村	0.071	48.700	0.047	4.440
荆湾	0.108	77.025	0.063	4.735
吴山	0.137	71.850	0.084	6.050
平均	0.148	86.418	0.073	5.755

3.5.3.4 上覆水与底泥各形态氮磷相关性分析

由表 3-17 可见，河道上覆水中硝态氮与底泥中碱解氮具有负相关关系，其他各形态氮和底泥中各形态氮则没有对应关系，表明采样点上覆水和底泥中氮含量的一一对应关系不明显。考虑到河道水体的特殊性，将河道上覆水和底泥中氮的含量从空间上进行对比，虽然采样点上覆水和河道底泥氮含量不存在一一对应关系，但是不管是总氮含量还是无机氮含量，在底泥和上覆水中都出现了几个高值区，底泥总氮和无机氮高值出现在赋石水库，而上覆水中总氮高值出现在银湾；无机氮高值出现在赋石水库入口天加山和与太湖水位基本持平的马家渡。总体上来说，赋石水库底泥的氮含量明显高于其他地区。由于河道周围环境的复杂多变，上覆水中氮含量因为受污水排放时间，污水化学成分，水体 pH，氧化还原电位以及污染物随颗粒沉淀等因素影响，可能对河道底泥产生的影响不同。不过，上覆水与底泥养分的相互影响还有待进一步的研究。

表 3-17 上覆水与底泥各形态氮磷相关性分析

相关性	总氮	氨氮	硝氮	全氮	碱解氮	总磷	溶解磷	全磷	速效磷
总氮	1	−0.03	0.98	−0.53	−0.56	0.41	0.1	−0.12	−0.29
氨氮		1	−0.12	−0.4	−0.19	0.29	0.84	−0.22	0.07
硝氮			1	−0.54	−0.59	0.43	−0.01	−0.11	−0.22
全氮				1	0.71	−0.75	−0.35	0.52	−0.12
碱解氮					1	−0.44	−0.28	−0.05	−0.29
总磷						1	0.31	−0.71	−0.04
溶解磷							1	−0.02	−0.05
全磷								1	0.19
速效磷									1

4　太湖流域水生态服务功能识别

4.1　太湖流域水域生态系统服务功能

4.1.1　湿地生态系统

4.1.1.1　产品供给

湿地生态系统提供的食物包括粮食、油料、水果、蔬菜、水产品、畜产品、食盐等；提供的原材料包括木材、燃料、饲料及农副产品等。坑塘分布于村庄内，对地下水起到调节和补给作用，能较好地解决因干旱造成的人畜饮水困难。农田沟渠可以提供鱼、虾、泥鳅等水产品，沟渠中生长的芦苇等水生植物收割后可以作为原料或燃料（陈洪全，2006；陆海明，2010）。

4.1.1.2　水文调节

湿地生态系统水文调节功能包括涵养水源与水分供应。坑塘能有效地拦蓄地表径流，其能力远远高于建设的平原水库；同时，由于坑塘分布比较均匀，对地下水能起到侧渗补给和调节作用，增加地下水可开采量，有效防止因地下水超采而造成的水位大幅度下降。排水沟渠作为农田水利基础设施的最主要功能就是及时将田间过多的水分排出农田，起到排涝降渍的作用。

4.1.1.3　净化环境

湿地生态系统净化功能包括降解废物、净化空气、水质和土壤。如芦苇对污水中的总氮、氨氮、汞、铬、生化需氧量等有明显的降解作用。

4.1.1.4　气候调节

湿地生态系统中绿色植物通过光合作用，不断吸收二氧化碳，放出氧气，而异养生物则不断消耗氧气，产生二氧化碳，两者之间相互平衡，使得地球大气成分维持稳定。同时，湿地生态系统对区域性气候也具有直接的调节作用。

4.1.1.5　物种保育

湿地生物多样性丰富，生长着众多的植物、动物和微生物，特别是珍稀水禽，是重要的物种基因库。作为农田边缘的生态交错带，排水沟渠中的植物多样性要比农田高，主要植物类型是湿生植物，如芦苇、菖蒲、蒲草。以农田沟渠及其堤岸作为生物栖息地和避难场所的动物有鱼、虾、底栖动物、青蛙、蟾蜍、鸟类等。

4.1.1.6　文化功能

湿地生态系统的文化多样性功能包括美学艺术、教育、科研、文化传承等方面，休闲

本章执笔人：张彪，王斌，杨丽韫，张灿强，杨艳刚

旅游功能表现在提供生态旅游、钓鱼运动和其他户外娱乐活动的场所。农田中纵横交错的沟渠系统在提供生物栖息地的同时，也增加了农田景观多样性，具有田园风光美感享受和旅游休闲功能（陈洪全，2006）。

4.1.1.7 土壤形成与保持

湿地生态系统的成土过程，经历裸滩—草滩—农用地（耕地、养殖地）过程，植被在土壤形成中起了重要作用。由于植物根系的固结作用，可以使土壤孔隙度增大，形成稳定的团粒结构，使得土壤适应植物生长的需求。同时滩地上落叶枯枝残体及浅滩海洋动物残体，增加了有机物沉积；有机物的增加有利于土壤通气、保水、保肥，提高土壤的肥力（钦佩等，2004）。上游地区修建的集雨坑塘，既可消除水库坝下河段沙源地，减少河流泥沙量，也可拦截上游来水来沙，防止水土流失，并且可以减少下游水库的入库泥沙量，延长水库的使用寿命。

4.1.1.8 干扰调节

湿地生态系统具有容纳、延迟和整合环境波动的能力，包括防止风暴、控制洪水、干旱恢复以及由植被控制的生境对环境变化的反应。

4.1.1.9 养分循环

湿地生态系统养分循环功能主要表现在固定 N、P、K 和其他营养元素方面。营养物质在农田沟渠流动过程中可以通过底泥截留吸附、植物吸收和微生物降解净化等多种机制被持留、吸收、固定或脱离排水沟渠。

4.1.2 河流生态系统

4.1.2.1 产品供给

河流是淡水贮存和保持的重要场所，为人类饮水、农业灌溉用水、工业用水以及城市生态环境用水等提供保障。河流淡水是人类生存所需要的饮用淡水的主要来源，是其他动物（家畜、家禽及其他野生动物）饮用的必需之物；同时，所有植物的生长和新陈代谢都离不开淡水。

4.1.2.2 水文调节

河道具有纳洪、行洪、排水、输沙等功能。在洪涝季节，河流沿岸的洪泛区具有蓄洪能力，可自动调节水文过程，从而减缓水的流速，削减洪峰，缓解洪水向陆地的袭击。而在干旱季节，河水可供灌溉。洪泛区涵养的地下水在枯水期可对河川径流进行补给。

4.1.2.3 净化环境

河流生态系统在一定程度上能够通过自然稀释、扩散、氧化等一系列物理和生物化学反应来净化由径流带入河流的污染物，河流生态系统中的植物、藻类、微生物能够吸附水中的悬浮颗粒和有机的或无机的化合物等营养物质，将水域中氮、磷等营养物质有选择的吸收、分解、同化或排出。水生动物可以对活的或死的有机体进行机械的或生物化学的切割和分解，然后把这些物质加以吸收、加工、利用或排出。在不断的循环过程中，保证了各种物质在河流生态系统中的循环利用，有效地防止了物质的过分积累所形成的污染。

4.1.2.4 气候调节

河流与大气有大面积的接触，降雨通过水汽蒸发和蒸腾作用，又回到天空，可对气温、云量和降雨进行调节，在一定尺度上影响着气候。河流生态系统中的生物通过吸收大气中的二氧化碳，释放氧气，将生成的有机物质贮存在自身组织中，从而达到调节气候的作用。

4.1.2.5 物种保育

河流生态系统中的洪泛区、湿地及河道等多种多样的生境不仅为各类生物物种提供繁衍生息的场所，还为生物进化及生物多样性的产生与形成提供了条件，同时还为天然优良物种的种质保护及其经济性状的改良提供了基因库。

4.1.2.6 通道场所

河水的浮力特性为承载航运提供了优越的条件，水运事业借此快速发展，人们甚至修造人工运河发展水运。此外，河流具有排沙功能，可将泥沙沉积在河口地区，从而产生大片滩涂陆地。

4.1.2.7 文化功能

河流生态系统景观独特，具有很好的休闲娱乐功能。河流纵向上游森林、草地景观和下游湖滩、湿地景观相结合，使其景观多样性明显，横向高地—河岸—河面—水体镶嵌格局使其景观特异性显著。同时，河流生态系统的文化孕育功能对人类社会的生存发展也具有重要的作用（栾建国，2004）。

4.1.3 湖泊生态系统

4.1.3.1 产品供给

水资源供给是湖泊生态系统最基本的服务功能。此外，湖泊生态系统通过初级生产和次级生产，生产丰富的水生植物、水生动物产品及其他产品，为人类的生产、生活提供了原材料和食品，为动物提供了饲料。

4.1.3.2 水文调节

湖泊湖面广阔，当水量发生变化时，相应水位变化较小，可存储过量的降水，减弱洪水对下游的危害，具有极大的旱涝调节能力。

4.1.3.3 净化环境

湖泊水体可以减缓污水流速，使颗粒物质沉淀于底部。湖泊生态系统通过水生生物的新陈代谢（摄食、吸收、分解、组合、氧化、还原等），使化学元素进行种种分分合合，在不断的循环过程中，一些有毒有害物质通过生物的吸收和降解得以减少或消除，使水环境得到净化。

4.1.3.4 气候调节

湖泊水体具有较大的热容量，可通过吸收和放热调节气温的变化，减少昼夜温差，从而在湖的周围形成一个适宜的局部小气候。湖泊生态系统中的水生、陆生植物吸收大气中的二氧化碳，释放氧气，将生成的有机物质贮存在自身组织中，实现大气组分调节，从而达到生态调节的作用。

4.1.3.5 物种保育

湖泊生态系统不仅为各类生物物种提供繁衍生息的场所，而且还为生物进化及生物多样性的产生与形成提供条件。

4.1.3.6 文化功能

以湖泊为载体的水上活动不仅具有强身健体的功能，又具有休闲放松的作用，所以湖泊已成为众多旅游者重要的休闲娱乐观光场所。而且现代大都市的形象也要求提高城市水文化，增加水景面积，使人工水系与自然水景相互交融，让人更多地接近自然，享受自然（涂金花，2008）。

4.1.4 水库生态系统

4.1.4.1 产品供给

水库为城镇居民饮水、工业用水以及城市生态与环境用水等提供了保证。大量水库是为农业灌溉而兴建的，在农业灌溉和粮食安全方面，水库发挥着很大的作用。水库生态系统通过初级生产和次级生产，生产了丰富的水生植物和水生动物产品，为人类生存需要提供了物质保障。包括初级生产的原材料及畜牧养殖业的饲料，优质的碳水化合物和蛋白质。人们利用水库生态系统的物质生产功能，开发了多种养殖形式，如大水面合理放养、移植增殖、库湾和小型水库精养、网箱集约化养鱼、流水养鱼、休闲渔业等（陈文祥，2005）。

4.1.4.2 水文调节

水库具有囤蓄洪水的能力，使人们少受洪水之灾。囤蓄洪水后，改变了降水的时空分布，让人们享受了灌溉之利，支持了农田生态系统功能更好的发挥。同时，囤蓄洪水促进了降水资源向地下水的转化；发电泄水调节了河川径流。对库区进行小流域水土保持治理，陆地的树木森林等植物，通过拦蓄降水，起到涵养水源的作用，同时可控制土壤侵蚀，保持了土壤肥沃。

4.1.4.3 净化环境

水库具有屏障和过滤器作用，可以减少水体污染和沉积物转移。水库生态系统在一定程度上能够通过自然稀释、扩散、氧化等一系列物理和生物化学反应来净化由径流带入水库的污染物和沉积物。水库可减缓地表水流速，使水中的泥沙得以沉降，并使径流中的各种有机的和无机的溶解物和悬浮物被截留，从而使水得到澄清，同时可将许多有毒有害的复合物分解转化为无害的甚至是有用的物质。

4.1.4.4 气候调节

水库可对气温、云量和降雨进行调节，在一定尺度上影响局部气候。如水库筑坝形成的大型人工湖，改善了局部小气候环境，有利于水库周围区域农业的发展。

4.1.4.5 物种保育

水库作为栖息地为生物群落提供了生命所必需的水体、食物、庇护所等生存条件，使之能够正常的生活、生长、觅食、繁殖以及进行生命的循环。水库生态系统中的沿岸带、消落区、溪流区、敞水区等多种多样的生境不仅为各类生物物种提供繁衍生息的场所，还为生物多样性的产生与形成提供了条件，为天然优良物种的种质保护及其经济性状的改良提供了基因库。另外，水库还是水生生物繁衍的场所，一些特定的生境是许多鱼类等水生动物的产卵场。水库改变了原河流的水文情势，流速流态发生变化，致使一些喜急流的种类的生物量减少，一些喜静水条件的生物种类相应增加。从生物总量对比来看，丰富程度会有较大幅度的提高，对水生生物而言，生物多样性的维持功能会得到加强。

4.1.4.6 通道场所

水库建设改善了航运条件，一些大型水库的水运事业借此得到发展。随着大规模的水电工程建设，水库上游区域的航运条件显著改善。随水位升高，河的宽度和深度增加，水流速度降低，某些不利航行的急流险滩消失，通航河段的长度、宽度、吨位增加。通过水库调节削减洪峰，中等水位期将延长，枯水期的流量得到保证。因此，下游通航期延长，航运的保证率增加。

4.1.4.7 文化功能

人们借助水库生态系统的景观休闲服务功能，在闲暇节日进行休闲活动，有助于促进身心健康，提高生活质量。许多水库都已成为著名的风景区，吸引了大量旅游者来参观访问，促进了旅游业的发展。

4.1.4.8 水力发电

河流因地势地貌的落差产生并储蓄了丰富的势能，水力发电是该功能的有效转换形式。众多发电型水库为此而兴建，为人类提供了大量能源。

4.2 太湖流域陆地生态系统的水服务功能

4.2.1 森林生态系统

森林在维持生态平衡方面具有重要功能和作用。森林生态系统不仅为人类提供木材、林副产品，而且具有水量调节、水质净化、水土保持、气候调节、固碳释氧、净化空气、防风固沙、营养物质循环、生物多样性维持和文化与休闲游憩等重要功能。其关键水生态服务功能表现在以下几方面。

4.2.1.1 调节水量

森林生态系统通过林冠层、林下灌木和草本层截留，枯落物截持和土壤储蓄，增加了降水到达地面的时间，并将部分降水储存在森林生态系统内部，从而起到延缓洪峰、调节河川径流和补充地下水的作用。研究表明，小流域森林覆盖率每增加 2%，约可以削减洪峰 1%，当流域森林覆盖率达到最大值 100%时，森林削减洪峰的极限值为 40%～50%（中国可持续发展林业战略研究组，2002）。

4.2.1.2 净化水质

森林对水化学物质具有物理、化学和生物的吸附、调节和滤贮的作用。森林的根系一旦和土壤结合，形成生物凝聚力，则有利于稳定土壤，从而有效防止面蚀和滑坡；此外，森林地被物的存在增加了径流的阻力，减缓了水流的速度，有利于大多数固体颗粒的沉淀。森林对降水和径流中的化学元素也有重要的影响。降水中携带的化学物质经过林冠层的截留与淋溶，地被物和土壤层的作用，在森林生态系统输出水中（地表水和地下水总和）的重量均小于穿透水。雨水流经地被物和土壤层后，不仅从系统外输入的有机物被进一步净化，而且雨水从系统内淋溶的各类物质也不同程度地被过滤（刘煊章，1995）。由森林等植被构成的河岸缓冲区被美国农业部推荐为控制非点源污染的最佳管理措施（Best Management Practice，BMP）之一。不同地区的研究表明河岸带森林植被对氮磷的吸收量可达 77～204.8 kg/（hm^2 • a），1.7～11.1 kg/（hm^2 • a）（Lowrance，1997；Mander，1997）。研究表明，森林对氮、磷等非点源污染物的净化效果显著（张灿强，2011）。

4.2.1.3 保持土壤

森林植物以其茂盛的枝叶和地被物的综合作用，可以有效地防止溅蚀的发生。黄土地区的柏松人工林试验表明，林冠可减弱降雨动能的 16%～40%，灌木草本层可削弱降雨总动能的 44.4%，枯枝落叶层不仅因截流作用减弱总动能的 9%左右，而且还可以将林冠层和灌木草本层的降雨动能全部减掉（刘向东，1991）。此外，通过茂密的枝叶、粗大的树干和林下死活地被物的涵养水源和调节径流功能，减小地表径流的冲刷侵蚀能力，以及林木发达的根系网络固持土地，可以有效地防止面蚀、沟蚀的形成和发展。

4.2.1.4 气候调节

森林是一个特殊的下垫面，林冠茂密的枝叶可以吸收反射太阳光，削弱太阳辐射，此外，植被的蒸腾作用，可增加大气的相对湿度，森林在大气和地表之间起到调节温度和湿度，形成林内小气候，一般而言林内气温年较差和日较差均小于无林地，这对于缓解城市热岛效应具有重要的作用。

4.2.1.5 营养物质积累

森林植被在生长过程中不断地从周围环境中吸收氮、磷、钾等营养物质，并储存在体内各器官，这些营养物质一部分通过生物地球化学循环以枯枝落叶形式归还土壤，一部分以树干淋洗和地表径流的形式流入江河湖泊，另一部分以林产品形式输出生态系统，再以不同形式释放到周围环境中（张永利等，2010）。植物营养元素的含量反映了植物在一定生境条件下从土壤中吸取和贮存矿质养分的能力，它一方面说明了植物的特性，另一方面反映了植物的生境，特别是气候和土壤条件。

4.2.1.6 生物多样性维持

森林生态系统不仅为各类生物提供繁衍生息的场所，而且还为生物进化及生物多样性的产生与形成提供条件。覆盖地球表面仅 7%的热带雨林包含的生物物种却占全球的 50%～70%，另外还有大量的物种，尤其是昆虫还未被分类，大部分物种还未进行充分的认识。当今世界各国在研究生物多样性或生物多样性保护的对象选择或规划措施时，森林生态系统往往处于首要地位（周晓峰，1999）。

4.2.2 草地生态系统

草地生态系统与水相关的生态服务功能主要是调节功能中的截留降水、侵蚀控制以及草地的防治水力侵蚀的功能，以及支持功能中相应的维持生物多样性功能。

4.2.2.1 水分涵养

草地植被的存在一方面可以通过有机质的分解增加土壤有机质含量，改善土壤结构；另一方面还可以通过根系在土壤中的穿插增加土壤的孔隙度。这两方面的作用都可以明显提高草地土壤的涵养水分的能力。草地生态系统的水分涵养能力在山地、丘陵及河流的源头等地区显得尤为重要，在这些地区，它可以起到很好的调节径流、削洪补枯的作用。王根绪等（2003）对原河源区的高寒草甸草地的土壤含水量的研究表明，草地植被覆盖度与土壤含水量之间具有显著的相关关系，在保持其原有的植物建群和较高覆盖度时，土壤上层具有较强持水能力，水分涵养功能明显。刘明国等（1998）所做的草本植物改土实验研究表明，种植草本植物后土壤体积质量下降 3.1%～10.1%，孔隙度增大 2.34%～6.72%，透水速度提高 55%～73.14%，水稳性团聚体、团聚度分别提高 16.72%～67.1%和 24.24%～193.06%，分散率、侵蚀率分别下降 0.45%～12.9%和 11.97%～21.4%，土壤的水分涵养能力明显提高。

4.2.2.2 土壤保持

与其他植被类型相比，草地植被保持土壤的作用更为明显。一方面，草本植物比其他植物种类更贴近地表，这样更能够起到保持表层土壤的作用；另一方面，草本植物的根系主要分布在土壤表层，而任何土壤侵蚀都是由地表开始的，所以草本植物的根系可以有效地防止表层土壤的侵蚀。有研究表明，生长3～8年的林地，拦截地表径流的能力为34%，而生长两年的草地拦截地表径流的能力为54%，高于林地20%（中华人民共和国农业部畜牧兽医司，1996）。草地生态系统通过其土壤保持的功能可有效减少水土流失中总磷、总氮和泥沙的流失，从而具有净化水质的功能。

4.2.2.3 物种多样性维持

草原生态系统是特定的气候条件的产物。其特殊性一方面表现在独特的外貌特征，另一方面也表现在独特的物种组成。草原生态系统是许多动植物的栖息地，它的物种多样性非常丰富。据不完全统计，中国草原区共有种子植物3600余种，分属125个科。在全国植物区系中，约占总科数的30%，总属数的20%，总种数的6.5%（中国生物多样性研究报告，1998）。对于草地生态系统的物种多样性维持功能，Salati（1997）指出，草原生态系统一方面维持了一个储存大量基因物质的基因库；另一方面，它还是作物和牲畜的主要起源中心。因此，草原生态系统的基因资源对人类具有十分重要的保护价值。

4.2.3 农田生态系统

农业生态系统服务是指农业生态系统及其生态经济过程向人类所提供的一系列功能与效益和所维持的人类赖以生存的环境，它是在农业生态系统的自然过程（自然资源禀赋与农业生物互作）和人工活动（人类对原有农田环境的改良，包括良种、化肥、灌溉、机械、农药等外部投入以获得系统生产力的提高）双重影响下表现出来的对人类直接和间接的效应。农田生态系统与水相关的服务功能主要有水文调节、净化水质、土壤保持、物种保育等功能。

4.2.3.1 水文调节

水文调节是农田生态系统的重要的生态服务功能，从宏观层面上主要体现的是通过人类耕作和水肥管理条件下通过植物—土壤的互作起到对旱灾或洪涝灾害的调节。农田生态系统涵养水源的作用指农田生态系统土壤可持留的水分量。

4.2.3.2 水土保持

农田生态系统的水土保持服务功能主要体现在人类活动对农田土壤水分、有机质和养分循环的改善和维持。土壤水分条件是多种措施综合影响的结果，土壤有机质积累与土壤有机碳储存密切相关，尽管不合理的农业生产活动长期以来一直是加剧我国水土流失的重要原因，但农业生产活动对于保持水土又有着积极的意义。农作物对地表的覆盖可明显减轻风水蚀的发生，而我国各地农民在长期的生产实践中摸索出的多种多样的水土保持措施以及小流域综合治理等生产模式，对于保持水土、防止侵蚀也发挥了较大的作用。

4.2.3.3 净化水质

农田减轻土壤侵蚀的同时也截留了土壤中的N、P等营养物质以及泥沙向水体输入，减缓了水体富营养化进程以及减少水体中泥沙淤积量。因此又可分为削减总氮、总磷，削减泥沙输入三项功能。

随着农业现代化的发展，化肥、农药、除草剂逐渐替代传统农业中的有机肥、人工锄草等。这些现代投入品在增加作物产量的同时，也带来了一系列的环境问题，如长期过量施用化肥造成空气污染、水体富营养化、农产品硝酸盐含量超标等问题，大量施用农药导致许多非靶标生物死亡，农药残留危害人类健康等。从理论上讲，农田使用化肥、农药的负面经济价值应当是指化肥、农药对土壤、水体、空气的污染给人类福利带来的损失。但是农田生态系统由于作物生长，土壤中生物地球化学循环等机制的存在，也大量削减了施入的有机营养肥料，对于太湖流域，当前最紧迫的环境问题是水体富营养化和水质恶化，农田生态系统在减轻水体富营养化过程中起到的主要作用即是控制总氮、总磷功能。

4.2.3.4 生境维持

生境是生物存在所必需的空间和环境条件，是生物活动的载体。从土地生境类型来看，耕地、园地、牧草地、淡水水域、村落等是农业生物栖息与生长的主要场所。农业生态系统中各种生境类型的存在为栖息的野生动物提供了庇护所和栖息地，本功能即指农田生态系统作为野生生物栖息地或过境通道的作用。农田生物多样性是农业生态系统稳定的重要基础。多样性的作物结构可以为各类有益生物提供栖息地，直接表现就是通过传粉播种和防止病虫草害，从而对农业生产力起到稳定或提高的作用。本研究重点关注农田生态系统的存在及其生态功能的发挥为保护农业种质资源、保护农田生物物种和群落的多样性提供的支持功能。

4.2.4 城镇绿地生态系统

绿地系统作为城镇中重要的自然生态系统，所提供的生态服务功能已经引起国内外研究者的广泛关注。并在以绿地生态系统的服务功能为依据的基础上，提出了具有生态理念的城镇规划和建设等。虽然绿地系统具有多项的生态服务功能，但目前的研究多侧重于绿地的净化空气、减噪除尘等方面，而对于绿地与水相关的生态功能的关注则较少。这主要由于绿地系统为半人工半自然的生态系统，直观上绿地系统的水生态服务功能较弱，特别是水资源方面需要人工补给才能维持其正常生长。但是作为城镇生态系统的重要组成部分，绿地系统的水生态功能重要性究竟如何，特别在一些水资源有限或水质污染较为严重的区域，作为城镇系统中唯一能发挥重要水生态服务功能的自然因子，绿地系统对整个区域的水量、水质究竟能产生多大的影响是非常值得关注的。

绿地系统与水相关的服务功能主要有：调节服务中的调节水分、净化水质和处理废弃物，支持服务中的水分循环。本项研究重点介绍城镇绿地系统所表现出来的调节水分与净化水质两项水生态服务功能。

4.2.4.1 调节水分

由于绿地系统直观上给人的感觉是较为耗水的系统（在春、夏、秋需要人工灌溉来维持其正常的景观），所以关于绿地系统调节水分的功能，在国内外有较少的直接研究，而间接方面的研究则有效地证明了绿地系统的调节水分的功能。Tratalos 等（2007）通过比较英国 5 个城市的地表径流发现，绿地面积所占比例较大的区域地表径流较小。齐苑儒等（2010）计算了西安市不同土地类型的径流系数和径流模数，发现城市中绿地的径流系数和径流模数最小，城市的绿地系统可有效减少地表径流的产生。权瑞松等（2009）研究了上海浦东新区的土地利用变化对地表径流的影响，结果表明绿地的增加和减少直接影响了新区的地表径流深。这些间接的研究表明，在城镇生态系统中绿地可有效地减少地表径流，而具有调节水分的功能。

4.2.4.2 净化水质

城市绿地具有明显的净化水质的功能，我国许多学者用实验模拟的方法对城市绿地的净化水质的功能进行了研究。杨海清等（2008）采用模拟城市绿地和降雨系统装置研究了城市绿地对径流雨水污染物的削减作用，结果表明在 2h 的降雨过程中模拟绿地对雨水中 COD、氨氮、硝态氮、总氮和总磷的平均削减率分别为 41.3%、44.1%、38.5%、38.2%和 39.0%。米文秀和谢冰（2007）选用华东师范大学的绿地，实测了绿地对雨水径流污染的削减作用。研究表明绿地系统对地表径流污染物的削减作用明显，对有机物、氮磷等污染物的平均去除率可达 30%～50%，对 COD 和氨氮的去除率为 20%～30%。

4.3 太湖流域水生态服务功能分类体系

4.3.1 现有分类体系

关于水生态服务功能的分类体系，国内已有部分研究探讨（表 4-1），比如蔡庆华等（2003）认为，以水资源要素为出发点，淡水生态系统服务大致可以分为供水、水能、水生生物和环境效益，而淡水生态系统服务的正常发挥离不开一个健康的生态系统；汤明等（2009）按照空间差异性将鄱阳湖区生态服务功能划分为内涵型服务功能和外延型服务功能，具体包括物质生产、净化环境、休闲文化、水供应、均化洪水、大气调节、生物多样性维持和水土保持；欧阳志云等（2010）结合北京水生态系统的功能、属性和用途，采用联合国千年生态系统评估的分类方法，将水生态服务功能分为提供产品功能、调节功能、支持功能和文化功能四类；梁静静等（2010）在充分辨识淮河流域水生态问题的基础上，结合流域水生态系统结构及其衍化过程、生态服务功能空间分异规律，建立了淮河流域二级水生态服务功能类型体系，其中一级功能包括水生态保育、水生态调控、水生态服务三大类，水生态保育功能包括水源涵养、水土保持和物种保护 3 种二级功能，水生态调控功能包括洪水调蓄、生境维持两种二级功能，水生态服务功能包括产品提供和景观保障两种二级功能。李芬等（2010）认为，水生态系统服务功能是指水生态系统的产出和功效，可以分为水资源供应、水环境净化、水生境维持、水安全调蓄和水文化景观。

4.3.2 新建分类体系

尽管目前国内已有不同的水生态服务功能指标体系，但是都是根据各自的研究目的和需要建立的分类体系，都具有一定的合理性与科学性。在太湖流域，主要分布有湿地、河流、湖泊、水库、农田、森林、草地、荒地和城镇绿地 9 大类生态系统，每种生态系统又具备不同的水生态服务功能。根据太湖流域水陆生态系统的特点，参考联合国千年生态系统评估分类方法，从流域生态系统角度，将水生态服务功能评估指标划分为一级指标 4 项、二级指标 9 项和三级指标 17 项，本研究重点关注水源供给、水源储存、水量调节、削减总磷总氮、因土壤保持带来的控制总磷总氮以及泥沙、生境维持和生物多样性以及航运通道等 11 项与水生态有关的功能指标，而不同生态系统类型又具备相应的水生态服务功能指标，具体见表 4-2。

表 4-1　现有水生态服务功能评价指标体系

蔡庆华等（2003）	汤明等（2009）	欧阳志云等（2010）	梁静静等（2010）	李芬等（2010）
1）供水 ·生活饮用水 ·工业用水 ·农业灌溉 2）水能：水力发电 3）水生生物 ·由藻类、水草等初级生产者提供的有机物质生产 ·初级生产者固定 CO_2 及释放 O_2 ·营养元素的贮存及循环 ·维持生物多样性及进化过程 ·对污染物的吸收、分解及指示作用 ·提供水产品 4）环境效益 ·调蓄分洪 ·气候调节 ·水质净化 ·休闲娱乐 ·航运功能	1）内涵型生态系统服务功能 ·物质生产 ·净化环境 ·休闲文化 ·水供应 ·均化洪水 2）外延型生态系统服务功能 ·大气调节 ·生物多样性维持 ·水土保持	1）水生态提供产品功能：水及水生态系统提供的可以市场交换的产品 ·居民生活用水 ·产业用水 ·渔业产品 ·水电蓄能 ·水源地温 2）水生态调节功能：水生态系统通过其生态过程所形成的有利于生产与生活的环境条件与效用 ·地表水调蓄 ·地下水调蓄与补给 ·水质净化 ·气候调节 ·洪水调蓄 ·净化空气 3）水生态支持功能：水生态系统所形成的支撑发展的条件与效用 ·初级生产 ·固碳释氧 ·提供生境 ·创造生产条件 ·预防地面沉降 ·形成地质景观 4）水生态文化服务功能：水及水生态系统的美学、文化、教育功能 ·旅游休闲娱乐 ·景观功能 ·水文化传承功能	1）水生态保育 ·水源涵养 ·水土保持 ·物种保护 2）水生态调控 ·洪水调蓄 ·生境维持 3）水生态服务 ·产品提供 ·景观保障	1）水资源供应 ·工农业生产生活 ·调节气候 ·保障植物蒸腾、土壤蒸发和地下水补给 ·航运发电 2）水环境净化 ·营养物质循环 ·净化废污水 3）水生境维持 ·提供生境 ·生物多样性保育 ·生态系统产品 4）水安全调蓄 ·调蓄洪涝 ·滞留泥沙 ·地下水位下降导致的地面沉降、盐渍化防治 5）水文化景观 ·休闲娱乐 ·美学 ·科研教育

表 4-2 太湖流域水生态服务功能评价指标体系

一级指标	二级指标	三级指标	湿地	河流	湖泊	水库	森林	草地	农田	城镇绿地
供给功能	产品供给	初级产品	√	√	√		√	√	√	√
		水源供给	√	√	√	√				
调节功能	水文调节	水源储存	√	√	√	√				
		水量调节	√	√	√	√	√	√	√	√
	净化水质	削减总氮	√	√	√	√	√	√	√	√
		削减总磷	√	√	√	√	√	√	√	√
	土壤保持	控制总氮					√	√	√	√
		控制总磷					√	√	√	√
		控制泥沙					√	√	√	√
	固碳释氧	固碳	√				√	√	√	√
		释氧	√				√	√	√	√
支持功能	物种保育	生境维持	√				√	√	√	√
		生物多样性	√	√	√	√	√	√	√	√
	通道场所	航运通道	√	√	√					
		排污	√							
文化功能	文化承载	历史文化	√	√	√	√	√	√	√	√
	景观游憩	景观娱乐	√	√	√	√	√	√	√	√

4.3.3 关键指标解释

主要水生态服务功能指标解释如下：

水源供给：是指河流、湖库等水域生态系统供给生活饮用水、工业用水、农业灌溉用水等功能。人类生存所需要的淡水资源主要来自河流、湖泊和地下水生态系统。根据水体的不同水质状况，被用于生活饮用水、工业用水、农业灌溉和城市生态环境用水等方面。

水源储存：河流、湖库等水域生态系统，是淡水贮存和保持的主要场所，对维持水生态系统的结构、功能和生态过程具有重要意义。

水量调节：是指水陆生态系统有效缓解大江大河的洪水压力，补充和调节河川径流及地下水水量的功能。对于河流、湖泊、沼泽等水域生态系统主要表现为削减洪峰、滞后洪水过程，从而均化洪水，减少洪灾损失；对于森林、农田、绿地等陆地生态系统，主要表现为截留降水、缓和地表径流以及削洪补枯等。

水质净化：是指水陆生态系统通过稀释、吸附、过滤、扩散、氧化还原等一系列物理和生物化学反应，净化由径流带入河流的污染物质，净化区域水环境的功能。对水域生态系统而言，水体生物从周围环境中吸收化学物质，从而形成污染物的迁移、转化、分散和富集过程，污染物的形态、化学组成和性质随之发生变化，最终达到净化作用。此外，进入水体的许多污染物质吸附在沉积物表面并随颗粒物沉积下来，实现污染物的固定和缓慢转化。

土壤保持：是指陆地生态系统固持土壤，减少土壤营养成分及泥沙淤积水体的功能。

生境维持：是指毗邻水域的陆地生态系统为各类生物物种提供繁衍生息场所的功能。

生物多样性维护：河流、湖泊、沼泽、洪泛区等多种多样的水生生境，为各类生物物种提供繁衍生息的场所，为生物进化及生物多样性的产生与形成提供了条件，同时也为天然优良物种的种质保护及其经济性状的改良提供了基因库。

维护航运通道：是指具有一定规模的河流、湖库等水体，承担着重要的运输功能。与铁路、公路、航空等其他运输方式相比，内陆航运具有成本低效益高、能耗低污染轻、运输量大等优点。

5　太湖流域水生态服务功能的评估方法

5.1　水域生态系统服务功能

5.1.1　水源供给功能

河流和湖泊是淡水贮存和保持的重要场所，为人类和其他动物提供饮用水，为植物生长发育和繁殖提供代谢用水，为农业灌溉用水、工业用水以及城市生态环境用水等提供保障（王欢，2006）。水生态系统的淡水供给功能计算公式为：

$$W_s = A_w \cdot L_w \tag{5-1}$$

式中：W_s——水供给总量，亿 m^3；

A_w——水面面积，km^2；

L_w——单位面积水供给量，kg/m^2。

太湖流域不同地区水供给量见表 5-1。

表 5-1　太湖流域不同地区水供给量

地区	水域面积/（km^2）	年水供给/（亿 m^3）	单位面积水供给量/（kg/m^2）	来源
常州市	593.99	19.66	3309.82	常州市 2008 年水资源公报
杭州市	1396.10	56.70	4061.31	2008 年杭州市环境状况公报
湖州市	683.94	17.67	2583.69	湖州市 2007 年水资源公报
嘉兴市	328.00	26.77	8161.58	2005 年嘉兴市水资源公报
南京市	725.67	61.18	8430.83	2006 年南京市用水量统计分析
上海市	122.00	125.20	102622.95	2009 年上海市水资源公报
苏州市	3607.58	74.77	2072.58	2007 年苏州市水资源公报
镇江市	526.00	40.53	7706.18	2005 年镇江市节水潜力分析与节水措施

5.1.2　水源储存功能

河道和湖泊是水的天然容器，而水库实际上是“人工湖泊”，有着与湖泊基本相同的特征（王欢，2006）。水生态系统的贮水功能计算公式为：

本章执笔人：张彪，王斌，杨丽韫，张灿强，杨艳刚

$$W_c = A_w \cdot d_w \tag{5-2}$$

式中：W_c——贮水总量，m^3；

A_w——水域面积，km^2；

d_w——水深，m。

根据浙江、上海和江苏水生态调查数据（表 5-2），可获得各行政分区水面平均水深，据此可计算水生态系统的蓄水功能。

表 5-2 太湖流域不同地区平均水深样点数据

序号	样地编号	位置	水深/m	序号	样地编号	位置	水深/m
1	ZJX08	嘉兴市秀洲区	1.175	38	77S	宜兴市	0.2
2	ZJX07	海宁市	3.1	39	77R	宜兴市	2
3	ZJX06	桐乡市	2	40	76	无锡市市辖区	2
4	ZJX05	海盐县	0.4	41	74S	宜兴市	1.5
5	ZJX04	嘉兴市秀洲区	2	42	73	金坛市	2.4
6	ZJX03	嘉兴市秀城区	0.5	43	7	宜兴市	1.8
7	ZJX02	嘉善县	1.55	44	6	武进市	1.5
8	ZJX01	平湖市	2.825	45	58	吴江市	3
9	ZHZ03	杭州市余杭区	1.8	46	55	上海市青浦区	2.4
10	ZHZ01	杭州市拱墅区	2.5	47	54	吴江市	1.6
11	ZHU13	长兴县	2.15	48	53	昆山市	1.2
12	ZHU12	长兴县	3.8	49	52	常熟市	1.8
13	ZHU09	安吉县	4.15	50	51	常熟市	1
14	ZHU08	长兴县	4	51	50	张家港市	1.5
15	ZHU07	湖州市	3	52	5	武进市	2.4
16	ZHU06	湖州市	2.5	53	49	无锡市市辖区	1.2
17	ZHU05	长兴县	1.9	54	48	无锡市市辖区	1
18	ZHU04	德清县	3.75	55	46	武进市	2.2
19	ZHU03	湖州市	2.55	56	44	丹阳市	2
20	ZHU02	杭州市余杭区	2	57	43	宜兴市	1.2
21	ZHU02	苏州市市辖区	1.5	58	42	金坛市	1.5
22	ZHU01	湖州市	0.65	59	41	宜兴市	2.5
23	HSH09	上海市奉贤区	1.35	60	40	宜兴市	2.5
24	HSH08	上海市青浦区	1.4	61	4	宜兴市	3
25	HSH07	上海市金山区	0.85	62	39	丹阳市	3.2
26	HSH06	上海市松江区	4.825	63	38	苏州市市辖区	1.8
27	HSH05	上海市南汇区	1.9	64	37	吴江市	1.2
28	HSH04	上海市市辖区	1.3	65	36	宜兴市	2.5
29	HSH03	上海市松江区	1.275	66	32	无锡市市辖区	2.4
30	HSH02	上海市闵行区	1.475	67	3	丹阳市	2
31	HSH01	上海市嘉定区	1.55	68	15	昆山市	2
32	9	武进市	2.2	69	14	昆山市	2.2
33	84	吴江市	1.2	70	13	常熟市	0.8
34	82	武进市	1.8	71	12	昆山市	0.2
35	81	溧阳市	2	72	11	无锡市市辖区	1.8
36	80	上海市松江区	2.4	73	10	江阴市	2
37	8	无锡市市辖区	3	74	1	溧阳市	2.5

5.1.3 水量调节功能

湖泊和水库将过量的水分储存起来并缓慢释放，从而将水分在时间和空间上进行再分配，避免和减少洪水灾害。水生态系统水文调节功能计算公式为：

$$R_w = A_w \cdot \Delta h \tag{5-3}$$

式中：R_w——调节水量，m^3；

A_w——水域面积，km^2；

Δh——最高水位与平水位之差即水位绝对变幅，m。

根据文献资料获得的太湖流域大型湖泊的水位绝对变幅如表 5-3 所示。

表 5-3 太湖流域不同地区平均水深

湖名	水位绝对变幅/m	单位面积调节水量/（L/m^2）
太湖	2.59	2 590
滆湖	2.8	2 800
阳澄湖	2.09	2 090
淀山湖	1.94	1 940
洮湖	3.54	3 540
澄湖	1.57	1 570
平均	2.422	2 422

5.1.4 水质净化功能

水生态系统能够通过稀释、吸附、过滤、扩散、氧化还原等一系列物理和生物化学反应净化水质（王欢，2006；张进标，2007）。水质净化氮磷功能计算公式为：

$$V_w = V_a \cdot A_w \tag{5-4}$$

$$N_w = V_w \cdot C_N \tag{5-5}$$

$$P_w = V_w \cdot C_P \tag{5-6}$$

式中：V_w——污水年排放量，亿 t；

V_a——单位面积污水排放量，L/m^2；

A_w——水域面积，km^2；

N_w 和 P_w——水质净化氮磷总量，kg；

C_N 和 C_P——污水中氮磷含量，分别为 0.004 %和 0.000 8%。

根据 2007 年《太湖流域及东南诸河水资源公报》获得太湖流域不同地区污水排放量见表 5-4。

表 5-4 太湖流域不同地区污水排放及污染物含量

省市	水域面积/km^2	污水年排放量/亿 t	单位面积污水排放量/（L/m^2）
上海	217.42	22.00	10118.81
江苏	4131.92	29.80	721.21
浙江	384.29	11.20	2914.48
安徽	1.34	0.01	746.10

5.1.5 生物多样性维持功能

湿地为生物提供了必需的生存条件和其他对生物起作用的生态因素，常采用 Shannon-Wiener 多样性指数衡量湿地维持生物多样性功能，计算公式如下：

$$H' = -\sum P_i \log P_i \tag{5-7}$$

$$P_i = n_i / N \tag{5-8}$$

式中：H′——Shannon-Wiener 多样性指数；

n_i——第 i 个物种数量；

N——所有物种数量；

P_i——第 i 个种的相对多度。

根据浙江、上海和江苏水生态调查数据，可获得各行政分区 SW 多样性指数。太湖流域不同地区 SW 多样性指数样点数据见表 5-5。

表 5-5 太湖流域不同地区 SW 多样性指数样点数据

序号	样地编号	多样性指数	位置	序号	样地编号	多样性指数	位置
1	ZJX08	2.473812	嘉兴市秀洲区	39	8	1.000000	无锡市市辖区
2	ZJX07	2.405132	海宁市	40	77S	0.800000	宜兴市
3	ZJX06	2.611279	桐乡市	41	77R	0.900000	宜兴市
4	ZJX05	2.129663	海盐县	42	76	0.900000	无锡市市辖区
5	ZJX04	2.166380	嘉兴市秀洲区	43	74S	0.900000	宜兴市
6	ZJX03	2.324009	嘉兴市秀城区	44	73	1.000000	金坛市
7	ZJX02	2.185476	嘉善县	45	7	0.900000	宜兴市
8	ZJX01	1.260537	平湖市	46	6	0.800000	武进市
9	ZHZ03	2.389547	杭州市余杭区	47	58	0.900000	吴江市
10	ZHZ01	2.111279	杭州市拱墅区	48	55	0.800000	上海市青浦区
11	ZHU13	2.399701	长兴县	49	54	0.300000	吴江市
12	ZHU12	1.820080	长兴县	50	53	0.800000	昆山市
13	ZHU11	1.582171	安吉县	51	52	0.200000	常熟市
14	ZHU10	1.770695	安吉县	52	51	0.900000	常熟市
15	ZHU09	1.645074	安吉县	53	50	0.090000	张家港市
16	ZHU08	1.735130	长兴县	54	5	0.700000	武进市

序号	样地编号	多样性指数	位置	序号	样地编号	多样性指数	位置
17	ZHU07	1.833096	湖州市	55	49	1.000000	无锡市市辖区
18	ZHU06	1.329663	湖州市	56	48	0.900000	无锡市市辖区
19	ZHU05	0.538589	长兴县	57	46	0.500000	武进市
20	ZHU04	2.242145	德清县	58	44	1.000000	丹阳市
21	ZHU03	2.249561	湖州市	59	42	1.000000	金坛市
22	ZHU02	2.310666	苏州市市辖区	60	41	0.130000	宜兴市
23	ZHU02	1.751795	杭州市余杭区	61	40	0.080000	宜兴市
24	ZHU01	1.646174	湖州市	62	4	1.000000	宜兴市
25	HSH09	1.991904	上海市奉贤区	63	39	0.190000	丹阳市
26	HSH08	2.510106	上海市青浦区	64	38	0.900000	苏州市市辖区
27	HSH07	1.828618	上海市金山区	65	37	0.330000	吴江市
28	HSH06	2.506629	上海市松江区	66	36	1.000000	宜兴市
29	HSH05	1.885614	上海市南汇区	67	32	0.900000	无锡市市辖区
30	HSH04	2.600962	上海市市辖区	68	3	0.900000	丹阳市
31	HSH03	2.420363	上海市松江区	69	15	0.700000	昆山市
32	HSH02	2.547740	上海市闵行区	70	14	0.900000	昆山市
33	HSH01	1.809948	上海市嘉定区	71	13	1.100000	常熟市
34	84	1.000000	吴江市	72	12	1.000000	昆山市
35	83	0.800000	苏州市市辖区	73	11	0.900000	无锡市市辖区
36	82	0.600000	武进市	74	10	1.000000	江阴市
37	81	0.900000	溧阳市	75	1	0.900000	溧阳市
38	80	0.800000	上海市松江区				

5.1.6 航运通道功能

湖泊与江河连成了四通八达的航运网，一些大的湖泊都是水上运输的枢纽。水路运输具有陆路运输不可替代的优点，不占用耕地面积，不会大量破坏生态系统，不用花大量成本用于搭桥铺路等，充分利用河川的自然特点，成本较低、运输量大，对建立和完善现代综合运输体系具有重要作用（张进标，2007）。水生态系统的航运功能计算公式为：

$$S_w = A_w \cdot S_a \tag{5-9}$$

式中：S_w——客货运输总量，人或 t；

A_w——水域面积，km^2；

S_a——单位面积客货运量，人/（$m^2 \cdot a$）或 t/（$m^2 \cdot a$）。

由统计年鉴资料获得江苏、浙江和上海 3 省市的水路旅客周转量和水路货运周转量（不包括沿海和远洋），根据各省市面积求得单位面积水路客货运周转量，再根据分区内各省市面积，计算水路客货运总周转量。太湖流域不同地区水路客货运量见表 5-6。

表 5-6 太湖流域不同地区水路客货运量

地区	水域面积/km^2	旅客周转量/[$\times 10^4$ 人/(km·a)]	货运周转量/[$\times 10^8$ t/(km·a)]	单位旅客周转量/[人/(km·a·m^2)]	单位货物周转量/[t/(km·a·m^2)]	来源
常州市	593.99	976	13.3260	0.0164	2.2435	常州市 2008 年统计年鉴
杭州市	1396.10	4796	95.2913	0.0344	6.8255	杭州市 2009 年统计年鉴
湖州市	683.94	53	134.2501	0.0008	19.6289	湖州市 2007 年统计年鉴
嘉兴市	328.00	293	99.0354	0.0089	30.1937	嘉兴市 2009 年统计年鉴
南京市	725.67	—	541.8284	—	74.6660	南京市 2009 年统计年鉴
上海市	122.00	67300	4183.0000	5.5164	3428.6885	上海市 2009 年统计年鉴
苏州市	3607.58	0	16.3824	0.0000	0.4541	苏州市 2008 年统计年鉴
无锡市	1502.00	0	25.1359	0.0000	1.6735	无锡市 2009 年统计年鉴

5.2 陆地生态系统的水生态服务功能评估技术

5.2.1 水量调节功能

5.2.1.1 农田生态系统

由于目前对太湖流域农田水量调节研究较少，而且流域尺度水量调节功能计算仅靠在局部地区的定点实验数据作用有限，因此采用查找相关参数的方法来确定。根据王绍强（2001）对中国土壤厚度进行的插值分析结果，太湖流域农田土层厚度在 60～80 cm，取平均值 70 cm。根据太湖流域水田、旱地土壤密度及田间持水量的估算结果（表 5-7），结合各区农田面积及实测水田、旱地田间持水量估算各功能区农田生态系统水源涵养量。计算公式为：

$$R_{\mathrm{w}} = (W_{\mathrm{L}} - \gamma) \bullet A_L \bullet h \bullet \alpha \tag{5-10}$$

式中：R_{w}——农田调节水量，t；

A_{L}——农田面积，km^2；

h——为农田土壤深度，m；

W_{L}——田间持水量，%；

γ——凋萎系数，%；

α ——土壤密度，g/cm。

表 5-7 太湖流域农田土壤理化性质

土地类别	土壤密度/（g/cm）	田间持水量/%	凋萎系数
水田	1.2	40	32
旱地	1.3	35	29

5.2.1.2 森林生态系统

森林的水量调节主要表现在水源涵养功能，是指森林生态系统特有的水文生态效应，而使森林具有的蓄水、调节径流、缓洪补枯的功能，主要表现在截留降水、缓和地表径流、抑制土壤水分蒸发、含蓄土壤水分、补充地下水、调节河川径流等方面。

由于森林蒸发散、林地径流等数据较难获得，本研究选用综合蓄水能力法，即综合考虑林冠层、枯枝落叶层和土壤层对降水的截留和贮存，此方法能较为全面地反映森林的水源涵养功能，计算公式如下：

$$R_w = \sum (C_i + L_i + S_i) \bullet A_i \qquad (5\text{-}11)$$

式中：R_w——森林调节水量 t；

A_i——不同森林类型面积面积，hm^2；

C_i——不同森林类型林冠截留量，t/hm^2；

L_i——森林枯枝落叶层的饱和持水量，t/hm^2；

S_i——森林土壤蓄水量，t/hm^2；

i——分别表示纯林、经灌林、混交林和竹林，数据见表 5-8。

表 5-8 太湖流域森林水量调节 单位：t/hm^2

森林类型	林冠截留量	枯枝落叶层持水量	土壤蓄水量
纯林	2 673.14	6.03	1 403.35
混交林	2 647.67	42.96	1 442.40
竹林	2 525.13	4.58	1 282.60
经灌林	1 974.10	5.75	789.54

5.2.1.3 草地生态系统

对于天然草地涵养水源的研究多集中在我国北方地区，所以这些研究参数不适合于太湖流域。本研究根据姜立鹏等（2007）提出的研究中国草地系统的方法确定太湖流域天然草地和荒草地的涵养水源量，计算方法如下：

$$Q = \sum_{i=4}^{11} 0.318\,7 \bullet J_i \bullet k \bullet Pv_i \qquad (5\text{-}12)$$

式中：Q——与裸地相比较，单位面积草地涵养水分的增加量，mm；

i——生长季节月份（i=4，5，…，11）；

J_i——第 i 月的降雨量，mm；

k——产流降雨量的比例（秦岭—淮河以北取 0.4，以南取 0.6）；

P_v——草地植被覆盖度（太湖流域天然草地的植被覆盖度取值为 0.8，荒草地的植被覆盖度取值为 0.5）。

5.2.1.4 城镇绿地生态系统

城镇绿地系统减少地表径流主要通过植被枝叶截留降水、土壤毛细管孔储存水分以及降水向地下下渗来实现的。本研究拟采用 SCS 模型来计算太湖流域城镇绿地系统减少的地表径流和调节的水量。由于太湖流域有关城镇地表径流的水文数据比较缺乏，不宜使用一般的水文方法对流域径流过程进行模拟。更重要的是，土地利用数据是遥感数据处理得到的结果，因此选择分布式水文模型进行径流过程的模拟是适合本项研究的一种可行方法。SCS 模型是一种适用于缺乏资料地区水文模拟分布式水文模型，我国许多学者将 SCS 模型应用于城市水文相关计算，并取得了较好的效果（史培军等，2001；卓慕宁等，2003；齐苑儒等，2010）。依据太湖流域的径流特点，对其参数进行调整后，得到修正后的 SCS 模型为：

$$Q = 1.07 \times \frac{(P-0.05S)^2}{P+0.95S} \quad P \geqslant 0.05S \tag{5-13}$$

$$Q = 0 \quad P < 0.05S \tag{5-14}$$

式中：Q——地表径流量，mm；

P——降水量，mm；

S——流域当时的可能最大滞留量，mm。

5.2.2 水质净化功能

5.2.2.1 农田生态系统

农田生态系统对总氮（总磷）的削减作用表现为吸收土壤中氮（磷）肥而用以作物生长的需求。本研究目的是揭示流域生态系统对减轻水体富营养化、改善水质的贡献值大小，因此重点考虑农田生态系统削减总氮总磷的功能。计算方法采用的作物的生产量与单位面积作物可吸收的氮磷量相结合的方法。这种方法是基于农田的实测数据的，有一定的科学依据，适用于在流域尺度上对削减总氮总磷等功能的评估，计算公式如下：

$$\mathrm{N_L} = L \cdot C_{\mathrm{N}} \tag{5-15}$$

$$\mathrm{P_L} = L \cdot C_{\mathrm{P}} \tag{5-16}$$

式中：$\mathrm{N_L}$ 和 $\mathrm{P_L}$——农田削减氮磷总量，kg；

C_{N} 和 C_{P}——分别为单位农田作物吸收氮磷量，kg/m^2；

L——农田作物面积，m^2。

5.2.2.2 森林生态系统

非点源污染物大多是通过降雨产生的径流进入水体的，携带非点源污染物的径流及降水通过森林生态系统的过程中产生了复杂的物理、化学变化，经过植物的吸收，林冠层的淋溶，地被物的截持以及土壤的吸附等作用，从而实现森林对降雨和径流中的非点源污染物的净化效果。

目前森林对氮、磷等非点源污染物的削减效果主要通过实验观测和模型模拟的方法（Peterjohn 和 Correll，1984；陈金林，2002）。本研究中通过森林净生产力和植被的氮磷化学元素含量来衡量森林对氮磷的吸收作用，计算公式为：

$$N_L = NPP_i \cdot A_i \cdot F_N \quad (5\text{-}17)$$

$$P_L = NPP_i \cdot A_i \cdot F_P \quad (5\text{-}18)$$

式中：NPP_i ——不同林种的年净生产力，t/(hm^2 • a)；

F_P——不同林种的磷含量，%；

F_N——不同林种的氮含量，%；

A_i ——第 i 林种面积，hm^2。

不同参数取值见表 5-9。

表 5-9 太湖流域主要林型净生产力与植被氮磷含量

	针叶林	阔叶林	混交林	经济林	灌木林	竹林
净生产力/[t/(hm^2 • a)]	9.08	23.28	12.88	10.29	10.29	27
植被氮素含量/%	1.30	1.253	1.277	1.29	1.26	2.966
植被磷素含量/%	0.082	0.066	0.074	0.123	0.066	0.157

5.2.2.3 草地生态系统

草地生态系统调节水量是通过截留降水减少地表径流实现的，所以草地系统可通过吸收和吸附降水中污染物质，达到净化水质的目的。根据白晓华（2009）、王小治等（2009）对太湖流域湿沉降污染物的研究，以及太湖流域的其他相关文献，确定太湖流域雨水水质理化指标分别为 TN 5.17 mg/L 和 TP 0.2 mg/L；另外借鉴绿地系统的相关实验数据（米文秀和谢冰，2007；杨海清等，2008），认为草地系统对雨水径流中污染物 TN 和 TP 去除率分别为 38.2%和 40%。计算公式如下：

$$N_L = R_W \cdot \alpha_N \cdot \beta_N \quad (5\text{-}19)$$

$$P_L = R_W \cdot \alpha_P \cdot \beta_P \quad (5\text{-}20)$$

式中：α_N 和 α_P ——分别为降水中总氮含量（%）和总磷含量，%；

β_N 和 β_P ——分别为草地对总氮总磷削减率，%；

R_W ——草地年涵养水量，m^3。

5.2.2.4 城镇绿地生态系统

本研究重点评价城镇绿地系统对大气湿沉降所携带污染物的去除量。根据白晓华（2009）、王小治等（2009）对太湖流域湿沉降污染物的研究，以及太湖流域的其他相关文献，确定太湖流域雨水水质理化指标分别为 TN 5.17 mg/L 和 TP 0.2 mg/L；另外借鉴绿地系统的相关实验数据（米文秀和谢冰，2007；杨海清等，2008），认为草地系统对雨水径流中污染物 TN 和 TP 去除率分别为 38.2%和 40%。由于城镇绿地与草地生态系统在截持氮磷污染物的机制与能力相同，因此计算公式同式（5-19）和式（5-20）。

5.2.3 土壤保持功能

5.2.3.1 农田生态系统

尽管不合理的农业生产活动长期以来一直是加剧我国水土流失的重要原因，但农业生产活动对于保持水土又有着积极的意义。农作物对地表的覆盖可明显减轻风水蚀的发生，而我国各地农民在长期的生产实践中摸索出的多种多样的水土保持措施以及小流域综合治理等生产模式，对于保持水土、防止侵蚀也发挥了较大的作用。

农田减轻土壤侵蚀的同时也截留了土壤中的 N、P 等营养物质以及泥沙向水体输入，减缓了水体富营养化进程以及减少水体中泥沙淤积量。因此又可细化为削减总氮、总磷，削减泥沙输入三项功能。计算公式为：

$$P_{\mathrm{L}} = (S_{\mathrm{f}} - S_{\mathrm{p}}) \cdot L \tag{5-21}$$

$$C_{\mathrm{N}} = R_{\mathrm{w}} \cdot \alpha_{\mathrm{N}} \tag{5-22}$$

$$C_{\mathrm{P}} = R_{\mathrm{W}} \cdot \alpha_{\mathrm{P}} \tag{5-23}$$

$$C_{\mathrm{S}} = R_{\mathrm{W}} \cdot 24\% \tag{5-24}$$

式中：P_{L}——农田土壤保持量，t；

L——农田面积，hm^2；

S_{f}和S_{p}——分别为耕地现实侵蚀模数和潜在侵蚀模数，$\mathrm{t/hm}^2$；

α_{N}和α_{P}——分别为土壤中氮磷含量，%；

C_{N}、C_{P}和C_{S}——分别为土壤保持从而控制总氮、总磷和泥沙流失的量，t。

5.2.3.2 森林生态系统

森林生态系统通过地上植被的截留作用，减弱降水对土壤的溅蚀，森林地被物以及根系的网络固持，减少了径流侵蚀，从而减少了土壤及土壤养分的流失。森林对土壤的保持作用定量评估方法主要有流域径流场实验观测与模型模拟法，运用较多的是土壤侵蚀方程。通过文献的查阅，已有学者对太湖流域的不同土地利用类型的土壤侵蚀特征进行过相关研究，因此本研究在已有研究的基础上采用平均侵蚀模数法，不同林型土壤养分含量采用课题组对森林土壤采样测试数据（表 5-10）。评估方法同公式（5-21）至（5-24）。

表 5-10 太湖流域不同林型土壤侵蚀量与氮磷含量

	针叶林	阔叶林	混交林	经济林	灌木林	竹林
土壤侵蚀量/[t/(km² · a)]	352.15	294.5	210.65	3 083.7	538.8	1 227.64
土壤氮含量/%	0.154	0.189	0.166	0.16	0.075	0.224
土壤磷含量/%	0.033	0.041	0.031	0.05	0.058	0.033

5.2.3.3 草地生态系统

由于太湖流域属于水网发达的区域，所以草地生态系统土壤保持量参考国标（SL190—96）规定了水蚀区土壤侵蚀强度的分级标准，天然草地和荒草地均取 2 kg/(m² · a)。根据赵其国等（1991）的研究，草地生态系统土壤中氮磷的平均含量分别为0.177%和0.08%，参照公式（5-22）和（5-23），可计算草地生态系统控制TN和TP量；我国一般土壤侵蚀流失的泥沙有24%淤积于水库、江河、湖泊，从而造成蓄水量的下降（欧阳志云等，1999），因此草地生态系统控制泥沙的计算方法与式（5-24）相同。

5.2.3.4 城镇绿地生态系统

有关绿地系统土壤保持的研究方法较少，所以本研究中瞻仰景观休闲用地的土壤保持计算方法参照林地的计算方法，人工草地的参照自然草地的方法。瞻仰景观休闲用地生态系统土壤保持量由潜在土坡侵蚀量与现实土壤侵蚀量之差估计。潜在土壤侵蚀量是指无任何植被覆盖的情况下，土壤的最大侵蚀量。不同类型土壤下的有林地和无林地的土壤侵蚀量大不相同，应对不同土壤类型进行系统的侵蚀量对比研究，采用太湖流域苏州城市的测算标准，估算瞻仰景观休闲用地潜在的土壤侵蚀量的能力为 3.2 kg/(m^2·a)（冯育青，2008）。参照草地系统，人工草地的潜在的土壤侵蚀量的能力为2kg/(m^2·a)。依据对安吉绿地土壤的测定，绿地中TN和TP的含量分别为0.058%和0.036%，确定绿地生态系统控制TN和TP以及泥沙的计算方法参照公式（5-21）至（5-24）。

5.2.4 生境维持功能

生境维持功能是指基于水陆一体化原则下，陆地生态系统景观的整体性为生物多样性提供栖息生境与交流通道的功能，是基于太湖流域景观生态系统空间分异开展的，选择平均斑块面积、破碎度指数、多样性指数、均匀度指数作为基本评价指标。由于各指数反映的景观生态系统状况不一致，因此需先将各景观指数进行归一化处理，转换为综合评价指数，并评价景观综合指数在空间上的分布，进而评价流域尺度上的生境维持功能。

平均斑块面积表征景观中所有斑块或某一种斑块的平均面积，计算公式为：

$$\overline{S}_{\mathrm{a}} = S / A_{\mathrm{n}} \tag{5-25}$$

式中：A_{n}——景观中的斑块数；

S——表征景观总面积。

破碎度表征景观被分割的破碎程度，反映景观空间结构的复杂性，在一定程度上反映了人类对景观的干扰程度。它是由于自然或人为干扰所导致的景观由单一、均质和连续的整体趋向于复杂、异质和不连续的斑块镶嵌体的过程，景观破碎化是生物多样性丧失的重要原因之一，它与生物多样性保护密切相关。公式如下：

$$C_i = N_i / A_i \tag{5-26}$$

式中：C_i——景观 i 的破碎度；

N_i——景观 i 的斑块数；

A_i——景观 i 的总面积。

多样性指数是指景观元素或生态系统在结构、功能以及随时间变化方面的多样性，它反映了绿地景观类型的丰富度和复杂度。Shannon-Weiner 指数计算公式如下：

$$H = -\sum_{i=1}^{n} p_i \ln p_i \tag{5-27}$$

式中：H——多样性指数；

p_i——景观类型 i 所占面积的比例；

n——景观类型数目。

景观均匀度指数（Pielou 指数）计算公式为：

$$J_{sw}=(-\sum_{i=1}^{n}p_i\ln p_i)/\ln S \tag{5-28}$$

式中：p_i——景观类型 i 所占面积的比例；

n——景观类型数目；

S——景观中斑块类型数。

均匀度和优势度一样，也是描述景观由少数几个主要景观类型控制的程度，均匀度指数越大，表明景观被几个优势景观类型共同控制。

由于各指数反映的景观生态系统状况不一致，因此需先将各景观指数进行归一化处理：

$$v'=\frac{v_i-v_{min}}{v_{max}-v_{min}} \tag{5-29}$$

式中：v_{max}——样本数据的最大值；

v_{min}——样本数据的最小值。

由于景观破碎度指数反映的是景观破碎程度，该指数越高，景观越趋于破碎化，景观质量出现恶化，因此对该指数的标准化方法采用以下公式：

$$v'=-\frac{v_i-v_{min}}{v_{max}-v_{min}} \tag{5-30}$$

各参数含义与前公式相同。

5.3 水生态服务功能重要性的评估技术

由于气候、地形等自然条件的差异，生态系统类型多样，其生态服务功能在种类、数量和重要性上存在很大的空间差异性。在某个生态系统内，某项服务功能是由该生态系统关键因子提供和创造的，且在自然环境中发挥的作用要远远超过其他生态系统所提供的该项功能在自然环境中发挥的作用；在某个流域（或区域）内，一般分布着多个生态系统类型，不同生态系统类型又发挥着不同的生态服务功能，而各项生态服务功能之间对于这个流域（或区域）来说，又具有不同的重要性，因此，研究评估某一区域生态系统服务功能的相对重要性，对于开展生态服务功能分区及其空间辨识、确定优先保护生态系统和优先保护地区、评价不同类型的生态服务功能及其对区域可持续发展的支撑能力具有重要作用。

5.3.1 指标归一化处理

由于太湖流域生态服务功能是不同生态系统以及同一生态系统多种生态服务功能的综合，不仅不同生态系统提供同一生态服务功能的能力不同，即使位于不同区位上的同一生态系统提供的同一生态服务功能也不完全相同，因此需要建立一个无量纲的综合指数才能实现综合评估的比较。考虑到不同生态系统类型的主导服务功能不同，以及生态服务功能能力的不同，归一化指数计算公式如下：

$$ESI = \frac{X_i - X_{\min}}{X_{\max} - X_{\min}} \tag{5-31}$$

式中：ESI——生态服务功能指数；

X_i——第 i 项生态服务功能绝对值；

$X_{\min}$——生态服务功能最小值；

$X_{\max}$——生态服务功能最大值。

通过对各项水生态服务功能指标归一化处理，可以将不同量纲的生态服务功能指标进行比较和分析，从而实现所有水生态服务功能指标的统一。

5.3.2　重要性评估意义

生态系统服务功能供给会受到诸多因素制约，比如生态系统内部子系统及其相互作用的生态过程，生态系统的水文地理条件，生态系统的周边环境状况以及生态系统与外部环境之间的关联程度，生物资源的丰富性等。因此，确定生态系统核心服务功能时首先要明确该生态系统的类型及其周边环境因素，分析各种生态系统提供的服务功能之间的差异性；其次，在确定核心差异性的基础上，考察生态系统所提供的服务功能在要考察的某个生态系统中的重要性和相对贡献，最后从物理量上确定要评估的生态系统服务功能。

生态系统服务功能重要性评估及其空间辨识有助于表现生态系统服务功能的空间团簇状态，有助于辨析区域主要生态环境问题，评价不同类型的生态服务功能及其对区域可持续发展的支撑能力，确定优先保护生态系统和优先保护功能，明确不同区域内的生态环境与社会经济功能以及生态保护目标和经济社会发展定位。

5.3.3　重要性排序流程

尽管从流域生态系统角度而言，可以判定主导服务功能，以及不同区位上的生态服务功能，但是对于特定的评估单元来说，比如三级分区单元或控制单元，其主导生态服务功能指标可能存在多项，不过各项生态服务功能之间的重要性并非相同。因此，根据各项主导服务功能在整个流域范围内对目标评估单元的贡献率，或者指标值在流域上所处的水平，来判定各项功能的相对重要性，即：

（1）计算流域尺度各项生态服务功能物质量或者指标水平；

（2）计算目标评估单元每项服务功能在流域尺度上该项生态服务功能的比重，或者服务功能指标在流域水平上所处的位置；

（3）针对每个评估单元，分别确定各项主导服务功能比重或指标位置之间的大小；

（4）对每个评估单元，进行主导生态服务功能排序。

6 太湖流域水生态服务功能案例研究

流域生态系统的水生态服务功能评估是一项复杂工作，需要从多个角度综合考虑多种系统与评价方法的异质性和统一性。为了更好地开展太湖流域生态服务功能评估，本章首先针对太湖流域不同地区的水生态服务功能开展初步研究，然后针对太湖流域城镇绿地和森林两个生态系统的水生态功能进行研究，最后以浙江省安吉县为重点研究区域，分析其绿地的水服务功能及其森林的涵养水源与控制养分流失的功能，目的是通过这些典型生态系统或地区的案例研究，为流域尺度上的水生态服务功能综合评估提供理论与方法基础。

6.1 太湖流域水生态系统服务功能研究

太湖流域是一个由众多河流、水库、塘坝以及湖泊构成的流域水生态系统，生态服务功能在流域社会经济发展中起着重要作用。随着太湖流域经济的快速发展和人口规模的迅速扩大，社会经济和环境保护之间的矛盾日益尖锐，污染湖泊的因素不断增多，加之环保意识薄弱，致使太湖水污染日趋严重。目前，流域内存在资源型和水质型缺水两种状况，严重阻碍了流域内的社会经济可持续发展（沈建军，2009）。与陆地或海洋生态系统相比，河流、湖泊等淡水生态系统更易受岸上周边地区各类事件包括生命活动和自然过程的影响，因此，分区治理对太湖流域水生态系统管理具有重要意义。功能分区对于深刻识别区域空间的多功能性，充分利用和保护区域空间多功能性，追求区域空间功能价值的最大化和可持续利用，明确不同区域在可持续发展中的功能定位，并提出保障措施具有重要作用（谢高地，2009）。目前关于水生态系统服务功能的研究，大多以功能分类为基础，从整体出发开展研究，很少考虑水生态系统服务功能的空间差异性，而这种差异性正是流域功能分区的前提和基础。在此以太湖流域水利部门的传统分区为基础（朱威，2003；赖格英 2005），结合流域土地利用资料，水文水质资料和统计资料，对流域水生态系统服务功能的空间差异性进行了初步评价与分析，以期为流域水生态系统分区管理提供一定参考。

6.1.1 水资源分区

太湖位于全流域的中心，是全流域的水利中枢。如果以太湖北部的直湖港和南部的吴溇港为界，可将太湖流域划分为上游区和下游区。上游区河流以入湖为主，包括苕溪水系、宜溧河水系、洮滆水系和武进港—直湖港水系；下游区河流以出湖为主，包括通江水系、黄浦江水系及杭州湾南排水系（王苏民，1998）。根据太湖流域的地形和水文特征，结合水利部门

本章执笔人：王斌，杨丽韫，张灿强，张彪

的传统分区，可将太湖流域水资源划分为湖西区、浙西区、武澄锡虞区（武澄区）、太湖区、阳澄淀泖区（阳澄区）、杭嘉湖区、浦西浦东区（浦西区）7 个分区（见图 6-1）。

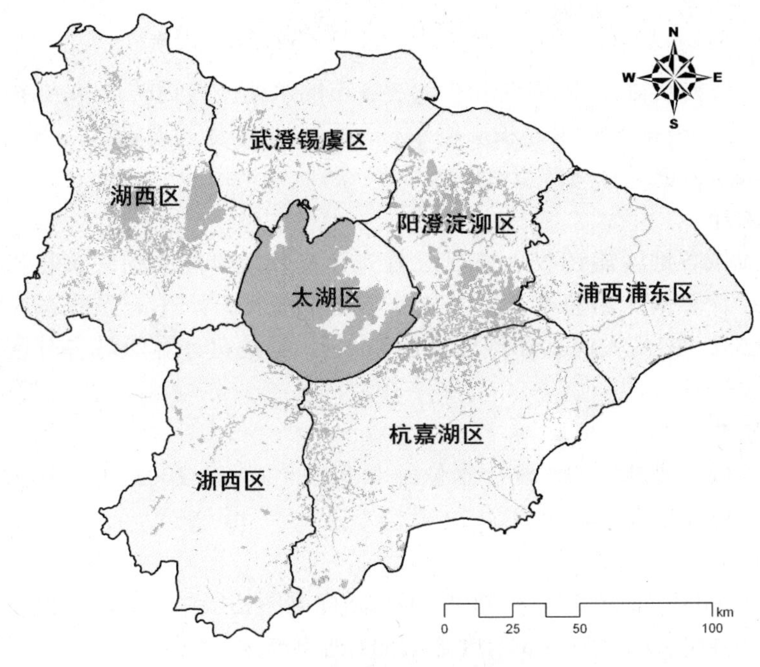

图 6-1　太湖流域水资源分区图

（参考自耿玉琴等，2003）

各区之间有水利工程控制区间水量交换，具有相对闭合的水文单元特征。其中湖西区、浙西区和武澄区是上游来水区，太湖的水量和营养物质主要通过这 3 个区的入湖河道汇集；其余 4 个区为下游出水区，排放太湖绝大部分的水量和营养物质（赖格英，2005）。

6.1.2　研究方法

根据太湖流域水生态系统特点，将太湖流域水生态系统服务功能划分为水供给、水产品、航运、旅游、调蓄、大气调节、水质净化、输沙造陆等 8 项功能，其中，水供给、水产品、航运是可以在市场上进行交换的，其价值通常被称为直接使用价值；其余功能因其在常规市场上不能直接交换，它们的价值通常被称为间接使用价值（王欢，2006）。各项水生态服务功能计算方法如下：

6.1.2.1　水供给功能

2007 年太湖流域农村生产和生活用水 $99.81\times10^8\ m^3$，城镇生产和生活用水 $270.4\times10^8\ m^3$（水利部太湖流域管理局，2007），在不考虑林地和草地用水情况下，可根据流域土地利用数据计算耕地和城镇用地单位面积用水量，结合分区内耕地和城镇用地面积可计算各分区水供给功能。

6.1.2.2　水产品功能

考虑到数据资料的可获得性，本研究仅对太湖流域动物水产品中的养蟹价值进行评估。据 2001 年统计，太湖流域池塘养蟹主要集中在江苏的昆山市、金坛市、苏州吴中区、吴江市、宜兴市，以及浙江的湖州市、平湖市、嘉兴市、嘉善县等地，养殖总面积 11 377.860 hm^2，总产量 6 681.180 t（陈家长，2005），根据流域水资源分区内各地养殖面积和单位水产品产量计算其水产品功能。

6.1.2.3　航运功能

由统计年鉴资料获得江苏、浙江和上海 3 省市的水路旅客周转量和水路货运周转量（不包括沿海和远洋），根据各省市面积求得单位面积水路客货运周转量，再根据分区内各省市面积，计算水路客货运总周转量。

6.1.2.4　旅游功能

根据太湖流域各地区旅游收入情况，首先计算各地单位面积旅游收入，再根据分区内各地区面积，计算其旅游总收入。据国家旅游局统计，水生态系统在旅游总收入中的作用比例为 12.3%（中华人民共和国国家旅游局），据此可计算流域各分区水生态系统的旅游功能。

6.1.2.5　调蓄功能

根据太湖流域主要湖泊的水深、水位绝对变幅（刘庄，2003），计算太湖流域水生态系统的蓄水功能和水文调节功能。

6.1.2.6　固碳释氧

张运林等（2008）根据 1998—1999 年太湖梅梁湾初级生产力的实测数据，建立了浮游植物初级生产力和表层叶绿素 a 浓度之间的经验模式：

$$NPP_{\mathrm{em}} = 34.52\mathrm{Chl.a} + 222.9 \quad n=25 \quad r^2=0.76$$

式中：NPP_{em}——浮游植物初级生产力，mg（C）/(m^2·d)；

Chl.a ——表层叶绿素 a 浓度，μg/L。

根据太湖流域相关资料，收集整理得到分区内叶绿素 a 平均浓度（常州市环境保护局，2007；太湖流域水资源保护局，2008），其中上游区（湖西区、浙西区和武澄锡虞区）为 46 mg/m^3，太湖区为 72.400 mg/m^3，下游区（阳澄淀泖区、杭嘉湖区和浦西浦东区）为 67.300 mg/m^3。根据浮游植物初级生产力和表层叶绿素 a 浓度之间的经验模式，计算流域水生态系统固定 CO_2 及释放 O_2 的量。

6.1.2.7　水质净化

2007 年流域废污水排放量为 63×10^8 t，其中江苏、浙江和上海 3 省市分别为 29.8×10^8 t、11.2×10^8 t 和 22×10^8 t（水利部太湖流域管理局，2007）。先根据 3 省市水域面积计算其单位面积水域接纳污水排放量，再根据分区内各省市面积计算其水质净化功能。

6.1.2.8　输沙造陆

泥沙输运是河流最重要的水文现象之一，按输移特性分为推移质和悬移质，河流输沙主要以悬移质的方式进行，输沙功能计算公式为：

$$W_{\mathrm{s}} = S \cdot V$$

式中：W_{s}——河流输沙量；

S——河流悬移质含量；

V——过境水量。

太湖是整个流域的水利枢纽，在此根据 2008 年环太湖出入水量情况估算流域水生态系统的输沙造陆功能。根据 2008 年太湖健康状况报告，湖西区、浙西区、武澄区、阳澄区和杭嘉湖区过境水量分别为 $46.780\times10^8\ m^3$、$37.470\times10^8\ m^3$、$23.210\times10^8\ m^3$、$66.010\times10^8\ m^3$ 和 $26.070\times10^8\ m^3$，上游区河流悬移质（悬浮物）平均含量为 47.09 g/m^3（常州市环境保护局，2007），下游区为 77.00 g/m^3（李云梅，2006），据此可计算各分区输沙功能。

河水从上游携带来的泥沙流到河口、三角洲、海口等处，由于流速的减慢常常会沉积下来，形成沙洲，发育成滩涂（张进标，2007）。根据太湖流域输沙量，取表土平均厚度 0.5 m，土壤平均密度 1.28 t/m^3（李金昌，1999），可计算流域泥沙沉积形成的土地面积。

6.1.3 结果分析

基于统计资料、土地利用资料和文献资料的研究表明，太湖流域水生态系统的水供给功能为 $370.2100\times10^8 m^3/a$，水产品功能为 6681.1800t/a，水路旅客周转量为 4.6040×10^8 人/（km·a），水路货运周转量为 2902.8290×10^8t/（km·a），旅游价值为 477.6530×10^8 元/a，蓄水总量为 $45.3170\times10^8 m^3/a$，调节水量为 $76.8610\times10^8 m^3/a$，固碳量为 427.7000×10^4t/a，释放氧气量为 1140.2490×10^4t/a，净化污水量为 63.0000×10^8t/a，年输沙量为 121.5050×10^4t/a，造陆面积为 189.8510 hm^2/a（表 6-1）。从各分区功能量来看，杭嘉湖区水供给量最大；湖西区水产品量最高；浦西区水路旅客周转量、水路货运周转量最大；太湖区的蓄水量、调节水量、固碳释氧量、净化污水量最大；阳澄区的年输沙量和造陆面积最大。

表 6-1 太湖流域不同分区水生态系统服务功能量

功能类型	湖西区	浙西区	武澄区	太湖区	阳澄区	杭嘉湖区	浦西区	合计
水供给/（$\times10^8 m^3$）	63.39	19.89	61.59	8.32	53.10	84.49	79.42	370.21
水产品/t	3284.90	18.00	0.00	0.00	2935.99	442.29	0.00	6681.18
旅客周转/（$\times10^8$ 人/km）	0.02	0.03	0.01	0.01	0.17	0.49	3.86	4.60
货物周转/（$\times10^8$t/km）	45.49	17.03	25.19	19.35	119.87	300.51	2375.40	2902.83
旅游/（$\times10^8$ 元）	89.89	20.33	53.53	34.85	50.39	59.34	169.32	477.65
蓄水量/（$\times10^8 m^3$）	3.55	0.61	0.27	33.16	5.76	1.95	0.01	45.32
调节水量/（$\times10^8 m^3$）	6.01	1.04	0.47	56.25	9.77	3.31	0.02	76.86
固碳/（$\times10^4$t）	52.20	6.95	9.46	240.02	72.02	37.13	9.92	427.70
释氧/（$\times10^4$t）	139.17	18.53	25.23	639.89	192.00	98.99	26.44	1140.25
净化污水/（$\times10^8 m^3$）	5.69	3.05	1.03	17.48	13.21	11.74	10.79	63.00
输沙量/（$\times10^4$t）	22.03	17.65	10.93	0.00	50.83	20.07	0.00	121.51
造陆面积/hm^2	34.42	27.57	17.08	0.00	79.42	31.37	0.00	189.85

太湖流域水生态系统的水供给功能平均为 7.8185 $m^3/(m^2\cdot a)$，水产品为 1.4110 $g/(m^2\cdot a)$，旅客周转为 0.0972 人/$(km\cdot m^2\cdot a)$，货物周转为 61.3055 $t/(km\cdot m^2\cdot a)$，旅游为 10.0877 元/$(m^2\cdot a)$，调蓄水量为 2.5803 $m^3/(m^2\cdot a)$，固碳释氧为 3.3114 $kg/(m^2\cdot a)$，水质净化为 1.3305 $m^3/(m^2\cdot a)$，输沙为 0.2566 $kg/(m^2\cdot a)$，造陆面积为 0.0004 $m^2/(m^2\cdot a)$（表 6-2）。其中浦西区的水供给、航运、旅游、水质净化，湖西区的水产品，太湖区的调蓄和固碳释氧，以及浙西区的输沙造陆单位面积服务功能量最高。

表 6-2 太湖流域不同分区单位面积水生态系统服务功能量

功能类型	湖西区	浙西区	武澄区	太湖区	阳澄区	杭嘉湖区	浦西区	平均
水供给/（m^3/m^2）	8.03	18.92	43.02	0.34	6.85	21.14	74.42	7.82
水产品/（g/m^2）	4.16	0.17	0.00	0.00	3.79	1.11	0.00	1.41
旅客周转/[人/（$km\cdot m^2$）]	0.00	0.032	0.01	0.00	0.02	0.12	3.62	0.09
货物周转/[t/（$km\cdot m^2$）]	5.76	16.19	17.59	0.81	15.47	75.21	2225.81	61.31
旅游/（元/m^2）	11.38	19.34	37.39	1.44	6.50	14.85	158.66	10.09
蓄水量/（m^3/m^2）	0.45	0.58	0.19	1.37	0.74	0.49	0.01	0.96
调节水量/（m^3/m^2）	0.76	0.99	0.32	2.33	1.26	0.83	0.02	1.62
固碳/（kg/m^2）	0.66	0.66	0.66	0.99	0.93	0.93	0.93	0.90
释氧/（kg/m^2）	1.76	1.76	1.76	2.65	2.48	2.48	2.48	2.41
净化污水/（m^3/m^2）	0.72	2.89	0.72	0.72	1.70	2.94	10.11	1.33
输沙量/（kg/m^2）	0.28	1.68	0.76	0.00	0.66	0.50	0.00	0.26
造陆面积/（m^2/m^2）	0.0004	0.0026	0.0012	0.0000	0.0010	0.0008	0.0000	0.0004

6.1.4 结论与讨论

该研究仅评估了太湖流域 8 项水生态系统服务功能，忽略了提供生境、地下水补给、科研教育等不易量化的服务类型，评估结果存在一定低估。同时，水生态环境恶化是一个动态的过程，只有连续的评估才能了解和掌握流域的水生态系统服务变化特点以及人类活动和管理对服务功能的影响（鲁春霞，2003；张朝晖，2007），以上研究只是对流域水生态系统服务功能量的一个初步估算，还不能清楚地表明流域水环境恶化与社会经济之间的相互作用关系，而这也是目前生态系统服务功能研究最大的局限。同时，目前的评价研究都是基于静态模型得出的结论，对评估结果缺乏深入分析（李文华，2009）。在今后的研究中，应加强对太湖流域水生态系统服务功能的动态监测，在此基础上，进行流域水生态系统服务功能的时空动态模拟，进一步建立水生态系统服务功能变异预警机制，从而为流域长期持续的解决水污染问题和水环境管理提供数据、理论和方法支持。

不同区域的生态环境、资源条件和经济社会发展水平有很大差异，根据这种客观存在的差异来合理划分多种主体功能区，实行不同的区域发展战略和政策，有利于保护生态环境，也有利于经济社会发展。结合各分区在流域所处的位置以及各分区单位面积水生态系统服务功能可以看出，不同分区主导功能与分区在流域发挥的作用密切相关，浙西区森林覆盖率较高，水生态系统以山区溪流为主（东苕溪和西苕溪），是太湖流域上游重要的水源涵养地；浦西区位于太湖下游，以黄浦江为主干，是流域重要的排水通道和航道；杭嘉湖区以平原水网为主，是流域农业相对比较发达的地区；武澄区位于太湖北部，通过沿江水系连接长江和太湖，是长江水入太湖主要通道，水供给功能相对较高；湖西区、阳澄区和太湖区水生态系统以湖泊为主，大型的湖泊有太湖、洮湖、滆湖、阳澄湖和淀山湖等，除太湖区的调蓄功能较高外，其他服务功能相对都较低。

水生态系统服务功能评估有助于人们重新审视水生态系统功能，提高社会对水生态系统保护重要性的认识，促进水生态系统研究和保护利用。太湖流域是我国经济活动最活跃的地区之一，水生态系统在流域社会经济发展中发挥着重要作用，其功能的好坏直接关系着我国社会经济的发展。研究表明，太湖流域不同分区水生态系统服务功能存在较大差异，这种差异与水生态系统在流域中所处的位置以及各区经济发展水平密切相关。从中可以看出，明确水生态系统服务功能的空间分区特征以及各项生态服务功能重要性的总体分异规律，对于明确生态系统与人类社会之间的关系，保障流域分区的科学性具有重要意义。

6.2　太湖流域城镇绿地系统水生态服务功能研究

太湖流域地处长江三角洲，人口稠密、经济发达、城镇化程度高，但是水环境污染较为严重。导致太湖流域水环境严重污染的主要有点源和面源，面源污染主要有农业面源和城镇地表径流。城镇地表径流是仅次于农业面源的第二大面污染源（Deletic，1998），地表径流产生的污染可以通过绿地系统发挥其水生态服务功能进行削减。本项研究在资料收集和遥感解译的基础上，结合实地调查，以太湖流域的绿地系统作为对象，通过研究绿地系统的水生态功能，探讨绿地系统在水环境治理方面的重要作用，为太湖流域水环境治理提供重要的科学依据。

6.2.1　研究区域

本研究采用 ALOS 的 2.5 m 全色波段和 4 个多光谱波段融合的遥感图像解译的土地利用数据，得到太湖流域各地区城镇绿地的分布。太湖流域城镇绿地总面积为 55 686 hm^2，占太湖流域总面积的 1.6%。其中瞻仰景观休闲用地占城市绿地总面积的 84.8%，是城市绿地的主要组成部分。从城镇绿地分布来看（图 6-2），太湖流域城镇绿地分布十分不均。城镇绿地所占比例最大的是上海市，占 40.54%，其次是苏州市，占 33.14%，常州市居第三，占 6.55%，而镇江所占面积最小，仅为 1.73%，其余地市所占比例均不足 5%。城镇绿地占太湖城镇绿地的比例大小依次为：上海＞苏州＞常州＞杭州＞嘉兴＞无锡＞湖州＞镇江。

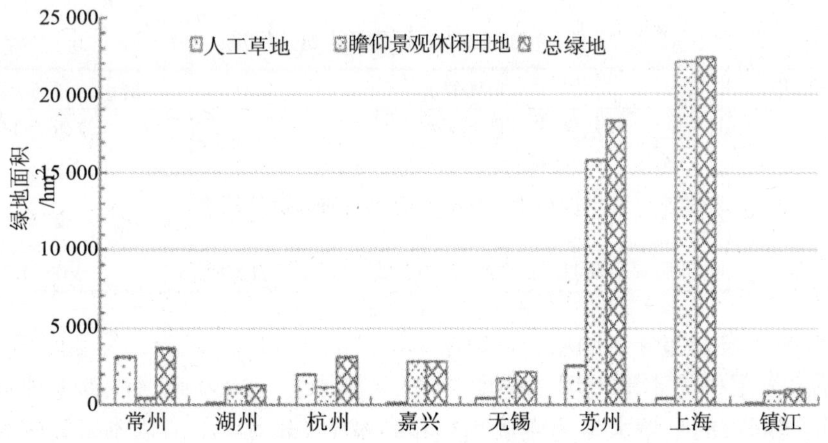

图 6-2　太湖流域各城市绿地分布

6.2.2 研究方法

城镇绿地系统减少地表径流主要是通过植被枝叶截留降水、土壤毛细管孔储存水分以及降水向地下下渗来实现的。本研究拟采用 SCS 模型来计算太湖流域城镇绿地系统减少的地表径流和调节的水量。SCS（Soil Conservation Service）模型是 20 世纪 50 年代初美国农业部水土保持局（Natural Resources Conservation Service，NRCS）根据美国强烈的地带性气候特征和明显的农业区划所研制的小流域设计洪水模型。1954 年国家工程手册（National Engineering Handbook）介绍了这种模型，并历经多次修订（NEH-4，1956，1964，1971，1985；NEH-630，2004）。SCS 模型的设计初衷是在水土保持工作中估算径流，发展至今，SCS 模型也适用于城市化地区和各种植被覆盖的流域（USDA，1986）。

由于太湖流域有关城镇地表径流的水文数据比较缺乏，不宜使用一般的水文方法对流域径流过程进行模拟。更重要的是，土地利用数据是遥感数据处理得到的结果，因此选择分布式水文模型进行径流过程的模拟是适合本项研究的一种可行方法。SCS 模型是一种适用于缺乏资料地区水文模拟分布式水文模型，我国许多学者将 SCS 模型应用于城市水文相关计算，并取得了较好的效果（史培军等，2001；卓慕宁等，2003；齐苑儒等，2010）。

6.2.2.1 SCS 模型参数确定

CN（Curve Number）是 SCS 模型中重要的无量纲参数，决定 *CN* 值的主要因素包括土壤水文组、土地覆盖情况、耕作方式、水文条件和降雨前期土壤湿度条件，任何一种因素发生变化都会引起 *CN* 值的变化。*CN* 值的大小在一定程度上体现下垫面条件对降雨—径流关系的影响：*CN* 值高意味着渗透量小，产流量大；*CN* 值低意味着渗透量大，产流量小。

SCS 模型的土壤类型划分标准——水文土壤组（Hydrologic Soil Group）是 NRCS 专家根据美国境内 4000 多处（后增至 14000 处）土壤的实测资料总结归纳而成的（NEH-4，1964）。土壤特性影响降雨径流的产生，即使是间接地影响产流，也必须要考虑土壤性质，可用土壤（裸露土壤）的最小渗透率来描述。具体的划分依据见表 6-3。

表 6-3 SCS 水文土壤组的划分标准

SCS 水文土壤组	土壤性质	最小渗透率/（mm/h）
A	厚层沙，厚层黄土，团粒化粉砂土	7.26～11.43
B	薄层黄土，沙壤土	3.81～7.26
C	黏壤土，薄层沙壤土，有机质低或黏质含量高的土壤	1.27～3.81
D	吸水后显著膨胀的土壤，塑性的黏土，某些盐泽土	0～1.27

城镇绿地的土壤大部分为回填土，根据本研究的实地样方调查：绿地回填土厚度平均在 30cm 左右，下层仍为本地土壤。根据《浙江土种志》（1993）和《江苏土种志》（1995），太湖流域的这些城市的土壤大多为壤质黏土和黏壤土（表 6-4），所以本研究将 SCS 模型水文土壤组归为 C 类。

表 6-4　太湖流域 SCS 水文土壤类型

区域	SCS 水文土壤类型	划分依据
湖州	C	黏壤土、壤质黏土
杭州	C	黏壤土、壤质黏土、重砾质黏壤土、重砾质、黏土
嘉兴	C	黏壤土、壤质黏土
常州	C	壤质黏土
无锡	C	沙壤土、黏壤土、黏土
苏州	C	黏壤土
上海	C	黏壤土、黏土
镇江	C	粉砂质黏壤土、壤质黏土

NRCS 在最初的 *CN* 值确定的基础上，结合 RS 和 GIS 技术丰富了土地覆盖类型，分别制定了适用于城市地区、耕地、其他农业用地等 *CN* 值的查算表（NEH-630，2004）。依据 NRCS 提供的 *CN* 查算表，本研究结合对太湖流域的实地调研，确定绿地系统的 *CN* 值见表 6-5。

表 6-5　NRCS 提供的 *CN* 值

不同土地利用类型		*CN*			
		A	B	C	D
林地	好（保护较好，未受干扰）	25	55	70	77
	中（保护一般，树木受到一定的人为干扰）	36	60	73	79
	差（凋落物、小树和灌木人为干扰严重）	45	66	77	83
草坪、公园、高尔夫球场、公墓等	好的草地（覆盖度＞75%）	39	61	74	80
	草地（覆盖度 50%～75%）	49	69	79	84
	贫乏的草地（覆盖度＜50%）	68	79	86	89
街道与道路	铺面并有路缘石和雨水沟	98	98	98	98

前期土壤湿度条件 AMC（Antecedent Moisture Condition）等级的划分的依据（表 6-6）是降雨日前 5 天降雨量的总和，即前期降水指数 *API*（Antecedent Precipitation Index），其计算公式为：

$$API = \sum_{i=1}^{5} P_i$$

式中：P_i——前 i 天的降雨量，mm。

表 6-6　前期土壤湿度条件确定标准

前期土壤湿度条件	前 5 天降雨总量/mm	
	越冬季节	生长季节
Ⅰ：土壤干旱，但未到达植物萎蔫点，有良好的耕作及耕种	＜13	＜36
Ⅱ：暴雨前 5 天内有大雨或小雨和低温出现，土壤水分几乎饱和	13～28	36～53
Ⅲ：洪泛时的平均情况，几流域洪水出现前的土壤水分平均状况	＞28	＞53

根据前期的降水指数，可确定的土壤湿润程度：Ⅰ（干旱）、Ⅱ（平均）和Ⅲ（湿润）（表 6-6）。Ⅱ条件下的 CN 值通过表 6-5 得到，确定 CN_{II} 值后，可根据 NRSC 提供的 CN 值换算表（表 6-7）查出 CN_{I} 和 CN_{III}。

表 6-7　NRCS 提供的 CN 值换算表

CN_{II}	CN_{I}	CN_{III}	CN_{II}	CN_{I}	CN_{III}	CN_{II}	CN_{I}	CN_{III}
70	51	85	81	64	92	92	81	97
71	52	86	82	66	92	93	83	98
72	53	86	83	67	93	94	85	98
73	54	87	84	68	93	95	87	98
74	55	88	85	70	94	96	89	99
75	57	88	86	72	94	97	91	99
76	58	89	87	73	95	98	94	99
77	59	89	88	75	95	99	97	100
78	60	90	89	76	96	100	100	100
79	62	91	90	78	96			
80	63	91	91	80	97			

综上所述，依据太湖流域的水文土壤类型、土地覆盖类型以及 CN 值换算表，可以确定太湖流域绿地系统的 CN 值的参数（表 6-8）。

表 6-8　太湖流域绿地系统 CN 参数的确定

绿地类型	CN_{I}	CN_{II}	CN_{III}
瞻仰景观林地	50	70	85
人工草地	55	74	88

6.2.2.2　SCS 模型的修正

尽管 SCS 模型是目前应用最为广泛的流域水文模型之一，是一种较好的小型集水区径流计算方法。然而，我国许多学者的研究结果表明，将 SCS 模型直接移用到我国，将会产生较大的误差（王白陆，2005；刘家福等，2010），需按照研究地区的特点对其进行修正，才会取得较为满意的结果。国内外学者关于 SCS 模型的研究中修正 SCS 模型主要有几种途径：一是重新确定 CN 值；二是修正 I_a；三是直接确定 S；四是寻求前期湿润程度更合理的划分依据。

从整个 SCS 模型产流的计算过程来看，估计 I_a 是个非常重要的步骤，修正或直接确定 I_a，是许多学者修正 SCS 模型的主要途径。本研究也将重点放在 I_a 的修正上。I_a 的修正，除了现场实测外，还可用到相关的统计知识。王白陆（2005）提出依据统计知识的方差和回归对 SCS 模型的修正方法。依据该方法，对太湖流域的 SCS 模型的修正过程如下：

假定 x_i 代表第 i 次的计算净雨量，y_i 代表第 i 次的实测净雨量，则均方差 σ 的计算公式为：

$$\sigma=\sqrt{\frac{\sum_{i=1}^{n}(x_i-y_i)^2}{n}}$$

由均方差的定义可得：σ 越小，离散程度就越小；σ 越大，离散程度就越大。假设参数 m 为一变量，由数理统计的原理得到标准差 σ，σ 为最小时，实测值和计算值拟合最好。则第 i 次计算净雨量 x_i 的计算公式为：

$$x_i = \frac{(P_i - mS)^2}{P_i + (1-m)S}$$

目标函数$\sigma_{\min}(m)$是参数 m 的函数，则优化模型为：

$$\sigma_{\min}(m) = \sqrt{\frac{\sum_{i=1}^{n}(x_i - y_i)^2}{n}} = \sqrt{\frac{\sum_{i=1}^{n}[\frac{(P_i - mS)^2}{P_i + (1-m)S} - y_i]^2}{n}}$$

在本项研究中采用 MATLAB 来编程实现 σ 最小，而得到 m。

由于在太湖流域内有关地表径流的监测资料较少，本研究查阅太湖流域杭州市地表径流的观测资料，相关数据见表 6-9。

表 6-9 杭州市各功能区地表径流实测值

	暴雨场次	降雨量/mm	*CN*	实测径流/m^3
商业区	1	20.20	95.4	884
	2	25.00	95.4	1 107
	3	32.20	95.4	1 423
	4	40.10	95.4	1 767
	5	50.30	95.4	2 220
	6	60.00	95.4	2 618
	7	70.10	95.4	3 054
工业区	1	20.20	94.9	686
	2	25.00	94.9	866
	3	32.20	94.9	1 179
	4	40.10	94.9	1 445
	5	50.30	94.9	1 820
	6	60.00	94.9	2 161
	7	70.10	94.9	2 521
居民区	1	20.20	93.8	657
	2	25.00	93.8	828
	3	32.20	93.8	1 119
	4	40.10	93.8	1 376
	5	50.30	93.8	1 747
	6	60.00	93.8	2 057
	7	70.10	93.8	2 400

采用 MATLAB 编程后，从图 6-3 可以看出：$m \leqslant 0.05$ 后，σ 趋于稳定，当 $m = 0.025$ 时，σ 值达到最小，相关计算见表 6-10。由表可得，当 $m = 0.2$ 时，计算径流和实际径流的最大相对误差可达到 38.9%，而当 $m = 0.05$ 时，最大相对误差为 25.6%，当 $m = 0.025$ 时，最大相对误差为 24%。所以直接采用 SCS 模型来计算还是存在较大的误差，但通过统计修正后，

误差有所下降。从表 6-10 也可看出 $m = 0.05$ 和 $m = 0.025$ 计算出来的径流与实际径流的相对误差差别不大。根据贺宝根等（2003）对上海地区地表径流的研究，$m = 0.05$ 时，较为符合上海区域的情况。因此，本研究取 m 为 0.05。

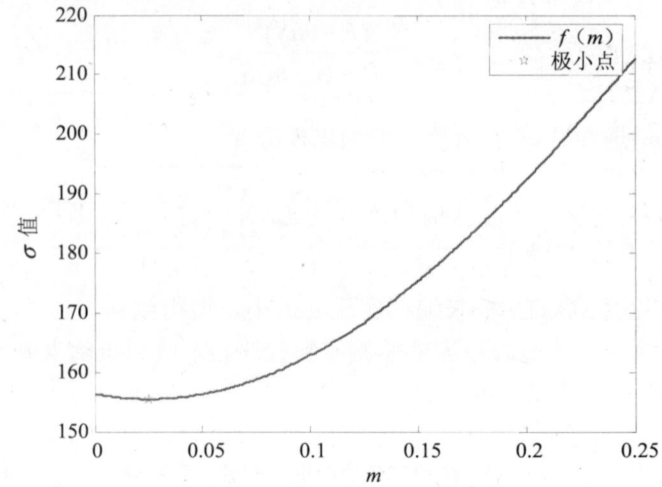

图 6-3 采用 MATLAB 编程求得的极小值

表 6-10 不同 m 值情况下实测与计算的相对误差

	暴雨场次	实测径流/m³	m=0.2		m=0.05		m=0.025	
			计算/m³	相对误差	计算/m³	相对误差	计算/m³	相对误差
商业区	1	884	573	−35.2	657.3	−25.6	672	−24.0
	2	1 107	797	−28.0	885.4	−20.0	900	−18.7
	3	1 423	1 149	−19.2	1 241.4	−12.8	1 257	−11.7
	4	1 767	1 549	−12.3	1 643.8	−7.0	1 660	−6.1
	5	2 220	2 078	−6.4	2 174.1	−2.1	2 190	−1.3
	6	2 618	2 588	−1.1	2 685.2	2.6	2 701	3.2
	7	3 054	3 124	2.3	3 222.0	5.5	3 238	6.0
工业区	1	686	477	−30.4	559.0	−18.5	573	−16.5
	2	866	672	−22.4	758.0	−12.5	773	−10.8
	3	1 179	980	−16.9	1 070.4	−9.2	1 085	−7.9
	4	1 445	1 332	−7.8	1 425.0	−1.4	1 440	−0.3
	5	1 820	1 799	−1.2	1 893.9	4.1	1 910	4.9
	6	2 161	2 251	4.2	2 346.9	8.6	2 363	9.3
	7	2 521	2 726	8.2	2 823.4	12.0	2 840	12.6
居民区	1	657	402	−38.9	493.7	−24.9	509	−22.5
	2	828	580	−29.9	678.7	−18.0	695	−16.0
	3	1 119	868	−22.4	972.5	−13.1	990	−11.5
	4	1 376	1 201	−12.7	1 309.3	−4.8	1 328	−3.5
	5	1 747	1 646	−5.8	1 758.1	0.6	1 777	1.7
	6	2 057	2 080	1.1	2 194.0	6.7	2 213	7.6
	7	2 400	2 539	5.8	2 654.1	10.6	2 673	11.4

为了使计算值更接近实测值，可以借鉴水文频率分布线性估计中有关配线法的方法，对 SCS 模型做进一步的改进。如果首次改进后的计算净雨量和实测量之间是线性相关的（$r>0.8$），则可以乘以一比例系数。通过回归分析，当 $m=0.05$ 时，所求出的径流量与实测的径流量之间存在明显的线性关系，且 $R^2=0.989$，所以可在原来的基础上乘以一比例系数，得到修正后的 SCS 模型为：

$$Q=1.07\times\frac{(P-0.05S)^2}{P+0.95S} \qquad P\geqslant 0.05S$$

$$Q=0 \qquad P<0.05S$$

模型修正后，实测数值与计算数值的最大相对误差为 20.44%，相对误差的均值为 0.92%。

6.2.2.3 绿地系统净化水质功能计算方法

由于缺乏地表径流相关的污染监测数据，本研究只计算了绿地系统对大气湿沉降所携带污染物的去除量。根据白晓华（2009）、王小治等（2009）对太湖流域湿沉降污染物的研究，以及太湖流域的其他相关文献，确定雨水水质理化指标分别为 COD 20mg/L，TN 5.17 mg/L，NH_3-N 0.27 mg/L 和 TP 0.2 mg/L；另外根据相关绿地去除污染物的实验研究（米文秀和谢冰，2007；杨海清等，2008），取城市绿地对雨水径流中污染物 COD 和 NH_3-N 的去除率为 20%、TN 和 TP 去除率分别为 38.2%和 40%作为本研究绿地净化水质的依据。

6.2.3 结果与分析

按照绿地的调查结果以及绿地土壤状况，确定不同绿地类型的 *CN* 值及产生径流的最小降雨量临界值（0.05*S*）（表 6-11）。从表中可得，土壤前期湿润状况不同，产生径流的降雨量临界值有较大差别。瞻仰景观休闲用地产生径流的最小降雨量临界值要高于人工草地，所以瞻仰景观休闲用地比人工草地具有较高的调节水分功能。

表 6-11 不同绿地类型的 *CN* 值及产生径流的降雨量临界值

	I		II		III	
	CN	0.05*S*/mm	*CN*	0.05*S*/mm	*CN*	0.05*S*/mm
人工草地	55	10.4	74	4.46	88	1.73
瞻仰景观休闲地	51	12.2	70	5.44	85	2.24

依据修正后的 SCS 模型、确定的 *CN* 值以及国家气象局提供的 2008 年太湖流域各城市的逐日降雨量，可得出太湖流域各城市不同绿地类型的单位面积减少的径流量（图 6-4）。从图中可知单位面积的瞻仰景观休闲用地减少的径流量要高于人工草地，这主要由于瞻仰景观休闲用地的植被组成较为复杂。在太湖流域，瞻仰景观休闲用地大部分由乔灌草构成，而且根据实地调查，乔木的比例一般在 20%以上，这样就使瞻仰景观休闲用地的植被在降雨时更容易截留雨水，同时由于乔灌草根系的共同作用，使绿地土壤更容易吸收和下渗雨水。此外，由图 6-4 可得：不同城市单位面积的绿地减少地表径流量也不同，其中上海地区最高。这主要由逐日降雨量决定，逐日降雨量使前期土壤湿度条件不同，而影响 *CN* 的

取值，致使植被截留的降雨量不同。

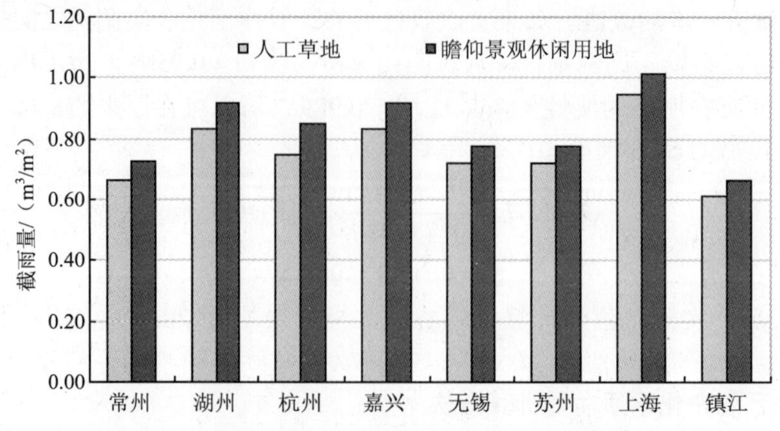

图 6-4　太湖流域不同城市单位面积绿地系统截留雨量

根据绿地系统单位面积减少的径流量和绿地面积可以算出绿地系统减少的地表径流量。经过计算可以得出：太湖流域绿地系统 2008 年减少地表径流量为 $4.79\times10^8 m^3$，其中人工草地减少 $0.64\times10^8 m^3$，瞻仰景观休闲用地减少 $4.15\times10^8 m^3$。可见太湖流域的绿地系统中瞻仰景观休闲用地在调节水分的功能中起到主要作用。2008 年，太湖流域相关区域年降水总量为 $445.4\times10^8 m^3$（水利部太湖流域管理局，2008），绿地系统减少的地表径流量占降雨量的 1.1%，可见绿地系统有较为明显的调节水分功能。

依据减少的径流量、雨水中污染物含量以及绿地对雨水中污染物的去除率，可以得出太湖流域绿地系统去除污染物的量（表 6-12）。由表可知，城镇的绿地系统可以有效地去除雨水径流中的污染物，不同城市污染物去除量存在一定差异。在流域中，上海和苏州绿地系统的去除量较高。绿地去除污染物的数量主要由绿地面积、种类及其单位面积的去除率决定。在研究区域中，上海和苏州的绿地面积远远高于其他城市，因此其绿地净化水质的功能也明显高于其他城市，而绿地的种类以及单位面积的去除率在此体现不太明显。2008 年太湖流域绿地系统去除降雨径流中的 COD 污染最多，其次为 TN、TP，最少为 NH_3-N。

表 6-12　2008 年太湖流域绿地系统去除污染物质量　　单位：t

	COD	TN	NH_3-N	TP
常州	97.60	48.19	1.32	1.76
湖州	46.25	22.83	0.62	0.83
杭州	97.59	48.18	1.32	1.76
嘉兴	105.12	51.90	1.42	1.89
无锡	65.05	32.12	0.88	1.17
苏州	566.90	279.90	7.65	10.20
上海	912.41	450.49	12.32	16.42
镇江	25.30	12.49	0.34	0.46
总计	1916.21	946.10	25.87	34.49

6.2.4 结论

城镇绿地系统具有明显的水生态服务功能，具体体现在调节水分和净化水质。通过本项研究，太湖流域绿地系统在2008年可减少地表径流量为$4.8×10^8 m^3$，为太湖流域相应区域年降雨总量的1.1%；太湖流域绿地系统在2008年去除降水中污染物的量为2928.0t，其中去除COD污染1919.7t，去除TN 947.81t，TP 34.55t，NH_3-N 25.92t。通过本项研究说明，绿地系统通过减少地表径流实现其调节水分的功能，并在此基础上吸收和吸附截留降水中的污染物，从而实现其净化水质的功能。

城镇绿地系统的水生态服务功能除受到地区逐日降雨量的影响外，主要与绿地系统的植被组成有关。绿地系统中如果乔、灌所占比例较多，在降雨时更容易截留雨水，同时由于乔灌草根系的共同作用，使绿地土壤更容易吸收和下渗雨水。因此在本书中，太湖流域的绿地系统中瞻仰景观休闲用地的水生态服务功能要高于人工草地。

6.3 太湖流域森林生态系统水源涵养功能特征的研究

森林是陆地上最重要的生态系统，有着独特的生态水文功能（刘世荣等，1996），主要表现为拦蓄降水、调节径流、净化水质等水源涵养功能（张彪等，2009）。充分发挥森林的生态水文功能已成为国际上流域水资源保护的重要手段。近年来，太湖流域湖泊生态功能的日益退化，尤其是水体污染和富营养化成为制约流域发展的主要问题。统筹考虑流域生态系统的综合影响（蔡庆华等，1997；阎水玉和王祥荣，2001），充分发挥森林植被在流域水生态系统中的作用尤其值得关注。水源涵养功能是森林生态系统内多个水文过程及其水文效应的综合表现（张彪等，2009），主要涉及林冠层、枯枝落叶层和土壤层三个作用层，其中土壤非毛管孔隙的调节能力占90%以上，其次为枯枝落叶层的调节，森林林冠层的调节能力较弱（刘世荣等，1996）。因此，本研究重点讨论枯枝落叶层和土壤层的水文功能特征。

6.3.1 枯枝落叶层持水功能

森林枯枝落叶层具有较大的水分截持能力，从而影响降雨对土壤水分的补充和植物的水分供应（Putuhena and Cordery，1996）。森林枯枝落叶层吸持水的能力与森林流域产流机制密切相关，并受枯落物组成、林分类型、林龄、枯落物分解状况、积累状况、林地水分状况以及降雨特点的影响（余新晓等，2004）。我国各类森林枯枝落叶层的现存量平均变动于3.50～26.81 t/hm^2，变动系数在18.01%～67.80%；森林枯枝落叶吸持水量可达自身干重的2～4倍，最大持水率平均为309. 54%（刘世荣等，1996）。

太湖流域城镇密集，人类活动对森林生态系统的干扰频繁，林下枯落物现存量明显低于亚热带平均值（表 6-13）。主要森林生态系统类型林下枯枝落叶层现存量平均值变动于4.68～14.4 t/hm^2，其中常绿阔叶林最大，然后依次为落叶阔叶林、马尾松林、灌木林和杉木林，毛竹林最小；枯落物持水量均值变动在11.6～29.99 t/hm^2之间，其中常绿阔叶林＞落叶阔叶林＞灌木林＞马尾松林＞杉木林＞毛竹林；而太湖地区主要森林枯枝落叶层持水率变动于187.24%～246.22%，其中灌木林＞落叶阔叶林＞毛竹林＞杉木林＞常绿阔叶林＞马尾松林。不过整体来看，太湖流域森林枯枝落叶层的现存量和持水功能几乎都低于亚热带平均值（表6-13）

表 6-13　太湖流域森林枯落物层现存量 a、持水量 b 与持水率 c

地区	马尾松林			杉木林			常绿阔叶林			落叶阔叶林			毛竹林			灌木林		
	a	b	c	a	b	c	a	b	c	a	b	c	a	b	c	a	b	c
浙江安吉[①]	3.98	5.82	146.23	4.01	5.91	147.38	—	—	—	4.38	6.19	141.32	2.96	4.58	154.73	2.98	5.62	188.59
江苏溧阳[②]	5.03	9.96	198	4.97	12.08	243	—	—	—	7.99	27.41	341.5	3.82	10.16	266	—	—	—
浙江千岛湖[③]	8.83	17.96	203.42	11.38	26.23	230.47	18.17	37.58	206.82	—	—	—	7.25	20.06	276.68	10.74	26.13	243.27
浙江山地[④]	10.63	22.4	201.29	2.55	7	277.5	10.63	22.4	201.29	10.95	24.97	246	—	—	—	6.28	19.2	306.8
平均值	7.12	14.04	187.24	5.73	12.81	224.59	14.4	29.99	204.06	7.77	19.52	242.94	4.68	11.6	232.47	6.67	16.98	246.22
亚热带均值[⑤]	10.86	32.18	306.66	6.25	13.92	261.98	11.71	33.28	388.65	11.56	35.16	338.09	7.73	16.29	207.19	—	—	—

注：a 单位为 t/hm^2；b 单位为 t/hm^2；c 单位为%。

表中数据参考自：①蒋文伟等（2002）；②杨学军等（2001）；③林海礼等（2008）；④周重光等（1989）；⑤刘世荣等（1996），部分数据经过计算处理。

表 6-14　太湖流域森林土壤毛管孔隙度 a、非毛管孔隙度 b 与总孔隙度 c

单位：%

地区	马尾松林			杉木林			常绿阔叶林			落叶阔叶林			毛竹林			灌木林		
	a	b	c	a	b	c	a	b	c	a	b	c	a	b	c	a	b	c
上海市[①δ]	—	—	—	44.8	2.71	47.48	38.36	5.47	43.83	32.36	9.46	41.82	49.6	3.14	52.74	35.82	5.34*	41.16
浙江安吉[②]	36.01	15.7	51.71	34.76	19.08	53.84	—	—	—	38.99	20.47	59.46	38.16	16.04	54.2	40.97	17.95	58.92
浙江桐庐[③]	44.4	6.7	51.1	37.7	14.5	52.2	43.8	16	59.8	41.4	14.7	56.1	43.3	10	53.3	—	—	—
浙江天目山[④]	50.47	8.23	58.7	38.76	14.57	53.33	35.47	24.9	60.37	50.58	21.47	72.05	45.78	17.73	63.52	51.52	21.13	72.65
平均值	43.63	10.21	53.84	39.01	12.72	51.71	39.21	15.46	54.67	40.83	16.53	57.36	44.21	11.73	55.94	42.77	14.81	57.58
亚热带均值[⑤]	45.38	8.96	54.35	44.07	14.9	58.97	52.12	18.22	70.34	53.66	16.03	69.69	43.3	16.3	59.6	51.52	21.13	72.65

表中数据参考自：①刘为华等（2009）；②蒋文伟等（2002）；③黄进等（2009）；④周重光等（1990）；⑤刘世荣等（1996），部分数据经过计算处理，δ 臧贵敏（2005）。

注：*由上海市常绿灌木和落叶灌木平均值所得。

6.3.2 土壤层蓄水功能

林地土壤是森林生态系统贮蓄水分的主要场所（温远光和刘世荣，1995），评价其蓄水性能一般以总持水量、毛管持水量和非毛管持水量为指标。考虑到土壤蓄水量与土层厚度、土壤孔隙状况等物理性质有关，因此本研究重点从森林土壤物理性质进行比较。孔隙度是反映土壤物理性质的重要参数，是土壤中养分、水分、空气和微生物等的迁移通道、贮存库和活动场所（孙艳红等，2006）。据研究，森林土壤蓄水能力与土壤孔隙状况密切相关，尤其与土壤的非毛管孔隙更为密切（刘世荣等，1996）。

太湖流域主要森林类型土壤层毛管孔隙度平均值变动于 39.01%～44.21%，其中毛竹林土壤毛管孔隙度最大，其余的依次为马尾松林＞灌木林＞落叶阔叶林＞常绿阔叶林，杉木林土壤孔隙度最小；主要森林类型土壤的非毛管孔隙度为 10.21%～16.53%，最大的为落叶阔叶林，然后是常绿阔叶林、灌木林、杉木林和毛竹林，马尾松林土壤的非毛管孔隙度最小；但是从土壤总孔隙度来看，灌木林＞落叶阔叶林＞毛竹林＞常绿阔叶林＞马尾松林＞杉木林。不过总体来看，太湖流域森林土壤孔隙状况基本上均小于亚热带平均值（表 6-14），说明该地区林地土壤蓄水功能有待提高。

6.3.3 土壤层渗透性能

土壤渗透性是描述土壤入渗快慢的重要土壤物理特征参数（余新晓等，2004）。在其他条件相同情况下，土壤渗透性能越好，地表径流越少，土壤流失量越少。也正因为林地土壤具有较大的孔隙度，特别是非毛管孔隙度，加大了林地土壤的入渗率和入渗量，有利于对暴雨径流的调蓄（何东宁等，1991）。一般而言，良好的森林土壤其土壤稳定入渗率高达 8.0 cm/h 以上（Dunne，1978）。

太湖流域主要森林类型土壤初渗率均值变动于 11.94～19.06mm/min（表 6-15），其中落叶阔叶林土壤的初渗率最大，其次为常绿阔叶林、毛竹林和松林，杉木林土壤的初渗率相对最小；各种森林类型土壤的稳渗率均值变动于 3.77～6.74 mm/min，其中落叶阔叶林＞杉木林＞毛竹林＞常绿阔叶林＞松林。不过，从太湖流域来看，除落叶阔叶林和松林外，其他森林类型土壤的渗透性都低于亚热带平均值。

表 6-15 太湖流域林地土壤初渗率 a 与稳渗率 b　　单位：mm/min

地区	常绿阔叶林		落叶阔叶林		松林		杉木林		毛竹林	
	a	b	a	b	a	b	a	b	a	b
浙江安吉[①]	12.1	5.06	24.7	7.28	17.13	6.05	—	—	12.48	4.55
浙江桐庐[②]	18.41	3.36	23.4	9.13	13.14	1.45	16.23	6.73	15.21	4.25
江苏南京[③]	—	—	9.08	3.82	9.08	3.82	7.64	2.89	—	—
平均值	15.26	4.21	19.06	6.74	13.12	3.77	11.94	4.81	13.85	4.40
亚热带均值[④]	22.46	15.19	6.6	5.48	3.00	1.84	16.99	11.65	17.25	5.78

① 蒋文伟等（2002）；② 黄进等（2009）；③ 玉冬米（2000）；④ 刘世荣等（1996）。

6.3.4 结论与讨论

太湖流域各种森林生态系统林下枯枝落叶层现存量平均值变动于4.68～14.4 t/hm^2，持水量为11.6～29.99 t/hm^2，持水率为187.24%～246.22%；主要森林类型土壤层的毛管孔隙度变动于 39.01%～44.21%，非毛管孔隙度为 10.21%～16.53%；而土壤层的初渗率变动于11.94～19.06 mm/min，稳渗率介于3.77～6.74 mm/min之间。不过，太湖流域森林枯枝落叶层和土壤层的涵养水源功能指标几乎都低于亚热带平均值，说明本地区森林水源涵养功能还有较大的提升空间。

森林能从多方面影响水文循环过程而产生有益于人类的水文效应，而传统的林业发展决策更多的基于林业的生产功能。从促进区域可持续发展的角度出发，如何平衡不同的生态水文效应、如何最大限度地满足不同发展方面对森林植被恢复的要求、如何在不同地区开展森林植被与水资源的综合管理等问题，都需要开展深入持久的研究和得到政府部门的高度重视（宋子刚，2007）。虽然太湖流域森林生态系统的面积并不大，但是充分发挥其生态水文功能对于流域水资源保护和水环境治理意义重大。因此，加强太湖流域森林生态系统的优化调控，最大限度地发挥森林生态水文功能具有重要现实意义。

太湖流域森林生态系统的优化调控应重点关注森林植被结构调整和森林的近自然经营。水源林的营造或经营应以阔叶树种为主（刘世荣等，1996），尽管竹林表层土壤具有较高的抗冲性、抗蚀性，但渗透性能并不突出，土壤贮水能力也不强，必须引起高度重视；灌丛在涵养水源功能方面也表现出一定的作用，在无条件造林情况下，应加强保护使其形成天然次生灌木林资源。近 20 年来太湖流域森林生物多样性水平呈下降的趋势（杨学军和姜志林，2001），这可能也是我国森林经营中存在的一种普遍现象，应进一步引起重视。由于阔叶混交林比针阔混交林的涵养水源功能高，所以在水源涵养林经营过程中，要注意近自然森林经营模式的运用；而且只有在保持良好的森林和地被物覆盖下，土壤的调节功能才能得到最大限度的发挥（刘世荣等，1996）。

6.4 太湖流域安吉县绿地生态系统水生态服务功能

6.4.1 研究区域概况

本研究以太湖流域上游区域的安吉县城绿地系统作为对象，研究安吉县城绿地系统的水生态功能。安吉县城是太湖流域上游西苕溪流经的第一个县城，县城的人类活动对太湖流域的水质和水量有非常重要的影响，而绿地系统作为县城中主要的陆地自然生态系统，是否能减轻人类活动对于流域的影响，这都需要对安吉县城绿地系统的水生态服务功能进行较为系统的研究。研究将安吉县的绿地系统按功能分为 4 大类，即居住区及单位附属绿地、公园绿地、道路绿地和防护绿地。在资料收集结合实地调查的基础上，利用相关模型评估安吉绿地系统的水生态服务功能，为太湖流域水环境的治理提供绿地系统生态影响的基础依据。安吉县城位于浙江省西北部，北纬 30°38′，东经 119°41′。安吉县城属于亚热带季风气候，总的气候特征是气候温和、雨水充沛、光照充足、四季分明。年均气温在 12.2～15.6℃，年无霜期203～226 d，年降雨量1 100～1900 mm。2008 年，安吉县城建成区面积 13.5 km^2，城市人口 14.7 万，非农业人口 11.5 万。

6.4.2 研究方法

在收集安吉县城园林资料的基础上，进行实地调查。在城中共设 20 个 20m×20m 的样方，样方分布见图 6-5。在每个样方中调查主要乔木的种类、胸径、树高、树冠面积；灌木的种类、高度和盖度；草本的种类和盖度。

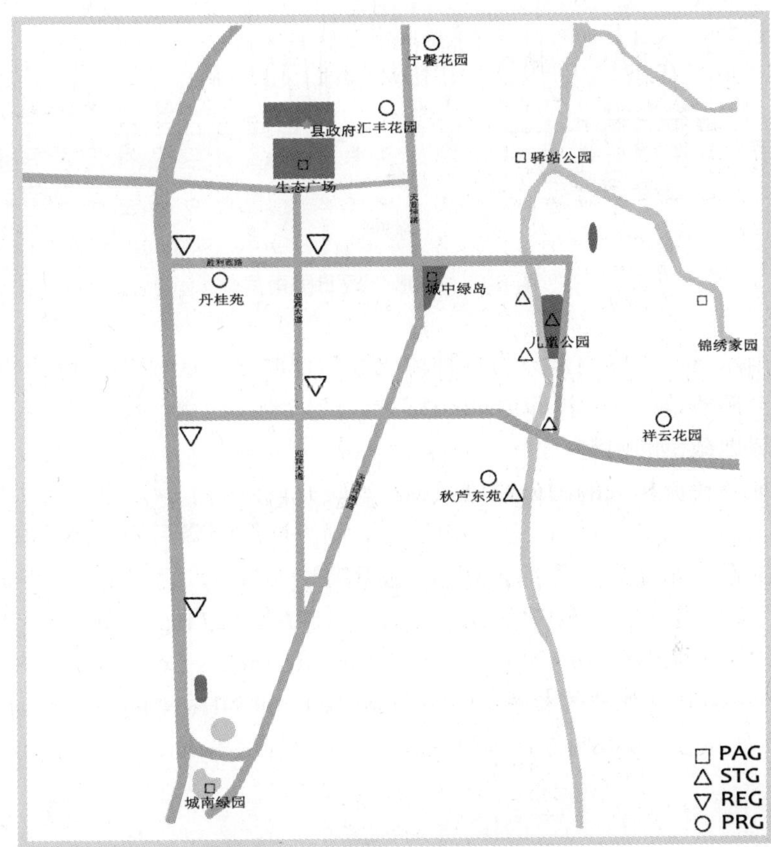

注：PAG：公园绿地；STG：道路绿地；

REG：防护绿地；PRG：居住区及单位附属绿地

图 6-5 安吉城区绿地样地分布图

本研究采用美国农业部水土保持局提出的 SCS（Soil Conservation Service）经验模型，并对其修正后计算城市绿地截留的径流量。具体修正方法见 6.2 节。根据修正后的 SCS 模型可计算出绿地产生的径流量，与密封路面比较后即可得到绿地系统减少的地表径流量。模型中所需的逐日降雨量数据由距安吉县最近的国家气象局浙江杭州台站提供（图 6-6）。

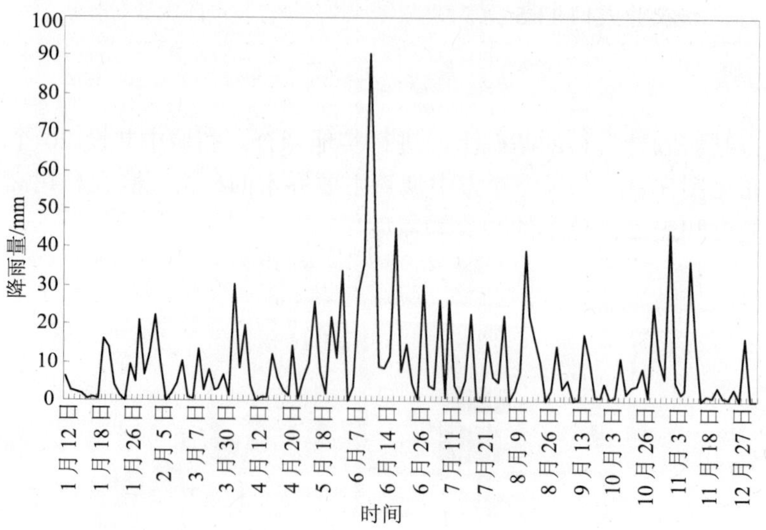

图 6-6 2008 年逐日降雨量

绿地截留雨水量依据降雨量分为两种情况。一种即 $P<0.05S$ 时，地表没有产生径流，即降雨被绿地全部截留；另一种即 $P\geqslant 0.05S$ 时，产生地表径流，通过绿地与密封路面产流量的比较得出绿地截留的雨量。

由于缺乏地表径流相关的污染监测数据，本研究只计算了绿地系统对大气湿沉降所携带污染物的去除量。根据白晓华、王小治等对太湖流域湿沉降污染物的研究，以及太湖流域的其他相关文献（米文秀，谢冰，2007；杨海清，2008），确定雨水水质理化指标分别为 COD 20 mg/L，总氮（TN）5.17 mg/L，氨氮（NH_3-N）0.27 mg/L 和总磷（TP）0.2 mg/L；另外根据相关绿地去除污染物的实验研究（Natural Resources Conservation Service，1972；韩冰，2005），取城市绿地对雨水径流中污染物 COD 和 NH_3-N 的去除率为 20%、TN 和 TP 去除率分别为 38.2%和 40%作为本研究绿地净化水质的依据。

6.4.3 结果分析

按照绿地的调查结果以及绿地土壤状况，确定不同绿地类型的 CN 值及产生径流的最小降雨量临界值（$0.05S$）（表 6-16）。从表中可得，土壤前期湿润状况不同，产生径流的降雨量临界值有较大差别。根据修正后的 SCS 模型以及安吉县 2008 年的逐日降雨情况，可以计算出 2008 年相对于密封路面，安吉的公园绿地和防护绿地在越冬季节可减少的径流深为 208.6 mm，在生长季节可减少的径流深为 638.8 mm；居住区及单位附属绿地和道路绿地在越冬季节可减少的径流深为 185.5 mm，在生长季节可减少的径流深为 564.1 mm。在此基础上，根据各类绿地面积，可计算出 2008 年安吉绿地系统截留的雨量（图 6-7）。2008 年，安吉的绿地系统总共截留雨量，减少地表径流为 400.3×10^4 m^3，其中无径流时截留雨量为 101.4×10^4 m^3，有径流产生时截留雨量为 298.9×10^4 m^3。在绿地系统中，总截留雨量最多的为居住区及单位附属绿地，依次为公园绿地、道路绿地和防护绿地（图 6-7）；而公园绿地和防护绿地单位绿地面积截留的雨量则较多。

表 6-16 不同绿地类型的 *CN* 值及产生径流的降雨量临界值

	I		II		III	
	CN	0.05*S*/mm	*CN*	0.05*S*/mm	*CN*	0.05*S*/mm
居住区及单位附属绿地	55	10.4	74	4.46	88	1.73
公园绿地	51	12.2	70	5.44	85	2.24
道路绿地	55	10.4	74	4.46	88	1.73
防护绿地	51	12.2	70	5.44	85	2.24

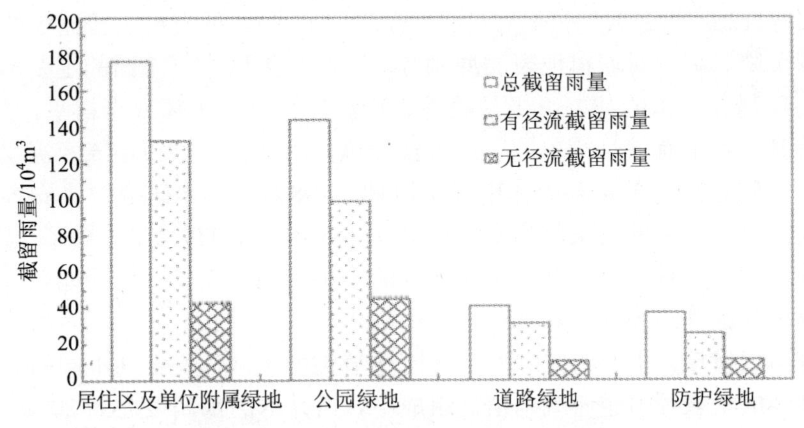

图 6-7 安吉绿地系统 2008 年截留雨量

根据安吉县城绿地截留雨量和相关的实验数据，可以计算得出安吉县城的绿地系统可以减少雨水径流污染物 COD 16.0t、TN 7.91 t、NH_3-N 0.22 t 和 TP 0.29 t，各类型绿地减少雨水径流污染物量见图 6-8。在绿地系统中，居住区及单位附属绿地去除的污染物最多，依次为公园绿地、道路绿地和防护绿地（图 6-8）。

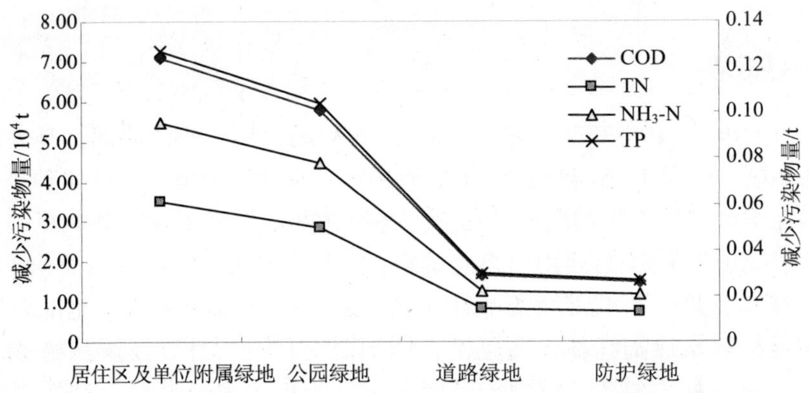

图 6-8 安吉绿地 2008 年减少雨水径流污染物量

6.4.4 结论与讨论

通过本节的研究可得：绿地系统具有明显的调节水分和净化水质的功能。安吉县城的绿地系统在 2008 年可减少地表径流 $400.3\times10^4\,m^3$，削减污染量 24.42 t。绿地主要通过乔灌木树冠的截留作用、树干径流、草地叶片的截留以及土壤的下渗作用有效地减少了地表径流，实现其调节水分的功能；通过土壤吸附及根系吸收可有效地去除雨水中的污染物，从而达到净化水质的目的。绿地系统所具备的水生态功能为水资源比较匮乏和水质污染较为严重的地区提供了新的治理思路。

大量研究表明：城市地表径流是重要的面源污染，对城市的水环境造成了严重威胁（Deletic，1998；Ellis，1989；韩冰，2005；杨柳，2004）。城市地表径流中的污染物主要来自于大气湿沉降、降雨对城市地表的冲刷等。路面作为城市下垫面的主要形式之一，其聚集的大量污染物在雨水的冲刷下极易随地表径流一起进入水体（李树平，2002）。而城市的绿地系统是一种最有效且简单的径流入渗设施，对于控制城市地表径流量、阻留和吸收径流中的污染物起到至关重要的作用（吴祖林，1987）。在本研究中，安吉县绿地系统可去除来自大气湿沉降中的污染物质 COD、TN、NH_3-N 和 TP 总量达到了 24.42 t。因此，在城市绿地规划建设过程中，要充分考虑绿地的水生态服务功能，使绿地在美化城市环境的基础上，发挥其减少地表径流和净化水质的功能。

通过研究可以发现，由于组成绿地系统的植被类型不同，安吉县不同的绿地系统截留的雨量以及减少的地表径流也不同。植被组成中，当乔木的郁闭度达到 20%时，绿地系统基本达到林地的标准。林地相对草地而言，有较低的 *CN* 值，产生径流的临界值较高，所以截留的雨量和减少地表径流量较多。在安吉县的绿地系统中，由于公园绿地和防护绿地达到林地的标准，所以其单位面积截留的雨量和径流量较多。因此，在城市建设过程中要充分发挥绿地系统截留雨量和径流量最大的功能，除考虑增加绿地面积之外，还要充分考虑绿地系统的植被组成，要适当地多增加乔木树种的密度。

6.5 太湖流域安吉县森林水源涵养功能评估

6.5.1 研究区概况

安吉县（119°14′～119°53′E，30°23′～30°53′N）地处浙江省西北部，是太湖流域上游重要水源涵养地区，面积 1 886.45 km^2，地貌有山地、丘陵、岗地、平原 4 种类型。安吉县属亚热带海洋性季风气候，年均温在 12.2～15.6℃之间，年降雨量在 1 100～1 900 mm 之间。境内主要河流为西苕溪，自西南向东北蜿蜒，主流长 110.75 km，流域面积 1 806.11 km^2。

安吉县植被属亚热带东部常绿阔叶林亚区，中亚热带常绿阔叶林北部亚地带。天然植被有青冈和苦槠等常绿阔叶林、马尾松、针阔混交林、竹林以及灌丛植被，人工植被有国外松林、马尾松林、杉木、湿地松及经济林。土壤主要是发育于酸性岩浆岩和沉积岩的红壤。根据《安吉县森林资源规划设计调查成果报告》（2008），安吉县现有林地面积 138 337.6 hm^2，占县域面积的 73.3%，其中针叶林、阔叶林和混交林面积分别为 21 795.07 hm^2、18 657.67 hm^2 和 8 693.4 hm^2，经济林和竹林面积分别为 14 462.6 hm^2 和 69 327.87 hm^2，还有其他林地类型面积 5 401 hm^2。各种森林类型空间分布如附图 13 所示。

本研究将安吉县主要森林类型划分为针叶林、阔叶林、混交林、经济林和竹林，由于竹林在安吉县分布较广，面积比例占有林地面积的 50%以上，故将其单独列为一类。针叶林主要树种为马尾松、杉木、湿地松等，阔叶林主要为栎类及其他硬质和软质阔叶树，混交林则主要为马尾松、杉木混交而成的针叶混交林及马尾松、杉木与其他阔叶树组成的针阔混交林，经济林主要是茶、桑等经济灌木。

6.5.2 研究方法

基于安吉县森林资源二类调查数据，首先根据森林动态蓄水能力法计算安吉县森林生态系统的水源涵养总量，然后通过确定森林小斑的水源涵养权重，得出森林小斑的水源涵养量，进而分析不同林型和不同区位森林的水源涵养功能。

6.5.2.1 区域森林水源涵养量

区域森林的水源涵养功能有多种计量方法，比如土壤蓄水能力法、综合蓄水能力法、水量平衡法、降水储存量法、地下径流增长法以及多因子回归法等，这些方法都具有一定的优势和局限性（张彪，2009）。在一个发育较为完整的森林中，整个系统对降水的截留过程包括林冠、灌草植被与枯枝落叶层的截留和土壤蓄水（刘世荣，1996），而在一次降水过程中，土壤非毛管持水通常占森林截持水量的 90%以上（温远光，1995；Liu，2003）。综合蓄水能力法虽然考虑了森林各层次对降水的截留和贮蓄，但实际上是一种静态估算方法，只能反映出森林对一次降水的最大涵养潜力，由于没有考虑降水过程，也就很难评估森林的实际水源涵养量。森林水源涵养功能如同水库，是一个动态的复杂的“蓄水”、“放水”的过程，以土壤非毛管蓄水为例，一次降水不能保证非毛管孔隙全部蓄满，降雨强度大可能产生超渗产流（张永利，2010）。本研究将此过程进行简化处理，将林冠一次降水截留量、枯落物最大持水量和土壤非毛管蓄水量之和作为森林对一次降水过程的最大截持能力，并以此为临界条件，若一个降水过程的雨量小于森林最大截持能力，降水可基本上被森林涵养，若雨量大于森林最大截持能力，此时雨量一般较大，雨水产生超渗产流，森林水源涵养量为最大截持量。森林这种动态蓄水能力用公式表示为：

$$M = C + L + S \tag{6-1}$$

$$W_i = \begin{cases} P_i \times A \times \rho / 10，P_i < M \\ M \times A \times \rho / 10，P_i \geq M \end{cases} \tag{6-2}$$

$$W = \sum_i W_i \tag{6-3}$$

式中：M——是一个降水过程森林的最大截持能力，mm；

C——林冠单次降水截留量，mm；

L——枯落物最大持水量，mm；

S——土壤非毛管持水量，mm；

W——森林年水源涵养量，t；

W_i——一个降水过程森林的水源涵养量，t；

P_i——一个降水过程的雨量，mm；

A——森林的面积，hm^2；

ρ——水的体积质量，t/m^3。

森林土壤的水源涵养量主要取决于非毛管孔隙度和土壤厚度（金小麒，1990），大多关于森林土壤持水的研究将 0～1 m 作为研究厚度（黄荣珍，2005），然而以根系层的深度研究土壤蓄水功能更有意义，根系层的土壤水分直接供作物利用，并且参与水分循环，根系层以下的土壤水分变化较小（孙仕军，2002）。安吉地区森林土壤深度变动于 38.6～91.2 cm（蒋文伟，2004），树木根系活动层主要集中在 0～60 cm 土层（陈三雄，2006），本研究土壤非毛管蓄水的土层深度为 60 cm。

6.5.2.2 森林小斑水源涵养量

森林小斑的水源涵养量的计算主要在于确定其水源涵养权重，采用不同森林类型一个降水过程的最大截持雨量与林地小斑面积组成森林小斑的水源涵养权重，计算方法如下：

$$\alpha_j = \frac{M_j \times A_j}{\sum_{j=1}^{n} M_j \times A_j} \tag{6-4}$$

式中：α_j——第 j 个森林小斑水源涵养的权重；

M_j 和 A_j——分别为森林小斑最大降水截持量和面积。

安吉县不同森林类型一个降水过程的水源涵养能力见表 6-17。

表 6-17 安吉县不同林型的水源涵养能力

类别	针叶林	阔叶林	混交林	经济林	竹林
林冠一次降水截留量/mm	1.52	1.3	1.06	1.55	2.31
枯落物最大持水量/mm	2.29	3.02	6.29	3.27	1.48
土壤非毛管孔隙度/%	15.70	20.47	18.57	15.42	16.04
土壤非毛管蓄水/mm	94.20	122.82	111.42	92.52	96.24
最大截持雨量/mm	98.01	127.14	118.77	97.34	100.03

6.5.3 结果分析

安吉地区年降水日数为 140～170 d，图 6-9 为代表雨量站孝丰站 2007 年的逐日降水量，年降雨量 1 432.1 mm，最大单日降水量 198.7 mm，发生在 10 月 7 日，6—10 月降水量较多，11 月和 12 月降水量较少。该地区森林一次最大截持雨量平均为 108.26 mm，将连续几日均有降水的日数定义为一个降水过程，统计逐日降雨量，大于此值的降水过程有 2 个，分别为 9 月 18—19 日和 10 月 6—8 日，降水量分别为 127.4 mm 和 245.8 mm，根据森林动态蓄水能力法，计算得安吉县森林生态系统年涵养水源 16.95×10^8 t，单位面积水源涵养量为 12 754.16 t/（$hm^2 \cdot a$），通过汇总不同森林小斑的水源涵养量，得出不同森林类型以及不同区位上森林的水源涵养功能存在差异。

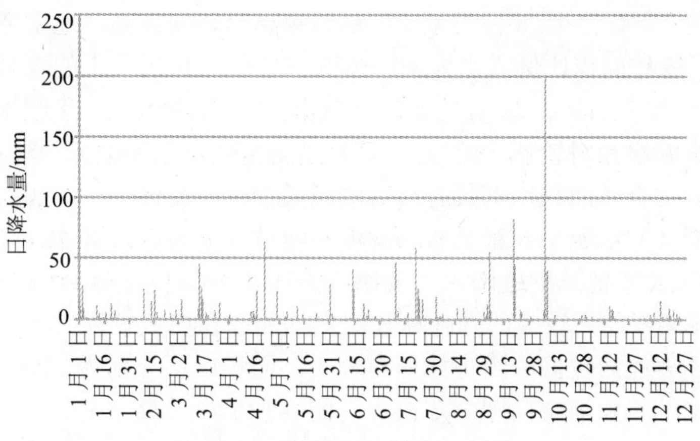

图 6-9 代表雨量站逐日降水量

6.5.3.1 不同森林类型的水源涵养差异

安吉县森林类型主要包括针叶林、阔叶林、混交林、经济林和竹林 5 种。其中，竹林面积最大，比例达 52.15%，其次为针叶林、阔叶林和经济林，混交林面积最小。从森林涵养水源的贡献率来看，竹林对水源涵养功能的贡献率最大，为 49.95%，其次是阔叶林和针叶林，分别为 17.09%和 15.39%，3 种类型森林水源涵养的累积贡献率达到 82.43%，而经济林和混交林的贡献率较小，分别为 10.14%和 7.44%。但从单位面积森林涵养水源能力来看，阔叶林与混交林较高，分别为 15 526.78 t/（hm^2·a）和 14 504.61 t/（hm^2·a），经济林的单位面积年水源涵养量最小[11 887.5 t/（hm^2·a）]，单位面积森林水源涵养量的排序为：阔叶林＞混交林＞竹林＞针叶林＞经济林（图 6-10）。不同类型森林的水源涵养贡献率与其面积比重显著相关（r=0.98，P＜0.01）。

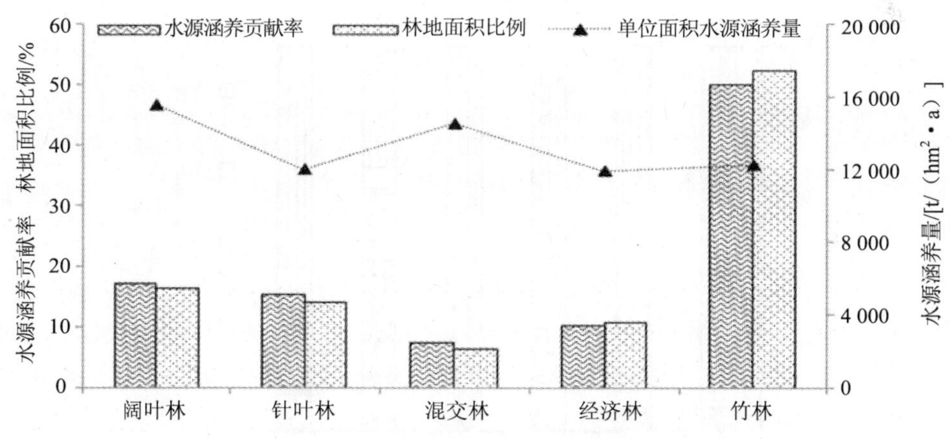

图 6-10 安吉县不同林森林类型水源涵养功能

6.5.3.2 不同坡度上森林的水源涵养差异

安吉县地处浙江省西北部山区，地貌类型多样，按照地形坡度的不同，可将森林资源分布地区分为平坡（0°～5°）、缓坡（6°～15°）、斜坡（16°～25°）、陡坡（26°～35°）、急坡

（36°～45°）和险坡（>45°）等 6 种类型。评估结果显示，安吉县林地主要集中在 16°～35°的斜坡与陡坡上，森林面积比例分别为 40.6%和 36.55%，位于其上的森林水源涵养贡献率也较高，为 39.96%和 37.48%，两者的累积贡献率达到 77.44%；位于缓坡、平坡和急坡上森林的涵养水源贡献率相对较低，险坡上森林水源涵养贡献率最低（图 6-11）。不同坡度上水源涵养贡献率与森林面积比例具有显著的相关性（r =0.99，P<0.01）。不过，从不同坡度上单位面积森林的水源涵养量来看，急坡和险坡反而较高，其次为陡坡和斜坡，平坡上的单位面积森林水源涵养量最低，主要原因在于不同坡度上森林类型分布有较大的差异，如急坡上水源涵养能力较大的阔叶林和混交林的面积比例较高，合计达 61.82%，而平坡和缓坡上水源涵养能力较低的经济林分布较多，面积比例分别为 30.3%和 21.4%，水源涵养能力较高的阔叶林和混交林则分布很少（图 6-12）。

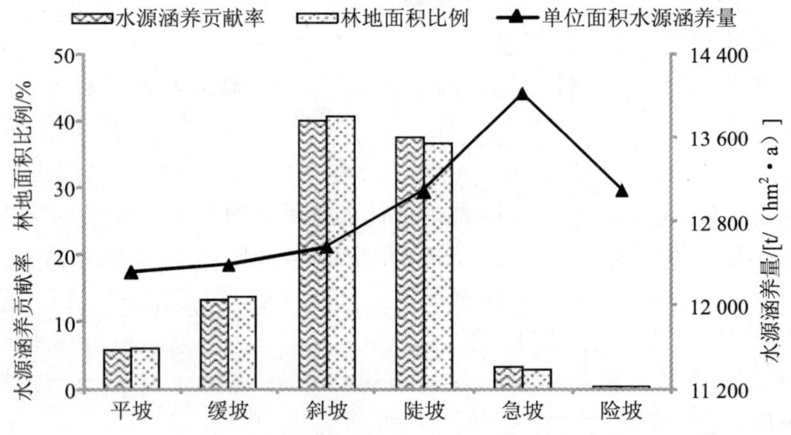

图 6-11 安吉县不同坡度上森林水源涵养功能

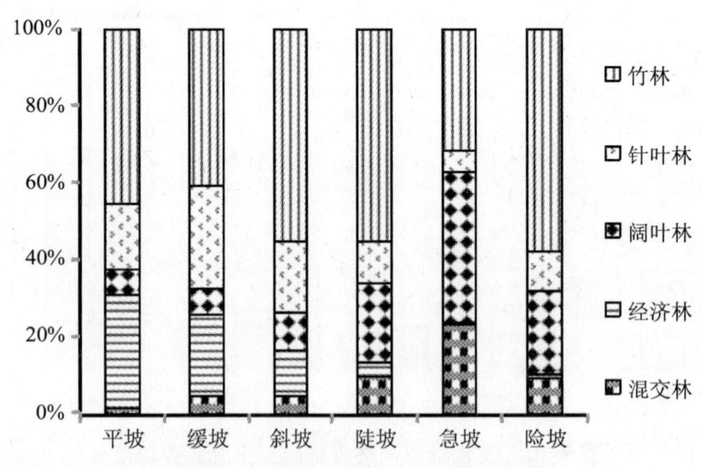

图 6-12 不同坡度上森林类型组成

6.5.3.3 不同海拔上森林的水源涵养差异

安吉县地处山区，海拔较高，森林资源集中分布在 100～800m 的山区，占全县森林面积的 76.02%。评估结果表明：处于海拔 100～300 m 的森林对安吉县水源涵养功能的贡献率最大，为 44.86%，其次为处于 300～800 m 和海拔 100 m 以下的林地，其水源涵养贡献率分别为 27.61%和 18.36%，而 800 m 以上的林地水源涵养贡献率最低，仅占 9.17%（图 6-13）。不同海拔高度上森林的水源涵养贡献率与其面积比例显著相关（r=0.99，P<0.01）。然而，不同海拔区森林单位面积年涵养水源量随着海拔高度的升高而呈现增大的趋势，原因在于低海拔区水源涵养能力较低的经济林、针叶林的面积比例较高，随着海拔高度的增大，经济林、针叶林的面积比例减小，而水源涵养能力较大的混交林和阔叶林的比例增大（图 6-14）。如在 0～100 m 海拔区，水源涵养能力最小的经济林与最大的阔叶林的面积比例分别为 30.8%和 7.9%，而在 800 m 以上的地区，两者的面积比例变为 3.2%和 36.5%。

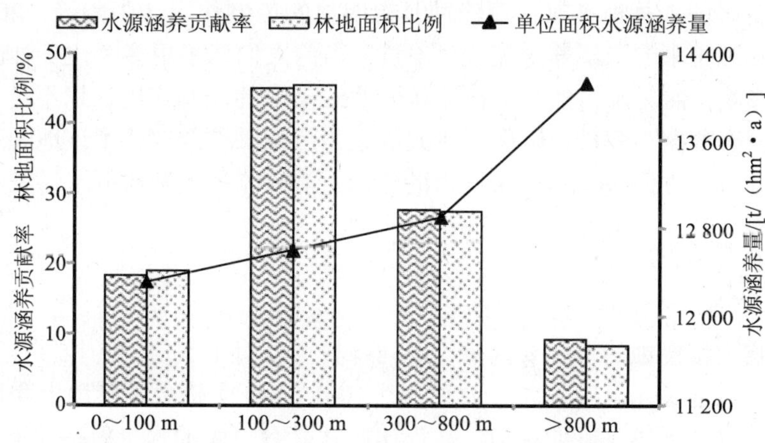

图 6-13 安吉县不同海拔高度上森林水源涵养功能

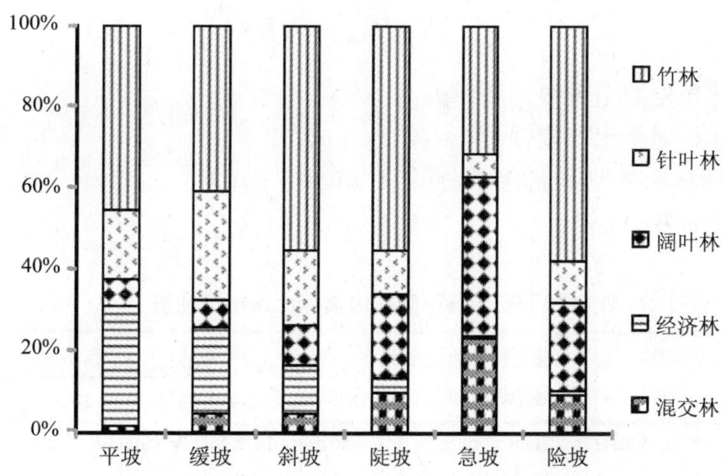

图 6-14 不同海拔高度上森林类型组成

6.6 太湖流域安吉县森林控制养分流失功能及价值评估

近年来，太湖流域水体富营养化和水环境质量下降问题日趋突出，而土壤侵蚀造成的物质迁移是太湖流域非点源营养元素输入的主要载体之一（王金磊等，2003）。土壤侵蚀是指在水力、风力等营力作用下，土壤及其母质被破坏、剥蚀、搬运以及沉积的过程（韩富伟等，2007）。土壤侵蚀不仅减低土壤中有机质和各种营养元素的含量，破坏土地结构，并且随着土壤的流失而污染水体。浙江省安吉县位于太湖流域上游西苕溪流域，丰富的降水量和以山地丘陵为主的地貌形态，为土壤侵蚀的发生创造了条件。尤其是近年来该地区土地利用程度不断提高，化肥施用数量不断增加，不同土地利用类型对氮磷养分输出引起了重点关注。良好的森林植被对土壤侵蚀具有明显的控制作用（张彪等，2009），因而有助于减少土壤侵蚀带来的氮磷养分流失。不过，当前人们似乎更多关注于社会经济活动对流域水环境的影响，而对于自然植被在流域面源污染中的控制作用认识不足。本研究以安吉县森林二类调查数据为基础，以现有研究成果为依据，综合评估了该地区森林在控制土壤侵蚀及其养分流失进而减少水污染压力的作用，希望能为太湖流域水污染治理和水环境保护提供参考。

6.6.1 评估方法

植被是影响土壤侵蚀的最主要因素。不同森林类型对土壤侵蚀的控制能力不同：乔木林保持水土能力高于灌木（吴钦孝和赵鸿雁，2001），混交林由于其地上和地下部分彼此交错镶嵌分布，可以形成良好的结构，从而比纯林具有更大的水土保持功能（杨吉华等，1993），一般而言，阔叶树人工林土壤抗蚀性大于针叶林、荒山荒地和侵蚀裸地（赖仕嶂等，2001）。在太湖流域，不同林地类型的土壤侵蚀特征有所不同，如表 6-18 所示。如果以无林地年土壤侵蚀量为对照，森林控制土壤侵蚀量可以通过公式（6-5）计算：

$$S = (S_{\text{non}} - S_f)\cdot A \qquad (6\text{-}5)$$

式中：S——森林年控制土壤侵蚀量，t/a；

S_{non}——非林地年土壤侵蚀量，t/（hm^2 • a）；

S_f——不同林地类型年土壤侵蚀量，t/（hm^2 • a）；

A——林地面积，hm^2。

表 6-18 安吉县不同林地类型土壤年侵蚀量　　单位：t/（km^2·a）

针叶林	阔叶林	混交林	竹林	经济林	灌木林	无林地
352.15[a]	294.5[a]	186.6[b]	722.78[a]	1 469.13[d]	200[c]	1 681.2[d]

注：a. 孔维健等（2009）；b. 曾海鳌等（2008）；c. 王祖华等（2010）；d. 王金磊等（2003）

土壤养分流失与土壤性质密切相关（曹慧等，2002）。土壤中全氮、全磷和全钾含量主要决定于植物体养分循环过程和土壤的成土母岩类型，同时也受人为施肥措施的影响。在安吉山地，马尾松林、杉木林、阔叶林、毛竹林、针阔混交林、经济林和灌木林下的土壤养分含量不同（蒋文伟等，2004；杨艳刚等，2011），表 6-19 为 6 种林地土壤氮磷养分含量土壤深度 0～40 cm 的平均值。因此控制土壤侵蚀减少的养分流失量可采用公式（6-6）计算：

$$N=S \cdot \beta_i \tag{6-6}$$

式中：N——因控制土壤侵蚀减少的总氮或总磷养分流失量，t/a；

β_i——林地土壤总氮或总磷养分含量，mg/g。

表 6-19 安吉地区不同林地土壤养分含量

单位：mg/g

	针叶林	阔叶林	针阔混交林	竹林	经济林	灌木林
总氮 TN	0.617	1.176	0.964	0.859	0.838	1.355
总磷 TP	0.267	0.534	0.416	0.361	0.325	0.388

森林通过林冠拦截降雨、枯落物截持和土壤层下渗等生态过程，控制了土壤侵蚀的发生，减少了因土壤侵蚀带来的林地土壤氮磷养分的流失，相当于减少了总氮、总磷等非点源污染物流入到河流水体中。随着点源污染控制技术的逐步完善和成熟，对非点源污染的研究日益得到重视。入河系数是描述非点源污染物入河过程的重要参数，是指累积在流域坡面的污染物被降雨冲刷形成的污染负荷，随流域汇流过程进入主河道的比率（程红光等，2006）；同时，河流水体自身对输入的氮磷养分也具有一定的稀释降解作用，因此采用非点源污染物入河系数和稀释降解比例，可以计算森林因控制氮磷养分流失而减少入河污染物的数量。由于森林能够控制土壤侵蚀的发生，减少了土壤中氮磷养分向流域水体中的输入，从而降低了流域水污染治理和水环境保护的经济投入，为人类带来了直接的经济效益。如果按照太湖地区环境资源区域补偿标准，可以估算该生态服务功能带来的经济价值，公式如下：

$$V = N \cdot \lambda \cdot (1-\eta) \cdot P \tag{6-7}$$

式中：V——森林因控制土壤养分流失产生的经济价值，元/a；

λ——总氮或总磷入河系数；

η——污染物降解系数；

P——削减单位总氮或总磷的补偿价值，元/t。

6.6.2 控制土壤侵蚀量

在太湖流域，高度密集的人类活动和平原水网化的流域特征，每年土壤侵蚀量约 3 446.7 万 t（曾海鳌，2008），农耕地每年土壤侵蚀模数为 1 681.2 t/（hm^2 • a）（王金磊等，2003）。相对于其他土地利用类型，森林具有较好的固持土壤功能。如果以太湖流域农耕地土壤侵蚀情况为对照，计算得到，安吉县森林每年可减少土壤侵蚀 151 万 t，平均为 11 t/（hm^2 • a），处于全国森林单位面积固土能力 4.04～48.64 t/（hm^2 • a）的较低水平，说明安吉县森林固土能力还有较大的提升空间。不过土壤侵蚀是一个自然过程，任何土地利用类型都存在土壤流失现象。在森林生态系统内部，不同的森林类型对土壤侵蚀的控制作用不同（图 6-15）。其中，竹林控制了 66.80 万 t 土壤免予水土流失，占到安吉县森林土壤保持总量的 44%，其次为针叶林和阔叶林，均固持了 27 万 t 林地土壤，灌木林和针阔混交林分别保持了 16 万 t 和 13 万 t 土壤，经济林固持土壤贡献最小。不过，从单位面积森林保持土壤能力来看，针阔混交林和灌木林最好，均接近 15 t/（hm^2 • a），其次为阔叶林和针叶林，竹林保持土壤能力为 9.58 t/（hm^2 • a），而经济林单位面积保持土壤能力最差。

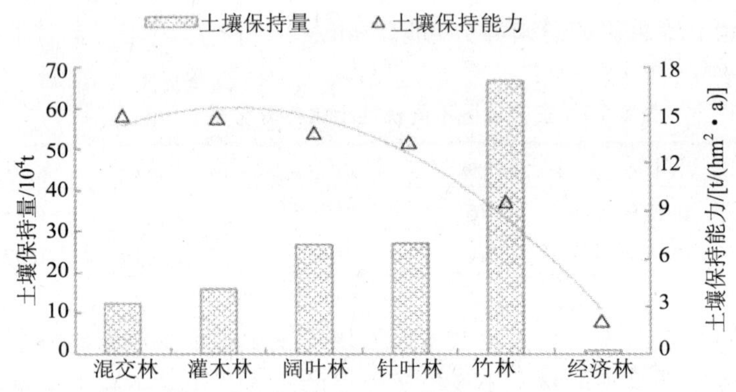

图 6-15 安吉县森林控制土壤侵蚀量及其能力

6.6.3 控制养分流失量

安吉县森林在控制土壤侵蚀发生的同时，减少了土壤养分氮磷的流失。据估算发现，安吉县森林因其土壤保持功能，可以避免 1 409 t 总氮（TN）和 577 t 总磷（TP）发生流失。其中，竹林能够控制 574 t 总氮和 241 t 总磷以避免其流失，分别占到森林减少养分流失总量的 41%和 42%，其次为阔叶林和灌木林，经济林减少养分流失的贡献最小。森林减少土壤养分流失的贡献与其土壤保持量有关，也与土壤养分含量有关。从不同森林类型控制养分流失能力来看，灌木林控制总氮流失能力最大，其次为阔叶林和混交林，竹林和针叶林减少总氮流失能力相差不大，而经济林控制总氮流失能力最差；而阔叶林对总磷养分流失的控制能力比较突出，其次为混交林和灌木林，而竹林和针叶林控制总磷养分流失的能力比较接近，经济林同样对控制总磷流失的能力最小（图 6-16）。

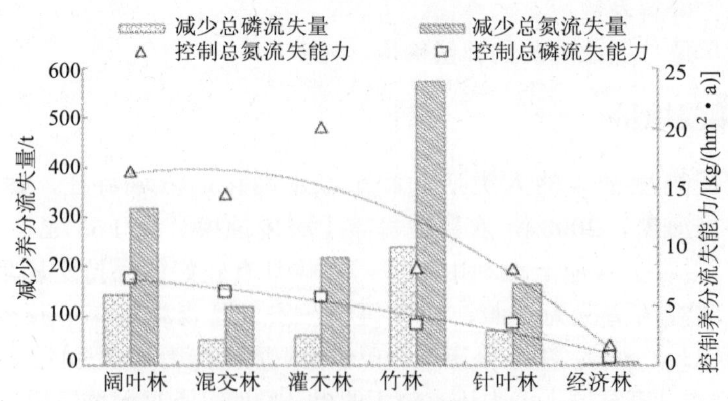

图 6-16 安吉县森林减少土壤氮磷养分流失量

6.6.4 控制养分流失价值量

如果没有安吉县森林生态系统的存在，因土壤侵蚀现象的存在，将会有 1 409 t 总氮（TN）和 577 t 总磷（TP）发生流失。如果按照非点源污染的入河系数为 0.9 计算（程红光等，2006），而氮磷养分在河流输移的过程中，受物理、化学及生物过程的影响会发生降解，降解系数分别为 35%和 21%（李恒鹏等，2004），大约将有 824 t 总氮和 410 t 总磷输入到河流水体中，进一步增加了太湖流域水环境污染的压力。森林保持土壤功能的发挥，减少了土壤侵蚀及土壤氮磷养分的流失，进而减少了这些非点源污染物流入到河流水体中，节约了流域水环境治理和保护的经济投入，因此具备了生态系统服务价值。如果按照太湖流域江苏省环境资源补偿标准，即氨氮每吨 10 万元和总磷每吨 10 万元，根据常规生活污水中氨氮与总氮比例（1∶1.6），可估算安吉县森林因控制土壤侵蚀、减少氮磷养分流失的生态价值为 9255 万元/a，其中因控制总氮养分的生态价值为 5154 万元，控制总磷养分的生态价值为 4101 万元。如果按照此项生态服务功能进行生态补偿的话，每公顷林地约合 688 元/a，而目前安吉县生态公益林生态补偿标准为每亩 8 元/a（约合 120 元/hm^2），仅相当于森林减少养分流失价值的 1/5。按照不同森林类型来看，阔叶林和灌木林的单位面积生态补偿价值最高，其次为混交林、针叶林和竹林，而经济林需要进行生态补偿价值最小（图 6-17）。

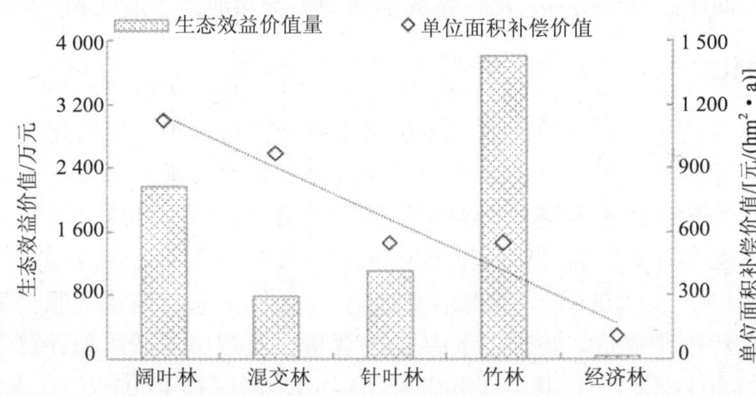

图 6-17 安吉县森林减少氮磷养分流失的生态效益

6.6.5 结论

本研究基于安吉县森林二类调查数据，采用土壤侵蚀模数法和土壤养分含量估算了森林控制土壤侵蚀及其减少氮磷养分流失量，并参照污染物入河降解系数与环境资源区域补偿标准，评估了安吉县森林减少氮磷养分流失的生态效益。结果表明：安吉县森林可年均减少 151 万 t 土壤侵蚀量，从而控制住土壤中 1 409 t 总氮和 577 t 总磷养分流失，相当于每年避免了 824 t 总氮和 410 t 总磷输入到河流水体中；仅此一项生态服务功能，安吉县森林每年就应得到 9255 万元生态补偿资金，约合每公顷森林 688 元/a，相当于目前生态补偿标准的 5 倍。该研究揭示了太湖流域上游森林因控制土壤侵蚀及其氮磷养分流失带来的生态效益，有助于提高人们对于发挥自然生态系统在流域水环境管理中重要作用的认识，从而促进太湖流域水环境污染治理和保护工作的有效开展。

7 太湖流域不同尺度水生态服务功能特征

7.1 流域尺度水生态服务功能特征

7.1.1 水源供给

水域常常作为居民用水、工业用水和农业用水的水源，溪流、河流、池塘、湖泊中都有可以直接利用的水。根据太湖流域各地区水资源公报获得流域不同地区单位面积水供给量，结合流域水域面积计算得太湖流域水源供给功能为659.921 7亿t，其中江苏省134.48亿t，浙江省46.88亿t，上海市478.08亿t，安徽省4788万t。从水源供给归一化处理后的结果来看（见附图2），水域的水源供给功能以太湖为主，其次是流域内的大中型湖泊如洮湖、滆湖和淀山湖等；总体上看，江苏境内的水源供给功能高于浙江和上海。

7.1.2 水质净化

陆地削减总氮功能反映在植物通过生长将土壤中的营养物质氮转化为有机体成分，避免土壤中的营养物质进入水体。水域则可通过悬浮物的吸附沉降以及营养物和有毒物质的移出和固定净化水体中的氮。根据单位面积农田、森林、草地、城镇绿地对氮的吸收量及流域陆地面积计算得流域陆地削减总氮功能为3.57亿t，其中江苏省1.63亿t，浙江省1.45亿t，上海市4678万t，安徽省237万t。根据太湖流域水资源公报获得流域不同地区单位面积污水排放量，结合污水中N的含量以及流域水域面积计算得太湖流域水域削减总氮功能为47.55万t，其中江苏省15.65万t，浙江省13.03万t，上海市18.86万t，安徽省171t。

从削减总氮归一化处理后的结果来看（见附图3），由于单位面积植物生长量森林生态系统最高，农田生态系统次之，城镇生态系统最低，因此陆地削减总氮功能值较高地区分布在西部丘陵山地以森林生态系统为主的区域，东部平原区以农田、城镇生态系统为主体，削减总氮功能较低。水域中太湖和淀山湖削减总氮功能较高，其他河流和湖泊等削减总氮功能相对较低。

陆地削减总磷功能反映在植物通过生长将土壤中的营养物质磷转化为有机体成分，避免土壤中的营养物质进入水体。水域可通过悬浮物的吸附沉降以及营养物和有毒物质的移出和固定净化水体中的磷。根据单位面积农田、森林、草地、城镇绿地对磷的吸收量及流域陆地面积计算得流域陆地削减总磷功能为4843万t，其中江苏省2404万t，浙江省1675万t，上海市734万t，安徽省29万t。根据太湖流域水资源公报，获得流

本章执笔人：高俊峰，高永年，王斌，杨丽韫，杨艳刚，张灿强

域不同地区单位面积污水排放量，结合污水中磷的含量以及流域水域面积计算得太湖流域削减总磷功能为 9.51 万 t，其中江苏省 3.13 万 t，浙江省 2.61 万 t，上海市 3.77 万 t，安徽省 34 t。

从削减总磷归一化处理后的结果来看（见附图 4），由于单位面积植物生长量森林生态系统最高，农田生态系统次之，城镇生态系统最低，因此陆地削减总磷功能值较高地区分布在西部丘陵山地以森林生态系统为主的区域，东部平原区以农田、城镇生态系统为主体，削减总磷功能较低。水域中太湖和淀山湖削减总磷功能较高，其他河流和湖泊等削减总磷功能相对较低。

7.1.3 水源储存

河流和湖泊等水域常年储存大量水分，对于周边地区水源补给、工农业生产及生态环境起到很大的作用。根据项目水生态调查数据获得流域不同地区平均水深，结合流域水域面积计算得到，太湖流域水源储存功能为 131.71 亿 t，其中江苏省 95.78 亿 t，浙江省 28.16 亿 t，上海市 7.64 亿 t，安徽省 1363 万 t。从水源储存归一化处理后的结果来看（见附图 5），水域的水源储存功能以太湖为主，其次是流域内的大中型湖泊如洮湖、滆湖和淀山湖等；总体上看，江苏境内的水源储存功能高于浙江和上海。

7.1.4 水量调节

陆地水量调节功能主要体现在生态系统的水源涵养能力；水域则体现在每年汛期洪水到来时，众多的湿地以其自身的庞大容积、深厚疏松的底层土壤（沉积物）蓄存洪水，从而起到分洪削峰，调节水位，缓解堤坝压力的重要作用。根据单位面积农田、森林、草地、城镇绿地水量调节能力及流域陆地面积计算得到，太湖流域陆地水量调节功能为 34168 亿 t，其中江苏省 11090 亿 t，浙江省 18811 亿 t，上海市 3996 亿 t，安徽省 271 亿 t。根据文献资料获得的太湖流域各湖泊水位绝对值，结合流域水域面积计算得流域水量调节功能为 78.75 亿 t，其中江苏省 75.31 亿 t，浙江省 1.97 亿 t，上海市 1.43 亿 t，安徽省 363 万 t。

从水量调节归一化处理后的结果来看（附图 6），陆地水量调节功能总体上呈现西高东低的分布格局，指数较高区域分布在流域上游的西苕溪流域与天目山区的森林生态系统集中分布区，东部平原区内由于以农田生态系统和城镇生态系统为主体，水量调节功能较弱。水域中太湖水量调节功能较高，其他大中型湖泊水量调节功能相对低一些。

7.1.5 维持生物多样性

河流、湖泊等水域是许多生物的栖息生境，生长着多种多样的生物物种。根据项目水生态调查数据获得流域不同地区 SW 多样性指数（附图 7），总的来看，流域水域维持生物多样性指数从西北向东南呈现增加的趋势，其中浙江省湖州市东西苕溪水域、嘉兴市平原河网水域以及上海市黄浦江水域的 SW 多样性指数较高；大中型湖泊的 SW 多样性指数相对较低。

7.1.6 土壤保持

农田、森林、草地和城镇绿地等生态系统通过减少土壤侵蚀来避免土壤中泥沙和营养物质进入水体。根据各类生态系统土壤全氮含量及流域陆地面积计算得到，太湖流域陆地控制总氮功能为 1.90 亿 t，其中江苏省 7736 万 t，浙江省 9131 万 t，上海市 2028 万 t，安徽省 146 万 t。从控制总氮归一化处理后的结果来看（附图 8），由于生态系统单位面积水土保持能力森林＞农田＞草地＞城镇，因此生态系统控制总氮功能在流域内的空间分布呈现西高东低的分布格局，西部丘陵山地以森林生态系统为主体，控制总氮功能较高，而东部平原地区控制总氮功能较低。

农田、森林、草地和城镇绿地等生态系统通过减少土壤侵蚀来避免土壤中泥沙和营养物质进入水体。根据各类生态系统土壤全磷含量及流域陆地面积计算得流域陆地控制总磷功能为 3115 万 t，其中江苏省 1217 万 t，浙江省 1566 万 t，上海市 308 万 t，安徽省 23 万 t。从控制总磷归一化处理后的结果来看（附图 9），由于生态系统单位面积水土保持能力森林＞农田＞草地＞城镇，因此生态系统控制总磷功能在流域内的空间分布呈现西高东低的分布格局，西部丘陵山地以森林生态系统为主体，控制总磷功能较高，而东部平原地区控制总磷功能较低。

陆地控制泥沙功能主要是指生态系统水土保持能力。根据各类生态系统土壤保持能力及流域陆地面积计算得流域陆地控制泥沙功能为 251 亿 t，其中江苏省 103 亿 t，浙江省 118 亿 t，上海市 28 亿 t，安徽省 2 亿 t。从控制泥沙归一化处理后的结果来看（附图 10），由于生态系统单位面积水土保持能力森林＞农田＞草地＞城镇，因此生态系统控制泥沙的功能在流域内的空间分布呈现西高东低的分布格局，西部丘陵山地以森林生态系统为主体，控制泥沙功能较高，而东部平原地区控制泥沙功能较低。

7.1.7 生境维持

生态系统为生物提供栖息地，因此生态系统空间格局及其分布的特征决定了生物多样性的分布格局，生态系统空间格局较优地区的生物多样性也就越丰富，因此生态系统的生境维持功能以景观生态系统空间格局分布为基础得到，根据计算的综合指数，流域内综合指数较高的区域是西部丘陵区以及太湖湖区，在湖体南北两侧的苏州、无锡、嘉兴市区景观综合指数值最低，而常州市区、上海市区景观指数处于中等水平（附图 11）。

太湖流域景观指数分布特征与流域内现有景观类型空间分布有密切关系，城镇用地集中分布的流域东部地区景观破碎化程度高，斑块密度大，景观呈现城镇景观占主体的特征，景观多样性指数低。在流域西部山区景观多样性指数上升，破碎度下降、斑块密度降低，说明这一地区以森林生态系统为主体，景观综合质量优于流域东部地区，因此它的生境维持功能也就越大。

7.1.8 航运通道

河流、湖泊等是水上运输的重要通道，对航运具有十分重要的意义。根据统计年鉴资料获得太湖流域不同地区单位面积水路货运周转量，用以代表流域航运通道功能，结合流域水域面积计算得流域航运通道功能为 7733 亿 t，其中江苏省 69 亿 t，浙江省

94 亿 t，上海市 7 569 亿 t，安徽省 1 779 万 t。从航运通道归一化处理后的结果来看（附图 12），处于流域下游的上海市航运通道功能较高。

7.2 三级分区水生态服务功能特征

水生态功能区是指具有相对一致的水生态系统组成、结构、格局、过程和功能的水体或具有“水陆一致性”的空间区域。水生态功能分区是在研究区域或水体生态因子及水生态系统结构、过程和功能的空间分异规律的基础上，按照一定的原则、指标体系和方法进行流域水生态功能区的划分，为水生态系统资源信息的配置提供一个地理空间上的框架，合理划分水生态环境功能，揭示区域生态环境问题的形成机制，提出综合整治方向与任务，为区域水资源开发与水生态环境保护提供决策依据，为区域水生态环境整治服务，促进资源、环境和社会经济的可持续发展。

水生态系统由多个层次水平的等级体系所组成，在不同的空间尺度中，其结构与功能具有不同的相互依存关系。在确立水生态分区等级时，一般至少需要同时考虑 3 个相邻层次，即核心层、上一层和下一层。在太湖流域，根据实际情况将其划分为 4 个等级的水生态功能区，其中在“十一五”期间主要开展一级、二级和三级 3 个级别的分区，则由上到下其级别名称分别命名为水生态区、水生态亚区和功能区。本节重点讨论三级分区内的水生态功能特征。

7.2.1 太湖流域水生态功能三级分区

三级分区的目的主要是体现太湖流域水生态系统支持和调节等维持功能的空间差异。

三级分区除遵循共性原则外，尚遵循以下特有原则：

①湖体与非湖体分区指标的一致性与差异性原则：太湖作为我国第三大淡水湖泊，其生态系统结构与营养盐水平空间分异较大，对其进行进一步细化分区是必要的，然而其分区对象是水体，与非湖体区的“水陆一致性”分区略有差异，但作为一个完整统一的分区体系，其分区指标在总体上应保持一致，但也应有所差别。

②突出底栖动物的代表性原则：太湖流域地处长江三角洲，是我国经济发展最快的地区之一，由于受剧烈人类活动等的影响，其水生态系统特征发生了巨大变化，而底栖动物相对稳定。

三级分区主要以功能表征指标进行区划，具体指标体系如表 7-1 所示。

太湖流域水生态功能三级分区采用定量自动为主，人工修整为辅助的方式进行。对于非太湖湖体区，采用底栖动物 Shannon-Wiener 多样性指数、叶绿素含量、水生境类别和特征指示物种类别 4 个基于水生态功能单元尺度的指标空间分布图为分区变量，采用二阶聚类法进行分类；对于太湖湖体区，采用底栖动物 Shannon-Wiener 多样性指数、叶绿素含量、水体流速、特征指示物种（寡毛类/摇蚊类/双壳类/螺类/其他类）比例等指标基于太湖湖体的 3 568 个网格为评价单元的指标空间分布图为分区变量，采用二阶聚类法进行分类。在此基础上根据就近原则、零星归总等原则，采用人工辅助的方式进行优化调整，最终形成非太湖湖体区和太湖湖体区的水生态功能三级分区结果。

表 7-1 太湖流域水生态功能三级分区指标体系

分区范围	分区指标	指标作用
非太湖湖体区	底栖动物 Shannon-Wiener 多样性指数	反映水生生物多样性维持功能，体现的是以底栖动物为代表的水生生物稳定性
	叶绿素含量	反映水生生物初级生产功能，体现的是浮游植物生产力
	水生境（水系级别、水体流速和水域面积）类别	反映生境维持功能，体现以水系级别、水体流速和水域面积为表征的水系物理特征的潜在影响
	特征指示物种类别（蜉蝣/双壳类/螺类/摇蚊/寡毛类）	反映特征指示物种维持功能，体现以底栖动物特征指示物种（蜉蝣/双壳类/螺类/摇蚊/寡毛类）比例为表征的维持功能差异
太湖湖体区	底栖动物 Shannon-Wiener 多样性指数	反映水生生物多样性维持功能，体现的是以底栖动物为代表的水生生物稳定性
	叶绿素含量	反映水生生物初级生产功能，体现的是浮游植物生产力
	水体流速	反映太湖湖体内生境维持功能的空间差异，体现水系物理特征的潜在影响
	特征指示物种（寡毛类/摇蚊类/双壳类/螺类/其他类）比例	反映底栖动物特征指示物种（寡毛类/摇蚊类/双壳类/螺类/其他类）维持功能

将太湖流域划分为 21 个三级水生态功能区即Ⅲ111、Ⅲ112、Ⅲ113、Ⅲ121、Ⅲ122、Ⅲ123、Ⅲ124、Ⅲ125、Ⅲ211、Ⅲ212、Ⅲ213、Ⅲ221、Ⅲ222、Ⅲ223、Ⅲ224、Ⅲ231、Ⅲ232、Ⅲ233、Ⅲ234、Ⅲ235 和Ⅲ236。三级区根据“区位—水生态功能类型—功能区”命名，其中水生态功能类型可划分为水源涵养、生物多样性维持、水资源调蓄、水质净化、气候调节、调蓄洪水、营养物质循环、初级生产、释氧支持等 9 种功能类型。三级分区名称及其与一级、二级分区的隶属关系如附表 1 所示，其空间分布如图 7-1 所示。下面以三级分区Ⅲ121、Ⅲ223 和Ⅲ233 为代表，分析各分区生态系统组成状况、水生态服务功能特征以及生态功能定位情况，因篇幅所限，不再一一列举其余三级分区水生态服务功能特征。

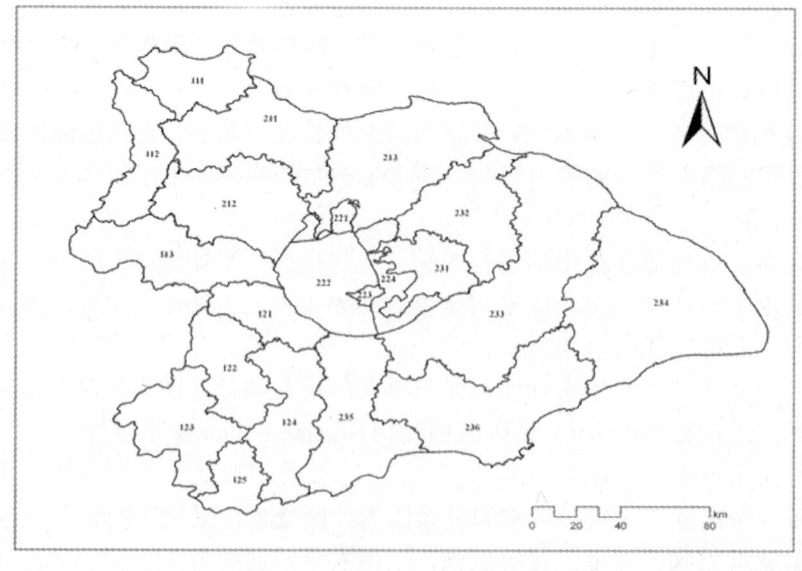

图 7-1 太湖流域水生态功能三级分区图

7.2.2 三级分区Ⅲ121 水生态服务功能

三级分区（图 7-1）Ⅲ121 位于太湖流域西部丘陵水生态区中部，主要在常州市境内。在本三级分区中，森林生态系统面积最大，占三级分区总面积的 48.11%；其次是农田生态系统，占总面积的 26.32%；再次是城镇生态系统，占区域总面积的 15.87%，其他生态系统比例很小（表 7-2）。

表 7-2 生态系统面积与比重

生态系统类型	面积/km^2	比重/%
湿地	19.31	2.14
河流	29.83	3.30
湖泊	1.07	0.12
水库	0.71	0.08
农田	237.61	26.32
森林	434.38	48.11
草地	5.99	0.66
城镇	143.28	15.87
荒地	30.61	3.39
总计	902.80	100.00

该分区中陆地生态系统各项服务功能分别为：水量调节 1.76×10^8 t，削减总氮 1.13×10^4 t，削减总磷 1.18×10^3 t，控制总氮 7.98×10^3 t，控制总磷 1.40×10^3 t，控制泥沙 1.04×10^6 t，生境维持指数 1.28；该分区水域生态系统的各项服务功能分别为：水源供给 1.32×10^8 t，削减总氮 1.44×10^8 t，削减总磷 4.47×10^6 t，航运通道 5.89×10^3 t，水源储存 1.18×10^3 t，水量调节 5.94×10^8 t，如表 7-3 所示。生物多样性指数 1.64。

表 7-3 分区Ⅲ121 水生态服务功能排序

	功能指标	单位	数值	占流域比重/%	功能排序
陆地	水量调节	t	1.76×10^8	5.14	1
	削减总氮	t	1.13×10^4	3.18	5
	削减总磷	t	1.18×10^3	2.43	6
	控制总氮	t	7.98×10^3	4.19	3
	控制总磷	t	1.40×10^3	4.51	2
	控制泥沙	t	1.04×10^6	4.12	4
	生境维持（均值）	指数	1.28	1.25*	非常重要
水域	水源供给	t	1.32×10^8	0.20	3
	削减总氮	t	1.44×10^8	1.09	2
	削减总磷	t	4.47×10^6	0.06	5
	航运通道	t/（km·a）	5.89×10^3	1.24	1
	水源储存	t	1.18×10^3	1.24	1
	水量调节	t	5.94×10^8	0.08	4
	生物多样性（均值）	指数	1.64	1.29*	非常重要

*表示指数的倍数

从水陆生态服务功能重要性排序来看，陆地生态系统中，水量调节功能最高，控制总磷总氮功能次之，控制泥沙、削减总氮总磷相对较弱，生境维持功能处于非常重要水平（1.28）；水域生态系统中，航运通道和水源储存功能最高，削减总氮和水源供给次之，水量调节与削减总磷功能相对较弱，维持生物多样性功能处于非常重要水平（SW 多样性指数为 1.64）。

从生态系统组成来看，该分区中森林生态系统占绝对优势，应以发挥森林的水生态服务功能为主。从生态服务功能排序来看，陆地生态系统以水量调节功能为主，其次为削减总磷和削减总氮；水域生态系统以航运通道和水源储存为主，其次为削减总氮。从区位上来看，该三级分区位于太湖湖体周围，分区内水质的好坏直接影响太湖的生态功能。结合以上因素综合分析，给出该分区功能定位为：陆地以水量调节、保持水土及生境维持为主，水域以水质净化和保护生物多样性为主。

7.2.3　三级分区Ⅲ223 水生态服务功能

太湖流域水生态功能三级区Ⅲ223 位于太湖湖体内部，自成岛屿，面积为 79.24 km^2，占整个流域面积的 0.22%。该三级分区中森林生态系统的面积比重占到一半以上，达 55.44%，其次为城镇生态系统，面积比重为 22.26%，农田和湿地生态系统的面积比重较为接近，分别为 10.97%和 9.76%（表 7-4）。

表 7-4　生态系统面积与比重

生态系统类型	面积/hm^2	比重/%
湿地	7.74	9.76
河流	0	0
湖泊	0.82	1.04
水库	0	0
农田	8.69	10.97
森林	43.93	55.44
草地	0	0
城镇	17.64	22.26
荒漠	0.42	0.53
总计	79.24	100

该分区中陆地生态系统各项服务功能分别为：水量调节 2.21×10^7 t，削减总氮 863.66 t，削减总磷 65.96 t，控制总氮 666.87 t，控制总磷 135.77 t，控制泥沙 9.56×10^4 t，生境维持指数 1.1710；该分区水域生态系统的各项服务功能分别为：水源供给 1.77×10^7 t，水源储存 1.41×10^7 t，水量调节 2.13×10^6 t，削减总氮 246.88 t，削减总磷 49.39 t，航运通道 3.74×10^5 t/（km·a），生物多样性指数 1.34（具体见表 7-5）。

从水陆生态服务功能重要性排序来看，陆地生态系统中，水量调节功能最高，控制总磷、控制泥沙与控制总氮功能次之，削减总氮和削减总磷功能较弱，生境维持功能处于重要水平；水域生态系统中，水源储存功能最高，削减总氮总磷次之，水量调节、水源供给与航运通道功能相对较弱，维持生物多样性功能处于重要水平。

表 7-5 分区III223 水生态服务功能排序

	功能指标	单位	数值	比重/%	功能排序
陆地	水量调节	t	2.21×10^7	0.65	1
	削减总氮	t	863.66	0.24	5
	削减总磷	t	65.96	0.14	6
	控制总氮	t	666.87	0.35	4
	控制总磷	t	135.77	0.44	2
	控制泥沙	t	9.56×10^4	0.38	3
	生境维持	指数	1.1710	1.14*	重要
水域	水源供给	t	1.77×10^7	0.03	5
	水源储存	t	1.41×10^7	0.11	1
	水量调节	t	2.13×10^6	0.03	4
	削减总氮	t	246.88	0.05	3
	削减总磷	t	49.39	0.05	2
	航运通道	t/（km·a）	3.74×10^5	0.00	6
	生物多样性	指数	1.34	1.05*	重要

*表示指数的倍数

从生态系统的组成来看，此分区内主要以森林和城镇生态系统为主，应充分发挥森林生态系统的水源涵养、水质净化和生境维持等服务功能。从生态系统功能排序来看，陆地生态系统以水量调节功能为主，其次为控制水土流失，生境维持功能重要；水域生态系统以水源储存为主，其次为削减总氮、总磷功能。从区位上来看，此分区位于太湖湖体内部，应以水质净化和生境维持为主要发展方向。综合以上因素，该分区生态功能定位为水质净化与水源储存。

7.2.4 三级分区Ⅲ233 水生态服务功能

太湖流域水生态功能三级区III233 位于太湖流域的东北部，地跨苏州、嘉兴和上海，面积 4 468.km^2，占整个流域面积的 12.18%。该三级分区主要以农田和城镇生态系统为主，面积比重分别为 37.56%和 32.02%，其次为湿地生态系统，面积比重为 13.04%（表 7-6）。

表 7-6 生态系统面积与比重

生态系统类型	面积/hm^2	比重/%
湿地	582.84	13.04
河流	204.65	4.58
湖泊	278.46	6.23
水库	2.04	0.05
农田	1 678.24	37.56
森林	226.28	5.06
草地	27.92	0.62
城镇	1 430.8	32.02
荒漠	37.04	0.83
总计	4 468.27	100

该分区中陆地生态系统各项服务功能分别为：水量调节 $2.12×10^8$ t，削减总氮 $3.95×10^4$ t，削减总磷 $6.23×10^3$ t，控制总氮 $1.69×10^4$ t，控制总磷 $2.48×10^3$ t，控制泥沙 $2.24×10^6$ t，生境维持指数 0.93；该分区水域生态系统的各项服务功能分别为：水源供给 $1.92×10^{10}$ t，水源储存 $1.73×10^9$ t，水量调节 $6.25×10^8$ t，削减总氮 $1.06×10^5$ t，削减总磷 $2.12×10^4$ t，航运通道 $3.24×10^{11}$ t/（km·a），生物多样性指数 1.13（具体见表 7-7）。

从水陆生态服务功能重要性排序来看，陆地生态系统中，削减总磷和削减总氮功能最高，控制泥沙与控制总氮功能次之，控制总磷与水量调节功能较弱，生境维持功能处于一般水平；水域生态系统中，航运通道功能最高，水源供给、削减总氮、削减总磷次之，水源储存与水量调节功能相对较弱，维持生物多样性功能处于一般水平。

表 7-7 分区III233 水生态服务功能排序

	功能指标	单位	数值	比重/%	功能排序
陆地	水量调节	t	$2.12×10^8$	6.19	6
	削减总氮	t	$3.95×10^4$	11.08	2
	削减总磷	t	$6.23×10^3$	12.86	1
	控制总氮	t	$1.69×10^4$	8.86	4
	控制总磷	t	$2.48×10^3$	7.95	5
	控制泥沙	t	$2.24×10^6$	8.92	3
	生境维持	指数	0.93	0.91*	一般
水域	水源供给	t	$1.92×10^{10}$	29.04	2
	水源储存	t	$1.73×10^9$	13.11	5
	水量调节	t	$6.25×10^8$	7.94	6
	削减总氮	t	$1.06×10^5$	22.28	3
	削减总磷	t	$2.12×10^4$	22.28	4
	航运通道	t/（km·a）	$3.24×10^{11}$	41.93	1
	生物多样性	指数	1.13	0.89*	一般

*表示指数的倍数

从生态系统的组成来看，此分区主要以城镇和农田生态系统为主，主要应发挥城镇绿地与农田的水质净化、水源涵养等服务功能，同时削减城镇与农田的污染排放。从生态系统功能排序来看，陆地生态系统以削减总氮、总磷功能为主，其次为控制水土流失；水域生态系统以航运通道功能为主，其次为水源供给和削减总氮总磷功能。从区位上来看，此分区位于太湖下游，平原河网地区，众多河流与太湖湖体相连，其水质对太湖湖体有重要影响，其次工农业用水对湖体的影响也较大，此分区应以水质净化和水源储存为主要发展方向。综合以上因素，该分区生态功能定位为水质净化与水源储存。

7.3 控制单元水生态服务功能特征

7.3.1 太湖流域控制单元划分技术

控制单元是指影响受害水体的污染源空间范围，是水质目标管理技术实施的基本单元。划分的目的是界定受害水体的陆域污染源空间范围，为水质目标管理技术的实施和水质目标管理提供基本的空间管理单元，进而实现水生态系统健康。

控制单元划分原则主要包括以下 5 个方面：

①以流域水生态功能区为基础。结合水生态功能分区成果，面向水生态健康，污染控制单元要以流域水生态功能分区结果为基础，体现水生态功能的差异，特别是要突出水源地保护、特殊物种保护等功能需求，有利于水生态功能保护目标的实现。

②水系完整性原则。要体现水系的整体性特征及其流向，以汇水区为基本划分单元，将汇入同一水体的陆地区域应囊括在一个污染控制单元内。

③管理可行性和可操作性原则。控制单元面向管理，划分的控制单元要便于污染源控制和水质目标实现，在平原水网区要考虑现行的县乡级行政管理单元，方便政府操作。

④含括影响受害水体的主要污染源原则。以水定陆的角度，考虑将影响受害水体的主要污染物纳入控制区（囊括 80%以上的水体污染源）。

⑤充分考虑现有控制断面原则。同一控制单元的水系“入口”和“出口”应有控制断面，以保障控制单元水系污染传输的“封闭性”；控制断面应充分利用现有的国控、省控、市控、县控断面、饮用水源地监测点、主要入湖河流控制断面、行政交界断面等，以方便 TMDL 实施和减少后期经费投入。

太湖流域污染控制单元划分流程如图 7-2 所示。

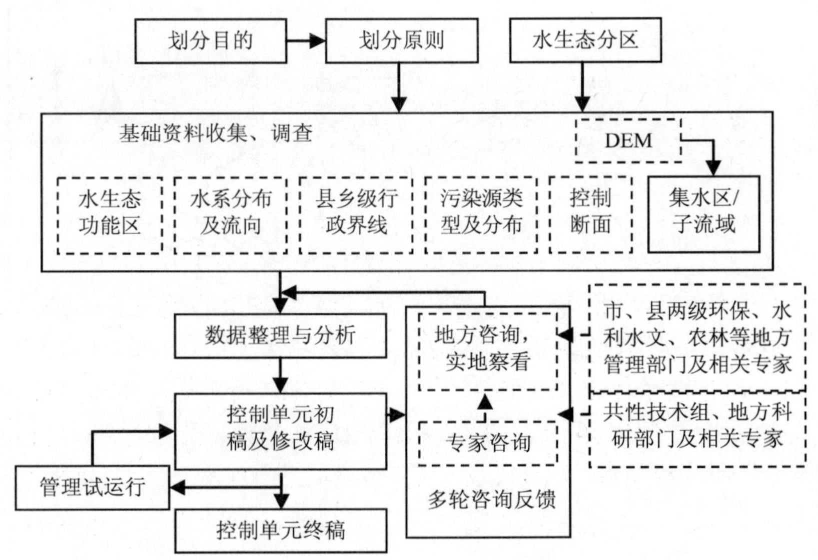

图 7-2 太湖流域污染控制单元划分流程

太湖流域地貌类型复杂，有丘陵山区，也有平原水网区，在这两种地貌类型情况下，控制单元划分指标略有差异，具体划分指标如表 7-8 所示。

表 7-8 太湖流域污染控制单元划分指标

地貌类型	丘陵山区	平原区
划分指标	水生态功能区	水生态功能区
	主导水系分布	主导水系分布
	主导水系流向	主导水系流向
	集水区/子流域	县乡级行政界线
	污染源类型及分布	污染源类型及分布
	控制断面分布	控制断面分布

在控制单元划分原则的指导下，综合考虑汇水区、功能区边界、水系分布及其流向、污染源、控制断面、县级与乡镇级行政边界等多个指标，在 GIS 空间分析的支持下进行控制单元划分。具体实施过程中主要采用定量自动（GIS 空间分析）和人工辅助相结合的方式进行，定量自动主要包括集水区/子流域生成、各指标空间分布图的制作、各指标空间分布图的叠加分析等，人工辅助主要包括部分边界的确定以及边界的修整等。

太湖流域全流域共划分为 119 个控制单元，其中江苏省 62 个，浙江省 35 个，上海市 21 个，安徽省 1 个。控制单元编码根据“控制单元涉及的主导三级区代码-三位序列号（第一位表示省，其中 1 表示江苏省、2 表示浙江省、3 表示上海市、4 表示安徽省）-所涉及的主要城市名称”规则进行，太湖流域控制单元编码如附表 2 所示。其空间分布具体如图 7-3 所示。下面以控制单元Ⅲ212-112、Ⅲ113-105 和Ⅲ235-212 为案例，分析各控制单元生态系统组成状况、水生态服务功能特征以及生态功能定位情况，因篇幅所限，不再一一列举其余控制单元水生态服务功能特征。

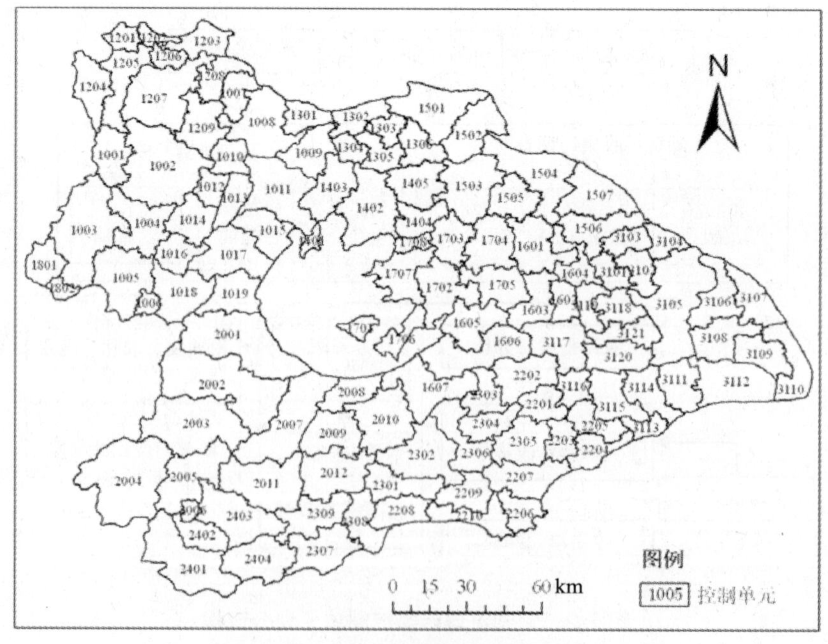

图 7-3 太湖流域控制单元划分图

7.3.2 控制单元Ⅲ212-112 水生态服务功能特征

控制单元Ⅲ212-112-常州市各生态系统面积组成比例如表 7-9 所示。控制单元中森林生态系统面积最大，占控制单元总面积的 67.65%，其次是城镇和湿地生态系统，占总面积的 14.76%和 9.76%，其他生态系统比例很小，面积比例均在 5%以下。

表 7-9 生态系统面积及比例

生态系统类型	面积/hm^2	比重/%
湿地	1 257.87	9.76
河流	332.51	2.58
湖泊	76.04	0.59
水库	0	0.00
农田	549.03	4.26
森林	8 718.73	67.65
草地	51.55	0.40
城镇	1 902.27	14.76
荒漠	0	0.00
总计	12 888	100.00

该控制单元中陆地生态系统各项服务功能分别为：水量调节 2.55×10^7 t，削减总氮 1.40×10^3t，削减总磷 81.9t，控制总氮 6.23×10^2t，控制总磷 4.32×10^2t，控制泥沙 1.33×10^5t，生境维持指数 1.02；该控制单元水域生态系统的各项服务功能分别为：水源供给 4.16×10^9t，水源储存 2.59×10^8t，水量调节 2.25×10^7t，削减总氮 3.71×10^3t，削减总磷 7.43×10^2t，航运通道 7.22×10^7t/（km • a），生物多样性指数 0.67（具体见表 7-10）。

表 7-10 控制单元Ⅲ212-112-常州市生态服务功能排序

	功能指标	单位	数值	比重/%	功能排序
陆地	水量调节	t	2.55×10^7	1.01	6
	削减总氮	t	1.40×10^3	0.55	5
	削减总磷	t	81.9	0.23	4
	控制总氮	t	6.23×10^2	0.51	3
	控制总磷	t	4.32×10^2	2.13	1
	控制泥沙	t	1.33×10^5	0.79	2
	生境维持	指数	1.02	0.94*	一般
水域	水源供给	t	4.16×10^8	0.09	4
	水源储存	t	2.59×10^8	0.33	2
	水量调节	t	2.25×10^7	2.19	3
	削减总氮	t	3.71×10^3	0.11	1
	削减总磷	t	7.43×10^2	0.11	6
	航运通道	t/（km·a）	7.22×10^7	0.00	5
	生物多样性	指数	0.67	0.53*	一般

*表示指数的倍数

从水陆生态服务功能重要性排序来看，陆地生态系统控制总磷功能最高，控制泥沙、控制总氮功能次之，削减总磷、削减总氮、水量调节功能较弱，生境维持功能处于一般水平（1.02）。水域生态系统削减总氮功能最高，水源储存、水量调节功能次之，水源供给、航运通道、削减总磷功能较弱，维持生物多样性功能一般（SW 多样性指数为 0.67）。

从生态系统类型比例来看，该区森林生态系统面积最大，应充分发挥其水源涵养、控制总氮总磷、控制泥沙等功能。水域生态系统中湿地生态系统面积比例最大，应充分发挥其水源储存、水量调节、削减总氮总磷等功能。从功能排序来看，陆地生态系统以控制总磷、泥沙、总氮等功能为主；水域生态系统以削减总氮、水源储存、水量调节功能为主。从区位上来看，该区位于示范区中部，滆湖上游，其生态服务功能的发挥对维持滆湖水质有重要作用。综上分析，该分区生态功能定位为水土保持和水质净化。

7.3.3 控制单元Ⅲ113-105 水生态服务功能特征

控制单元Ⅲ113-105-无锡市各生态系统面积组成比例如表 7-11 所示。控制单元中森林生态系统面积最大，占控制单元总面积的 55.70%，其次是农田生态系统，占总面积的 24.83%，城镇生态系统占控制单元总面积的 11.21%，其他生态系统比例很小。

表 7-11 生态系统面积及比例

生态系统类型	面积/hm^2	比重/%
湿地	523.52	2.08
河流	128.36	0.51
湖泊	458.08	1.82
水库	161.08	0.64
农田	6 249.46	24.83
森林	14 019.13	55.70
草地	12.58	0.05
城镇	2 821.44	11.21
荒漠	795.34	3.16
总计	25 169.00	100.00

该控制单元中陆地生态系统各项服务功能分别为：水量调节 7.67×10^7 t，削减总氮 4.69×10^3 t，削减总磷 4.66×10^2 t，控制总氮 3.27×10^3 t，控制总磷 5.83×10^2 t，控制泥沙 4.30×10^5 t，生境维持指数 1.04；该控制单元水域生态系统的各项服务功能分别为：水源供给 7.46×10^8 t，水源储存 6.45×10^8 t，水量调节 4.19×10^8 t，削减总氮 9.99×10^3 t，削减总磷 2.00×10^3 t，航运通道 3.12×10^8 t/（km · a），生物多样性指数 0.74（具体见表 7-12）。

从水陆生态服务功能重要性排序来看，陆地生态系统水量调节功能最高，控制总氮总磷功能次之，控制泥沙、削减总氮总磷功能较弱，生境维持功能处于一般水平（1.04）。水域生态系统水量调节功能最高，水源储存、削减总氮总磷功能次之，水源供给、航运通道功能较弱，维持生物多样性功能一般（SW 多样性指数为 0.74）。

表 7-12 控制单元 III113-105-无锡市生态服务功能排序

	功能指标	单位	数值	比重/%	功能排序
陆地	水量调节	t	7.67×10^{7}	3.03	1
	削减总氮	t	4.69×10^{3}	1.85	5
	削减总磷	t	4.66×10^{2}	1.30	6
	控制总氮	t	3.27×10^{3}	2.68	3
	控制总磷	t	5.83×10^{2}	2.87	2
	控制泥沙	t	4.30×10^{5}	2.56	4
	生境维持	指数	1.04	0.96*	一般
水域	水源供给	t	7.46×10^{8}	0.15	5
	水源储存	t	6.45×10^{8}	0.82	2
	水量调节	t	4.19×10^{8}	40.77	1
	削减总氮	t	9.99×10^{3}	0.29	4
	削减总磷	t	2.00×10^{3}	0.29	3
	航运通道	t/（km・a）	3.12×10^{8}	0.01	6
	生物多样性	指数	0.74	0.58*	一般

*表示指数的倍数

从生态系统类型比例来看，该区森林、农田生态系统面积最大，应充分发挥其水源涵养、削减总氮总磷、控制泥沙等功能。水域生态系统面积较小，应在维持现有服务功能水平基础上进一步提高单位面积服务功能效率。从功能排序来看，水陆生态系统应均以水量调节、水源储存为主。从区位上来看，该区位于示范区南端，丘陵向平原过渡地带，应以水源涵养为主要发展方向。综上分析，该分区生态功能定位为水量调节与水源储存。

7.3.4 控制单元Ⅲ235-212 水生态服务功能特征

控制单元 III235-212 分布在湖州市的东部，各生态系统面积组成比例如表 7-13 所示。在此控制单元中，湿地生态系统面积最大，占控制单元总面积的 23.19%；其次是农田和森林生态系统，分别占总面积的 22.66%和 21.03%；再次是城镇和河流生态系统，分别占总面积的 19.55%和 10.27%，其他生态系统比例很小。

表 7-13 生态系统面积与比重

生态系统类型	面积/hm^2	比重/%
湿地	9 328.85	23.19
河流	4 131.97	10.27
湖泊	507.07	1.26
水库	17.97	0.04
农田	9 113.70	22.66
森林	8 459.43	21.03
草地	288.08	0.72
城镇	7 864.67	19.55
荒漠	510.86	1.27
总计	40 222.61	100.00

该控制单元中陆地生态系统各项服务功能分别为：水量调节 3.09×10^7 t，削减总氮 3.20×10^3 t，削减总磷 3.92×10^2 t，控制总氮 1.55×10^3 t，控制总磷 2.29×10^2 t，控制泥沙 2.12×10^5 t，生境维持指数 0.80；该控制单元中水域生态系统各项服务功能分别为：水源供给 3.56×10^8 t，削减总氮 1.63×10^4 t，削减总磷 3.26×10^3 t，航运通道 9.11×10^8 t/（km·a），水源储存 5.17×10^8 t，水量调节 1.27×10^7 t，生物多样性指数 2.24（具体见表 7-14）。

表 7-14 控制单元 III235-212 生态服务功能排序

	功能指标	单位	数值	比重/%	功能排序
陆地	水量调节	t	3.09×10^7	0.90	2
	削减总氮	t	3.20×10^3	0.90	3
	削减总磷	t	3.92×10^2	0.81	6
	控制总氮	t	1.55×10^3	0.81	5
	控制总磷	t	2.29×10^2	0.94	1
	控制泥沙	t	2.12×10^5	0.84	4
	生境维持	指数	0.80	0.78*	一般
水域	水源供给	t	3.56×10^8	0.54	4
	水源储存	t	5.17×10^8	3.92	1
	水量调节	t	1.27×10^7	0.16	5
	削减总氮	t	1.63×10^4	3.43	2
	削减总磷	t	3.26×10^3	3.43	3
	航运通道	t/（km·a）	9.11×10^8	0.12	6
	生物多样性	指数	2.24	1.76*	非常重要

*表示指数的倍数

从水陆生态服务功能重要性排序来看，陆地生态系统中，控制总磷功能最高，水量调节、削减总氮功能次之，控制泥沙、控制总氮、削减总磷功能相对较弱，生境维持功能处于一般水平（0.80）；水域生态系统中，水源储存功能最高，削减总氮总磷功能次之，水源供给、水量调节与航运通道功能相对较弱，维持生物多样性功能非常重要（SW 多样性指数为 2.24）。

从生态系统组成来看，该控制单元中湿地生态系统占优势，应以发挥湿地的水生态服务功能为主。从生态服务功能排序来看，陆地生态系统以控制总磷为主，其次为水量调节；水域生态系统以维持生物多样性为主，其次为水源储存。从区位上来看，该控制单元位于东苕溪中游地区，森林植被丰富，起着水土保持与提供生境的重要作用。结合以上因素综合分析，给出该控制单元功能定位为：陆地以水土保持为主，水体以维持生物多样性为主。

参考文献

[1] Aldo Leopold. 1949. A sand county Almanac and Sketches here and there[M]. New York：Oxford University Press.

[2] Amirinejad，A A，K Kamble，et al. 2010. Assessment and mapping of spatial variation of soil physical health in a farm[J]. Geoderma，3-56.

[3] Barton D N. 2002. The transferability of benefit transfer：contingent valuation of water quality improvements in Costa Rica[J]. Ecological Economics，（42）：147-164.

[4] Brouwer R. 2000. Environmental value transfer：state of the art and future prospects[J]. Ecological Economics，（32）：137-152.

[5] Brown T C，Taylor J G，Shelby B. 1992. Assessing the Direct Effects of Stream flow on Recreation：A Literature Review[J]. Water Resources Bulletin，27（6）：979-989.

[6] Chee Y E. 2004. An ecological perspective on the valuation of ecosystem services[J]. Biological Conservation，（120）：549-565.

[7] Chen C R，Xu Z H. 2008. Analysis and behavior of soluble organic nitrogen in forest soils[J]. Journal of Soils Sediments，8：363-378.

[8] Costanza，R，d'Arge，R，de Groot，R S，et al. 1997. The value of the world's ecosystem services and natural capital[J]. Nature，387：253-260.

[9] Daily G C. 1997. Nature's Service：Societal Dependence on Natural Ecosystems[M]. Washington D C：Island Press.

[10] Daily G C. 1999. Developing a scientific basis for managing Earth's life support systems[J]. Conservation Ecology，3（2）：14.

[11] De Groot，R S，Wilson，M A，Bouman，R M J. 2002. A typology for the classification，description and valuation of ecosystem services，goods and services[J]. Ecological Economics，41：393-408.

[12] Deletic A B，Maksimovic C T. 1998. Evaluation of water quality factors in storm runoff from paved areas[J]. Journal of Environmental Engineering，ASCE，124（9）：869-879.

[13] Dunne T，et al. 1999. Effects of rainfall，vegetation and microtopography on infiltration and runoff[J]. Water Resources Research，27（9）：2271-2285.

[14] Ehrlich P R，et al. 1997. Ecoscience：population，resource，Environment[M]. San Francisco：W.H.Freeman.

[15] Ellis K V，White G，Warn A E. 1989. Surface water pollution and its control [M]. England：Macmillan Publishers Ltd，268-270.

[16] Freeman，A M. 1993. The measurement of environmental and resources values：theory and methods III[M]. Washington D C：Resource for the future，12-18.

[17] Holdren J and Ehrlich P. 1974. Human population and global environment[J]. American Scientist，（62）：282-297.

[18] Iverson L. 2004. Adequate Data of Known Accuracy Are Critical to Advancing the Field of Landscape Ecology// Wu J and Hobbs R. Key Topics and Perspectives in Landscape Ecology[M]. Cambridge：Cambridge University Press.

[19] Jobby E G，Jackson R B. 2000. The vertical distribution of soil organic carbon and its relation to climate and vegetation[J]. Ecological Applications，10：423-436.

[20] Jones C G，Lawton J H，Shachak M. 1994. Organisms as ecosystem engineers[J]. Oikos，（69）：373-386.

[21] Klijn F. 1994. A hierarchical approach to ecosystems and its implication for ecological land classification[J]. Landscape Ecology，9（2）：89-104.

[22] Leopold A. 1949. A Sand County Almanac[M]. New York：Oxford University Press.

[23] Liu S R，Sun P S，Wen Y G. 2003. Comparative analysis of hydrological functions of major forest ecosystems in China[J].Acta Phytoecologica Sinia，27（1）：16-22.

[24] Loreau M，Naeem S，Inchausti P，et al. 2001. Biodiversity and ecosystem：functioning：current knowledge and future challenges[J]. Science，（294）：804-808.

[25] Lowrance R，Altier L S，Newbold J D，et al. 1997. Water Quality Functions of Riparian Forest Buffers in Chesapeake Bay Watersheds[J]. Environmental Management，21（5）：687-712.

[26] Luck G W，Daily G C，Ehrilich P R. 2003. Population diversity and ecosystem services[J]. Trends in Ecology and Evolution，（18）：331-336.

[27] Mander Ü，Löhmus K，Kuusemets V，et al. 1997. The potential role of wet meadows and grey alder forests as buffer zones[M]. Haycock Associated Limited.

[28] McNeely J A，Miller K P，Reid W V，et al. 1990. Conserving the world's biological diversity[M]. International Union for Conservation of Nature and Natural Resources，World Resources Institute，Conservation International，World Wildlife Fund US and the World Bank，Gland，Switzerland and Washington，DC.

[29] Millennium Ecosystem Assessment. 2003. Ecosystems and Human Well-Being：A Framework for Assessment. Report of the Conceptual Framework Working Group of the Millennium Ecosystem Assessment[M]. Washington：Island Press：245.

[30] Moberg F，Folke C. 1999. Ecological goods and services of coral reef ecosystems[J]. Ecological Economics，（29）：215-233.

[31] Naeem S. 2001. How changes in biodiversity may affect the provision of ecosystem services[M]. // Hollowell VC. Managing Human Dominated Ecosystems. St.Louis：Missouri Botanical Garden Press：3-33.

[32] Natural Resources Conservation Service. 1972. National Engineering Handbook，Section4 Hydrology[M].

[33] Natural Resources Conservation Service. 2004. National Engineering Handbook，Part 630 Hydrology[M].

[34] Natural Resources Conservation Service. 1986. Technical Release 55-Urban Hydrology for Small Watersheds USDA[M].

[35] Norberg J. 1999. Linking nature's services to ecosystems：some general ecological concepts[J]. Ecological Economics，（29）：183-202.

[36] Odum H T，Odum E P. 2000. The energetic basis for valuation of ecosystem services[J]. Ecosystems，（3）：21-23.

[37] Pearce D W. 1995. Blueprint 4：Capturing global environmental value[M]. Earthscan，London.

[38] Peterjohn W T，Correl D L. 1984. Nutrient Dynamics in an Agricultural Watershed：Observations on the Role of A Riparian Forest[J]. Ecology，65（5）：1466-1475.

[39] Pimentel D W，Wilson C，McCullum C，et al. 1997. Economic and environmental benefits of biodiversity[J]. BioScience，（47）：747-757.

[40] Post W M，Izaurralde R C，Mann L K，et al. 2001. Monitoring and verifying changes of organic carbon in soil[J]. Climatic Change，51：73-99.

[41] Putuhena W M，Cordery I.1996. Estimation of interception capacity of the forest floor[J]. Journal Hydrology，180：283-299.

[42] Rowe J S，Sheard J W. 1981. Ecological land classification：a survey approach[J]. Environment Management，5：451-464.

[43] Sargent H F. 1974. Human Ecology[M]. Amsterdam：North-Holland Publishing Company.

[44] Sears P B. 1955. The processes of environmental change by man[M]. // W L Thomas. Man's role in changing the face of the earth. Chicago：University of Chicago Press.

[45] Study of Critical Environment Problem. 1970. Man's Impact on the Global Environment[M]. Berlin：Spring-Verlag.

[46] Tilman D，Knops J，Wedin D，et al. 1997. The influence of functional diversity and composition on ecosystem processes[J]. Science，（277）：1300-1302.

[47] Tipping E，Rieuwerts J，Pan G，et al. 2003. The solid-solution partitioning of heavy metal（Cu，Zn，Cd，Pb）in upland soil of England and Wales[J]. Environment Pollution，125（2）：125-133.

[48] Tratalos J，Fuller R A，Warren P H，et al. 2007. Urban form，biodiversity potential and ecosystem services[J]. Landscape and Urban Planning，83：308-317.

[49] Turner K. 1991. Economics and wetland management[J]. Ambio，（20）：59-61.

[50] Wallace，K.J. 2007. Classfication of ecosystem services：Problems and solutions[J]. Biological Conservation，139，235-246.

[51] Westman W E. 1977. How much are nature's service worth[J]. Science，（197）：960-964.

[52] White J S，Bayley S E. 1999. Restoration of a Canadian prairie wetland with agriculture and municipal wastewater[J]. Environmental Management，24（1）：25-37.

[53] Wilson M A，Carpenter S R. 1999. Economic valuation of freshwater ecosystem services in the United States 1971-1997[J]. Ecological Applications，9（3）：772-783.

[54] Wu J，Jones B，Li H，Loucks O L. 2004. Spatial Scaling and Uncertainty Analysis in Ecology：Methods and Applications[M]. New York：Columbia University Press.

[55] Zhang B，Li W H，Xie G D. 2010. Ecosystem services research in China：Progress and perspective[J]. Ecological Economics，69（7）：1389-1395.

[56] 安敏，黄岁樑. 2007. 海河干流表层沉积物总磷、总铁和有机质的含量及相关性分析[J]. 环境科学研究，20（3）：63-67.

[57] 白晓华. 2009. 太湖山地强降雨事件中不同水体的氮磷负荷分析[J]. 环境科学导刊，28（4）：71-74.

[58] 蔡庆华，唐涛，邓红兵. 2003. 淡水生态系统服务及其评价指标体系的探讨[J]. 应用生态学报，14（1）：135-138.

[59] 蔡庆华，吴刚，刘建康. 1997. 流域生态学：水生态系统多样性研究和保护的一个新途径[J].科技导报，(5)：24-26.

[60] 曹慧，杨浩，赵其国. 2002. 太湖丘陵地区典型坡面土壤侵蚀与养分流失[J].湖泊科学，14(3)：242-246.

[61] 曹新孙. 1983. 农田防护林学[M]. 北京：中国林业出版社.

[62] 曹雪琴，万军伟，陈雯，等. 2009. 土壤元素背景值的研究——以南方某区域为例[J]. 安全与环境工程，16（2）：27-32.

[63] 常州市环境保护局. 2008. 常州市环境质量报告书（2007）[R].

[64] 陈洪全. 2006. 滩涂生态系统服务功能评估与垦区生态系统优化研究——以赣榆、射阳垦区为例[D]. 南京师范大学.

[65] 陈家长，胡庚东，瞿建宏，等. 2005. 太湖流域池塘河蟹养殖向太湖排放氮磷的研究[J]. 农村生态环境，21（1）：21-23.

[66] 陈金林，潘根兴，张爱国，等. 2002. 林带对太湖地区农业非点源污染的控制[J]. 南京林业大学学报，26（6）：17-20.

[67] 陈鹏. 2006. 厦门湿地生态系统服务功能价值评估[J]. 湿地科学，4（2）：101-107.

[68] 陈三雄. 2006. 浙江安吉主要植被类型土壤水土保持功能研究[D]. 南京：南京林业大学.

[69] 陈三雄，谢莉，张金池，等. 2008. 浙江安吉主要植被类型根系分布特征研究[J]. 亚热带水土保持，20（4）：1-4.

[70] 陈文祥，刘家寿，彭建华. 2006. 水库生态环境问题初步分析与探讨[J]. 水利渔业，26（1）：55-56.

[71] 成芳，凌去非，徐海军，等. 2010. 太湖水质现状与主要污染物分析[J]. 上海海洋大学学报，19（1）：105-110.

[72] 程红光，郝芳华，任希岩，等. 2006. 不同降雨条件下非点源污染氮负荷入河系数研究[J]. 环境科学学报，26（3）：392-397.

[73] 崔丽娟，宋玉祥. 1997. 湿地社会经济评价指标体系研究[J]. 地理科学，17（增刊）：446-450.

[74] 崔丽娟. 2000. 湿地价值评价研究[M]. 北京：科学出版社，102-112.

[75] 崔丽娟. 2002. 扎龙湿地价值货币化评价[J]. 自然资源学报，17（4）：451-456.

[76] 崔丽娟. 2004. 鄱阳湖湿地生态系统服务功能价值评估研究[J]. 生态学杂志，23（4）：47-51.

[77] 邓红兵，陈春娣，刘昕，等. 2009. 区域生态用地的概念及分类[J]. 生态学报，29（3）：1519-1524.

[78] 董敦义，张彪，张灿强，等. 2011. 太湖流域安吉县林地养分流失评估[J]. 资源科学，33(8)：1608-1612.

[79] 樊宝敏，李智勇. 2008. 中国森林生态史引论[M]. 北京：科学出版社.

[80] 方精云，刘国华，徐嵩龄. 1996. 中国陆地生态系统碳循环及其全球意义[M]// 王庚辰，温玉璞. 温室气体浓度和排放监测及相关过程. 北京：中国环境科学出版社，129-139.

[81] 冯林. 2004. 中国森林生态系统定位研究新进展[J]. 内蒙古农业大学学报，25（4）：58-61.

[82] 冯育青，陈月琴，陶隽超. 2009. 苏州森林生态服务功能价值评估[J]. 华东森林经理，23（1）：37-43.

[83] 高峻，杨名静，陶康华. 2000. 上海城市绿地景观格局的分析研究[J]. 中国园林，16（1）：5.

[84] 关传友. 2004. 论中国古代对森林保持水土作用的认识与实践[J]. 中国水土保持科学，2(1)：105-110.

[85] 国家环境保护局. 1996. 中国跨世纪绿色工程计划[M]. 北京：中国环境科学出版社，92.

[86] 韩冰，王效科，欧阳志云. 2005. 城市面源污染特征的分析[J]. 水资源保护，21（2）：1-4.

[87] 韩富伟，张柏，宋开山，等. 2007. 长春市土壤侵蚀潜在危险度分级及侵蚀背景的空间分析[J]. 水土保持学报，21（1）：39-43.

[88] 郝运，赵妍，刘颖，等. 2004. 向海湿地自然保护区生态系统服务效益价值估算[J]. 吉林林业科技，33（4）：25-34.

[89] 何东宁，等. 1991. 青海乐都地区森林涵养水源效能研究[J]. 植物生态学与地植物学学报，15（1）：71-78.

[90] 贺宝根，陈春根，周乃晟. 2003. 城市化地区径流系数及其应用[J]. 上海环境科学，22（7）：472-475.

[91] 侯元兆，张佩昌，王琦，等. 1995. 中国森林资源核算研究[M]. 北京：中国林业出版社.

[92] 黄秉维. 1981. 确切地估计森林的作用[J]. 地理知识，（1）：1-3.

[93] 黄进，杨会，张金池. 2009. 桐庐生态公益林主要林分类型的土壤水文效应[J]. 生态环境学报，18（3）：1094-1099.

[94] 黄荣珍，杨玉盛，张金池，等. 2005. 不同林地类型土壤水库蓄水特性研究[J].水土保持通报，25（3）：1-5.

[95] 黄少燕. 2009. 红壤侵蚀退化地不同生态恢复措施对土壤养分影响研究[J]. 水土保持研究，16（3）：38-42.

[96] 姜立鹏，覃志豪，谢雯，等. 2007. 中国草地生态系统服务功能价值遥感估算研究[J]. 自然资源学报，22（2）：161-170.

[97] 江苏省土壤普查办公室. 1995. 江苏土种志[M]. 南京：江苏科学技术出版社.

[98] 蒋秋怡. 1989. 林地地上部分的持水性能及其对林地水文性质的影响[J]. 浙江林学院学报，6（2）：176-181.

[99] 蒋文伟，余树全，周国模，等. 2002. 安吉地区不同森林植被水源涵养功能的研究[J]. 江西农业大学学报：自然科学版，24（5）：635-639.

[100] 蒋文伟，周国模，余树全，等. 2004. 安吉山地主要森林类型土壤养分状况的研究[J]. 水土保持学报，18（4）：73-76.

[101] 金小麒. 1990. 水源涵养的计量研究[J]. 贵州林业科技，18（3）：64-72.

[102] 康占军，王加恩，任荣富，等. 2009. 浙江省安吉县土壤元素含量背景值[J]. 甘肃农业，（7）：81-82.

[103] 孔维健，周本智，傅懋毅，等. 2009. 不同土地利用类型水土保持特征研究[J].南京林业大学学报：自然科学版，33（4）：57-61.

[104] 赖格英，于革，桂峰. 2005. 太湖流域营养物质输移模拟评估的初步研究[J]. 中国科学 D 辑（地球科学），35（增刊 II）：121-130.

[105] 赖仕嶂，吴锡玄，杨玉盛，等. 2001. 论森林与土壤保持[J]. 福建水土保持，13（2）：11-14.

[106] 李芬，孙然好，杨丽蓉，等. 2010. 基于供需平衡的北京地区水生态服务功能评价[J]. 应用生态学报，21（5）：1146-1152.

[107] 李恒鹏，刘晓玫，杨桂山. 2004. 太湖地区西苕溪流域营养盐污染负荷结构分析[J]. 湖泊科学，16（增刊）：89-98.

[108] 李金昌，等. 1999. 生态价值论[M]. 重庆：重庆大学出版社，1-5.

[109] 李树平，黄廷林. 2002. 城市化对城市降雨径流的影响及城市雨洪控制[J]. 中国市政工程，3：35-37.

[110] 李伟民，甘先华. 2006. 国内外森林生态系统定位研究网络的现状与发展[J]. 广东林业科技，22（3）：104-108.

[111] 李文华，等. 2008. 生态系统服务功能价值评估的理论、方法与应用[M]. 北京：中国人民大学出版社.

[112] 李文华，欧阳志云，赵景柱. 2002. 生态系统服务功能研究[M]. 北京：气象出版社.

[113] 李文华，张彪，谢高地. 2009. 中国生态系统服务研究的回顾与展望[J]. 自然资源学报，24（1）：1-9.
[114] 李文华，赵景柱. 2004. 生态学研究回顾与展望[M]. 北京：气象出版社.
[115] 李志萍，陈平货，阴国胜. 2004. 污染河水中磷对浅层地下水的影响[J]. 吉林大学学报：地球科学版，34（3）：435-440.
[116] 梁静静，窦明，夏军，等. 2010. 淮河流域水生态服务功能类型研究[J]. 中国水利，（19）：11-15.
[117] 梁留科，曹新向，孙淑英. 2003. 土地生态分类系统研究[J]. 水土保持学报，17（5）：142.
[118] 廖士义，李周，徐智. 1983. 论林价的经济实质和人工林林价计量模型[J]. 林业科学，19（2）：181-190.
[119] 林海礼，宋绪忠，钱立军，等. 2008. 千岛湖地区不同森林类型枯落物水文功能研究[J]. 浙江林业科技，28（1）：70-74.
[120] 林泽新，杨祖良. 1996. 1995 年太湖流域东南地区的洪涝灾害[J]. 湖泊科学，8（2）：107-112.
[121] 刘家福，蒋卫国，占文凤，等. 2010. SCS 模型及其研究进展[J]. 水土保持研究，17（2）：120-124.
[122] 刘晶淼，周秀骥，余锦华，等. 2002. 长江三角洲地区水和热通量的时空变化特征及影响因子[J].气象学报，60（2）：139-145.
[123] 刘明国，何富广，王世英. 1998. 辽西地区草本植物改土防蚀效益研究[J]. 土壤通报，29（5）：198-200.
[124] 刘世荣，温远光，王兵，等. 1996. 中国森林生态系统水文生态功能规律[M]. 北京：中国林业出版社.
[125] 刘为华，张桂莲，徐飞，等. 2009. 上海城市森林土壤理化性质[J]. 浙江林学院学报，26（2）：155-163.
[126] 刘向东，吴孝钦. 1991. 黄土高原油松人工林枯枝落叶层水文生态功能研究[J]. 水土保持学报，5（4）：87-92.
[127] 刘煊章，田大伦，周志华. 1995. 杉木林生态系统净化水质功能的研究[J]. 林业科学，31（3）：193-199.
[128] 刘庄，蒋建国，沈渭寿，等. 2003. 太湖流域湖泊滩地资源及其开发利用[J]. 农村生态环境，19（4）：27-30.
[129] 鲁春霞，谢高地，成升魁，等. 2003. 水利工程对河流生态系统服务功能的影响评价方法初探[J]. 应用生态学报，14（5）：803-807.
[130] 陆海明，孙金华，邹鹰，等. 2010. 农田排水沟渠的环境效应与生态功能综述[J]. 水科学进展，21（5）：719-725.
[131] 栾建国，陈文祥. 2004. 河流生态系统的典型特征和服务功能[J]. 人民长江，35（9）：41-43.
[132] 吕振霖. 2007. 太湖应急治理的初步实践与思考[C]. 中国水利学会学术年会.
[133] 马立珊，汪祖强，张水铭，等. 1992. 苏南太湖水系农业面源污染及其控制对策研究[J]. 应用生态学报，3（4）：346-354.
[134] 米文秀，谢冰. 2007. 城市绿地对雨水径流中污染物削减效果研究[J]. 上海化工，32（10）：2-4.
[135] 宁龙梅，王学雷. 2006 基于 RS 和 GIS 的武汉市生态系统服务价值变化研究[J].生态环境，15（3）：637-640.
[136] 欧阳志云，孟庆义，马冬春. 2010. 北京水生态服务功能与水管理[J]. 北京水务，（1）：9-11.
[137] 欧阳志云，王如松，赵景柱. 1999. 生态系统服务功能及其生态经济价值评价[J]. 应用生态学报，10（5）：635-640.
[138] 欧阳志云，赵同谦，王效科，等. 2004. 水生态服务功能分析及其间接价值评价[J]. 生态学报，24（10）：2091-2099.
[139] 潘根兴，褚清河，张英，等. 2003. 太湖地区高产水稻土经济极点施肥：一种农田 N、P 养分负荷的田间控制技术[J]. 环境科学，24（3）：96-100.

[140] 齐苑儒，李怀恩，李家科，等. 2010. 西安市非点源污染负荷估算[J]. 水资源保护，26（1）：9-12.
[141] 钦佩，左平，等. 2004. 海滨系统生态学[M]. 北京：化学工业出版社.
[142] 沈建军，李柏山，许海萍. 2009. 太湖水污染原因分析及治理措施[J]. 环境科学导刊，28（2）：27-29.
[143] 史培军，袁艺，陈晋. 2001. 深圳市土地利用变化对流域径流的影响[J]. 生态学报，21（7）：1041-1049.
[144] 石培礼，李文华，何维明，等. 2002. 川西天然林生态服务功能的经济价值[J]. 山地学报，20（1）：75-79.
[145] 水利部太湖流域管理局. 2007. 太湖流域及东南诸河水资源公报[R].
[146] 水利部太湖流域管理局. 2008. 太湖流域及东南诸河水资源公报[R].
[147] 宋宗水. 1982. 森林生态效能的计量问题[J]. 农业经济问题，（6）：29-33.
[148] 宋子刚. 2007. 森林生态水文功能与林业发展决策[J]. 中国水土保持科学，5（4）：101-107.
[149] 孙刚，盛连喜，周道玮. 1999. 生态系统服务及其保护策略[J]. 应用生态学报，10（3）：35-38.
[150] 孙仕军，丁跃元，曹波，等. 2002. 平原井灌区土壤水库调蓄能力分析[J]. 自然资源学报，17（1）：42-47.
[151] 孙艳红，张洪江，程金花，等. 2006. 缙云山不同林地类型土壤特性及其水源涵养功能[J]. 水土保持学报，20（2）：106-109.
[152] 太湖流域水资源保护局. 2008. 太湖流域及东南诸河省界水体水资源质量状况通报[R]. 132.
[153] 汤明，王莎莎，孙志平，等. 2009. 鄱阳湖区生态服务功能分类研究[J]. 安徽农业科学，37（23）：11084-11086.
[154] 涂金花. 2008. 人类活动对湖泊生态系统服务功能的影响评价[C]//武汉市第三届学术年会——两型社会与水生态城市建设学术研讨会论文集.
[155] 汪振儒. 1981. 确切地估计森林的作用——与黄秉维先生商榷[J]. 地理知识，（8）.
[156] 王白陆. 2005. SCS 产流模型的改进[J]. 人民黄河，5：24-26.
[157] 王本贤，张金池，徐亮，等. 1997. 苏南丘陵不同土地利用状况的蓄水保土功能研究[J]. 水土保持研究，4（1）：145-154.
[158] 王欢，韩霜，邓红兵，等. 2006. 香溪河河流生态系统服务功能评价[J]. 生态学报，26（9）：2971-2978.
[159] 王金磊，濮励杰，金平华，等. 2003. ^{137}Cs 法应用于流域土壤侵蚀初步研究——以太湖上游浙江省安吉县西苕溪为例[J]. 南京大学学报：自然科学版，39（6）：788-796.
[160] 王绍强，刘纪远. 2002. 土壤蓄积量变化的影响因素研究现状[J]. 地球科学展，17（4）：528-534.
[161] 王绍强，刘纪远，于贵瑞. 2003. 中国陆地土壤有机碳蓄积量估算误差分析[J]. 应用生态学报，14（5）：797-802.
[162] 王绍强，周成虎. 1999. 中国陆地土壤有机碳库的估算[J]. 地理研究，18（4）：349-356.
[163] 王绍强，朱松丽，周成虎. 2001. 中国土壤土层厚度的空间变异性特征[J].地理研究，20（2）：161-169.
[164] 王苏民，窦鸿身. 1998. 中国湖泊志[M]. 北京：科学出版社.
[165] 王同生. 1994. 1993 年太湖流域的洪涝灾害及水利工程的作用[J]. 湖泊科学，6（3）：193-200.
[166] 王伟，陆健健. 2005. 三垟湿地生态系统服务功能及其价值[J]. 生态学报，25（3）：404-407.
[167] 王小治，尹微琴，单玉华，等. 2009. 太湖地区湿沉降中氮磷输入量[J]. 应用生态学报，20（10）：2487-2492.
[168] 王祖华，蔡良良，关庆伟，等. 2010. 淳安县森林生态系统服务价值评估[J]. 浙江林学院学报，27（5）：757-761.

[169] 魏荣菲，庄舜尧，戎静，等. 2009. 苏州河网区河道上覆水与底泥中氮素形态分布特征[J]. 环境科学研究，22（12）：1433-1439.

[170] 魏晓华，孙阁. 2009. 流域生态系统过程与管理[M]. 北京：高等教育出版社.

[171] 温远光，刘世荣. 1995. 我国主要森林生态系统类型降水截留规律的数量分析[J]. 林业科学，31（4）：289-298.

[172] 邬建国. 2000. 景观生态学——格局、过程、尺度与等级[M]. 北京：高等教育出版社.

[173] 邬建国. 2007. 景观生态学——格局、过程、尺度与等级[M]（第二版）. 北京：高等教育出版社.

[174] 吴钦孝，赵鸿雁. 2001. 植被保持水土的基本规律和总结[J]. 水土保持学报，15（4）：13-15.

[175] 吴祖林. 1987. 一种城市径流量的计算方法[J]. 上海环境科学，6（12）：39-41.

[176] 肖宝英，陈高，代力民，等. 2002. 生态土地分类研究进展[J]. 应用生态学报，13（11）：1499-1502.

[177] 谢高地，鲁春霞，冷允法，等. 2003a. 青藏高原生态资源的价值评估[J]. 自然资源学报，18（2）：189-196.

[178] 谢高地，鲁春霞，肖玉，等. 2003b. 青藏高原高寒草地生态系统服务价值评估[J]. 山地学报，21（1）：50-55.

[179] 谢高地，鲁春霞，甄霖，等. 2009. 区域空间功能分区的目标、进展与方法[J]. 地理研究，28（3）：561-570.

[180] 谢高地，肖玉，鲁春霞. 2006. 生态系统服务研究：进展、局限和基本范式[J]. 植物生态学报，30（2）：191-199.

[181] 谢高地，张镱锂，鲁春霞，等. 2001. 中国自然草地生态系统服务价值[J]. 自然资源学报，16（1）：47-53.

[182] 辛琨，谭凤仪，黄玉山，等. 2006. 香港米埔湿地生态功能价值估算[J]. 生态学报，26（6）：2020-2026.

[183] 辛琨，肖笃宁. 2002. 盘锦地区湿地生态系统服务功能价值估算[J]. 生态学报，22（8）：1345-1349.

[184] 徐秋芳，俞益武，姜培坤. 2002. 商品林地土壤养分贫瘠化评价[J]. 水土保持学报，16（2）：99-102.

[185] 徐中民，张志强，程国栋，等. 2002. 额济纳旗生态系统恢复的总经济价值[J]. 地理学报，（57）：107-116.

[186] 严承高，张明祥，王建春. 2000. 湿地生物多样性价值评价指标及方法研究[J]. 林业资源管理，1：41-46.

[187] 阎水玉，王祥荣. 2002. 生态系统服务研究进展[J]. 生态学杂志，21（5）：61-68.

[188] 晏维金，尹澄清，孙濮，等. 1999. 磷氮元素在水田湿地中的迁移转化和径流流失过程研究[J]. 应用生态学报，6（10）：312-316.

[189] 杨海清，吕淑华，李秀艳，等. 2008. 城市绿地对雨水径流污染物的削减作用[J]. 华东师范大学学报：自然科学版，2：41-47.

[190] 杨吉华，刘凯生，宫锐，等. 1993. 山丘地区森林保持水土效益的研究[J]. 水土保持学报，7（3）：47-52.

[191] 杨柳，马克明，郭青海，等. 2004. 城市化对水体非点源污染的影响[J]. 环境科学，25（6）：32-39.

[192] 杨学军，姜志林. 2001. 苏南丘陵区主要森林类型地被层水源涵养功能研究[J].水土保持通报，21（3）：28-31.

[193] 杨艳刚，张彪，董敦义，等. 2011. 太湖地区竹林生态系统土壤硝态氮的分布特征——以浙江省安吉县为例[J]. 资源科学，33（6）：1292-1297.

[194] 余新晓，鲁绍伟，靳芳. 2005. 中国森林生态系统服务功能价值评估[J]. 生态学报，25（8）：2096-2102.

[195] 余新晓，秦永胜，陈丽华，等. 2002. 北京山地森林生态系统服务功能及其价值初步研究[J].生态学报，22（5）：627-630.

[196] 玉冬米. 2000. 森林土壤透水蓄水性能的研究[J]. 林业科技开发，14（4）：10-12.

[197] 袁作新. 1990. 流域水文模型[M]. 北京：中国水利水电出版社.

[198] 云梅，黄家柱，陆皖宁，等. 2006. 基于分析模型的太湖悬浮物浓度遥感监测[J].海洋与湖沼，37（2）：171-177.

[199] 曾海鳌，吴敬禄，林琳. 2008. ^{137}Cs 示踪法研究太湖流域土壤侵蚀分布与总量[J]. 海洋地质与第四纪地质，28（2）：79-85.

[200] 翟中齐，徐智. 1982. 评价农田防护林经济效果的方法[J]. 农业经济问题，（8）：26-32.

[201] 张彪，李文华，谢高地，等. 2009a. 北京市森林生态系统土壤保持能力的综合评价[J]. 水土保持研究，16（1）：240-244.

[202] 张彪，李文华，谢高地，等. 2009b. 森林生态系统的水源涵养功能及其计量研究[J].生态学杂志，28（3）：529-534.

[203] 张彪，谢高地，肖玉，等. 2010a. 基于人类需求的生态系统服务分类[J]. 中国人口·资源与环境，（6）：137-140.

[204] 张彪，杨艳刚，张灿强. 2010b. 太湖地区森林生态系统的水源涵养功能特征[J]. 水土保持研究，17（5）：1-5.

[205] 张灿强，张彪，李文华，等. 2011. 森林生态系统对非点源污染的控制机理与效果及其影响因素[J]. 资源科学，33（2）：236-241.

[206] 张朝晖，吕吉斌，叶属峰，等. 2007. 桑沟湾海洋生态系统的服务价值[J]. 应用生态学报，18（11）：2540-2547.

[207] 张诚，严登华，郝彩莲，等. 2011. 水的生态服务功能研究进展及关键支撑技术[J]. 水科学进展，22（1）：126-134.

[208] 张凤杰，乌云娜，杨宝灵，等. 2009. 呼伦贝尔草原土壤养分与植物群落数量特征的空间异质性[J]. 西北农业大学学报，18（2）：173-177.

[209] 张洪亮，朱建雯，张新平，等. 2010. 天山中部不同郁闭度天然云杉林立地土壤养分的比较研究[J]. 新疆农业大学学报，33（1）：15-18.

[210] 张嘉宾. 1982. 关于估价森林多种功能系统的基本原理和技术方法的探讨[J]. 南京林产工业学院学报，（3）：5-18.

[211] 张进标. 2007. 广东河流生态系统服务价值评估[D]. 华南师范大学.

[212] 张天华，陈利顶，普布丹巴，等. 2005. 西藏拉萨拉鲁湿地生态系统服务功能价值估算[J]. 生态学报，25（12）：3176-3180.

[213] 张象枢，等. 1998. 环境经济学[M]. 北京：中国环境科学出版社：60-80.

[214] 张永利，杨峰伟，王兵，等. 2010. 中国森林生态系统服务功能研究[M]. 北京：科学出版社.

[215] 张运林，冯胜，马荣华，等. 2008. 太湖秋季真光层深度空间分布及浮游植物初级生产力的估算[J]. 湖泊科学，20（3）：380-388.

[216] 张增哲，余新晓. 1989. 中国森林水文研究现状和主要成果综述[M]. 北京：测绘出版社.

[217] 赵传燕，冯兆东，刘勇. 2002. 祁连山区森林生态系统生态服务功能分析——以张掖地区为例[J].

干旱区资源与环境，16（1）：66-70.

[218] 赵景柱，肖寒，吴刚. 2000. 生态系统服务的物质量与价值量评价方法的比较分析[J]. 应用生态学报，11（1）：290-292.

[219] 赵其国，龚子同，徐琪，等. 1991. 中国土壤资源[M]. 南京：南京大学出版社：101-107.

[220] 赵同谦，欧阳志云，王效科，等. 2003. 中国陆地地表水生态系统服务功能及其生态经济价值评价[J]. 自然资源学报，18（4）：443-452.

[221] 赵同谦，欧阳志云，贾良清，等. 2004a. 中国草地生态系统服务功能间接价值评价[J]. 生态学报，24（6）：1101-1110.

[222] 赵同谦，欧阳志云，郑华，等. 2004b. 中国森林生态系统服务功能及其价值评价[J]. 自然资源学报，19（4）：480-491.

[223] 浙江省土壤普查办公室. 1993. 浙江土种志[M]. 杭州：浙江科学技术出版社.

[224] 中国科学院南京分院. 1996. 太湖地区面源污染调查报告（内部资料）. 2-50.

[225] 中国可持续发展林业战略研究项目组. 2002. 中国可持续发展林业战略研究总论[M]. 北京：中国林业出版社.

[226] 中国生物多样性国情研究报告编写组. 1998. 中国生物多样性国情研究报告[M]. 北京：中国环境科学出版社.

[227] 中华人民共和国农业部畜牧兽医司，全国畜牧兽医总站. 1996. 中国草地资源[M]. 北京：中国科学技术出版社.

[228] 中华人民共和国森林实施条例[M]. 中华人民共和国国务院令（第 278 号），2000.

[229] 周敏，王秋兵，贾艳萍. 2009. 基于乡镇级耕层土壤养分空间变异研究[J]. 中国土壤与肥料，(2)：11-16.

[230] 周重光，沈辛作，于建国，等. 1989. 浙江山地森林枯落物层的生态水文效应[J]. 浙江林业科技，9（5）：1-8.

[231] 周晓峰，等. 1999. 森林生态功能与经营途径[M]. 北京：中国林业出版社.

[232] 朱威. 2003. 太湖流域水质型缺水问题和对策[J]. 湖泊科学，15（2）：133-138.

[233] 朱兆良. 2001. 氮肥施用对中国农业的贡献和对环境的影响[C]//氮素循环与农业和环境学术讨论会摘要集. 厦门.

[234] 庄大昌. 2004. 洞庭湖湿地生态系统服务功能价值评估[J]. 经济地理，24（3）：391-432.

[235] 卓慕宁，王继增，吴志峰，等. 2003. 珠海城区暴雨径流污染负荷估算及其评价[J]. 水土保持通报，23（5）：35-38.

附 表

附表 1　太湖流域水生态功能一级、二级与三级分区

<table>
<tr><th>一级区
编码</th><th>二级区
编码</th><th>三级区
编码</th><th>三级区名称</th></tr>
<tr><td rowspan="8">Ⅰ1</td><td rowspan="3">Ⅱ11</td><td>Ⅲ111</td><td>镇丹水源涵养与水质净化功能区</td></tr>
<tr><td>Ⅲ112</td><td>句溧水源涵养与水资源调蓄功能区</td></tr>
<tr><td>Ⅲ113</td><td>溧宜水源涵养与水资源调蓄功能区</td></tr>
<tr><td rowspan="5">Ⅱ12</td><td>Ⅲ121</td><td>长兴北水源涵养与生物多样性维持功能区</td></tr>
<tr><td>Ⅲ122</td><td>长安水源涵养与生物多样性维持功能区</td></tr>
<tr><td>Ⅲ123</td><td>安临水源涵养与生物多样性维持功能区</td></tr>
<tr><td>Ⅲ124</td><td>南德余水源涵养与生物多样性维持功能区</td></tr>
<tr><td>Ⅲ125</td><td>临余水源涵养与水质净化功能区</td></tr>
<tr><td rowspan="13">Ⅰ2</td><td rowspan="3">Ⅱ21</td><td>Ⅲ211</td><td>常州水质净化与营养物质循环功能区</td></tr>
<tr><td>Ⅲ212</td><td>长滆水质净化与洪水调蓄功能区</td></tr>
<tr><td>Ⅲ213</td><td>锡张水质净化与营养物质循环功能区</td></tr>
<tr><td rowspan="4">Ⅱ22</td><td>Ⅲ221</td><td>竺山梅梁湾水质净化与生物多样性维持等综合功能区</td></tr>
<tr><td>Ⅲ222</td><td>湖心湖东洪水调蓄和水质净化等综合功能区</td></tr>
<tr><td>Ⅲ223</td><td>西山生物多样性维持功能区</td></tr>
<tr><td>Ⅲ224</td><td>湖东生物多样性维持和初级生产等综合功能区</td></tr>
<tr><td rowspan="6">Ⅱ23</td><td>Ⅲ231</td><td>苏州水质净化功能区</td></tr>
<tr><td>Ⅲ232</td><td>苏常水质净化与洪水调蓄功能区</td></tr>
<tr><td>Ⅲ233</td><td>太嘉水质净化与营养物质循环功能区</td></tr>
<tr><td>Ⅲ234</td><td>上海营养物质循环与水质净化功能区</td></tr>
<tr><td>Ⅲ235</td><td>湖杭水质净化与生物多样性维持功能区</td></tr>
<tr><td>Ⅲ236</td><td>桐平水质净化与营养物质循环功能区</td></tr>
</table>

附表 2　太湖流域控制单元编码

序号	图示代码	编码	所在省市
1	1001	III112-101-常州市	江苏省
2	1002	III212-102-常州市	江苏省
3	1003	III112-103-常州市	江苏省
4	1004	III212-104-常州市	江苏省
5	1005	III113-105-常州市	江苏省
6	1006	III113-106-常州市	江苏省
7	1007	III211-107-常州市	江苏省
8	1008	III211-108-常州市	江苏省
9	1009	III211-109-常州市	江苏省
10	1010	III211-110-常州市	江苏省
11	1011	III212-111-常州市	江苏省
12	1012	III212-112-常州市	江苏省
13	1013	III212-113-常州市	江苏省
14	1014	III212-101-无锡市	江苏省
15	1015	III212-102-无锡市	江苏省
16	1016	III212-103-无锡市	江苏省
17	1017	III212-104-无锡市	江苏省
18	1018	III113-105-无锡市	江苏省
19	1019	III113-106-无锡市	江苏省
20	1301	III211-107-无锡市	江苏省
21	1302	III213-108-无锡市	江苏省
22	1303	III211-109-无锡市	江苏省
23	1304	III211-110-无锡市	江苏省
24	1305	III211-111-无锡市	江苏省
25	1306	III211-112-无锡市	江苏省
26	1403	III213-113-无锡市	江苏省
27	1402	III213-114-无锡市	江苏省
28	1405	III213-115-无锡市	江苏省
29	1404	III232-116-无锡市	江苏省
30	1401	III213-117-无锡市	江苏省
31	1501	III213-101-苏州市	江苏省
32	1502	III213-102-苏州市	江苏省
33	1503	III232-103-苏州市	江苏省
34	1505	III232-104-苏州市	江苏省
35	1504	III233-105-苏州市	江苏省
36	1507	III233-106-苏州市	江苏省
37	1506	III233-107-苏州市	江苏省
38	1708	III232-108-苏州市	江苏省
39	1703	III232-109-苏州市	江苏省
40	1704	III232-110-苏州市	江苏省

序号	图示代码	编码	所在省市
41	1707	III231-111-苏州市	江苏省
42	1702	III231-112-苏州市	江苏省
43	1705	III232-113-苏州市	江苏省
44	1706	III231-114-苏州市	江苏省
45	1701	III223-115-苏州市	江苏省
46	1601	III233-116-苏州市	江苏省
47	1604	III233-117-苏州市	江苏省
48	1603	III233-118-苏州市	江苏省
49	1602	III233-119-苏州市	江苏省
50	1605	III233-120-苏州市	江苏省
51	1606	III233-121-苏州市	江苏省
52	1607	III233-122-苏州市	江苏省
53	1201	III111-101-镇江市	江苏省
54	1202	III111-102-镇江市	江苏省
55	1203	III111-103-镇江市	江苏省
56	1204	III112-104-镇江市	江苏省
57	1205	III111-105-镇江市	江苏省
58	1206	III111-106-镇江市	江苏省
59	1207	III111-107-镇江市	江苏省
60	1208	III111-108-镇江市	江苏省
61	1209	III111-109-镇江市	江苏省
62	1801	III113-101-南京市	江苏省
63	2001	III121-201-湖州市	浙江省
64	2002	III122-202-湖州市	浙江省
65	2003	III122-203-湖州市	浙江省
66	2004	III123-204-湖州市	浙江省
67	2005	III122-205-湖州市	浙江省
68	2006	III123-206-湖州市	浙江省
69	2007	III124-207-湖州市	浙江省
70	2008	III235-208-湖州市	浙江省
71	2009	III235-209-湖州市	浙江省
72	2010	III235-210-湖州市	浙江省
73	2011	III124-211-湖州市	浙江省
74	2012	III235-212-湖州市	浙江省
75	2401	III125-201-杭州市	浙江省
76	2402	III125-202-杭州市	浙江省
77	2403	III124-203-杭州市	浙江省
78	2309	III235-204-杭州市	浙江省
79	2308	III235-205-杭州市	浙江省
80	2404	III124-206-杭州市	浙江省
81	2307	III235-207-杭州市	浙江省
82	2301	III236-201-嘉兴市	浙江省

序号	图示代码	编码	所在省市
83	2302	III236-202-嘉兴市	浙江省
84	2306	III236-203-嘉兴市	浙江省
85	2303	III233-204-嘉兴市	浙江省
86	2304	III233-205-嘉兴市	浙江省
87	2305	III236-206-嘉兴市	浙江省
88	2202	III233-207-嘉兴市	浙江省
89	2201	III236-208-嘉兴市	浙江省
90	2208	III235-209-嘉兴市	浙江省
91	2209	III236-210-嘉兴市	浙江省
92	2210	III236-211-嘉兴市	浙江省
93	2207	III236-212-嘉兴市	浙江省
94	2206	III236-213-嘉兴市	浙江省
95	2203	III236-214-嘉兴市	浙江省
96	2205	III236-215-嘉兴市	浙江省
97	2204	III236-216-嘉兴市	浙江省
98	3103	III234-301-上海市	上海市
99	3101	III233-302-上海市	上海市
100	3102	III234-303-上海市	上海市
101	3104	III234-304-上海市	上海市
102	3105	III234-305-上海市	上海市
103	3106	III234-306-上海市	上海市
104	3107	III234-307-上海市	上海市
105	3117	III233-308-上海市	上海市
106	3119	III233-309-上海市	上海市
107	3118	III234-310-上海市	上海市
108	3121	III234-311-上海市	上海市
109	3120	III234-312-上海市	上海市
110	3116	III236-313-上海市	上海市
111	3115	III234-314-上海市	上海市
112	3114	III234-315-上海市	上海市
113	3113	III234-316-上海市	上海市
114	3108	III234-317-上海市	上海市
115	3109	III234-318-上海市	上海市
116	3110	III234-319-上海市	上海市
117	3111	III234-320-上海市	上海市
118	3112	III234-321-上海市	上海市
119	1802	III113-401-宣城市	安徽省

附表 3 安吉县居住区及单位附属绿地主要种/属

	物种	物种拉丁名	备注
乔木	杨梅	*Luzula*	地杨梅属
	广玉兰	*Magnolia grandiflora L.*	木兰属
	香樟	*Cinnamomum camphora Pres.*	樟树
	杨树	*Rhus chinensis Mill.*	肤杨树
	朴树	*Celtis sinensis Pers.*	朴属
	垂柳	*Salix babylonica L.*	杨柳科柳属
	枫香	*Liquidambar formosana Hance*	枫香树属
	杜英	*Elaeocarpus*	杜英属
	白玉兰	*Yulania denudata*（*Desr.*）D. L. Fu	木兰属
	苦槠	*Castanopsis sclerophylla*（*Lindl.*） Schottky	壳斗科栲属
灌木	茶花	*Rhododendron camelliiflorum Hook.*	茶花杜鹃
	火炬	*Grosourdya appendiculata*（*Blume*） Rchb. f.	火炬兰
	毛竹	*Phyllostachys edulis*（*Carrire*） J. Houz.	刚竹属
	紫娟	*Primula calliantha Franch.*	紫鹃报春
	女贞球	*Pinus tabulaeformis Carr*	松属
	紫薇	*Lagerstroemia*	紫薇属
	红枫	*acer palmatum 'atropurpureum'*	槭树科槭树属
	青梅	*Vatica mangachapoi Blanco*	青梅属
	枸骨球	*Ilex cornuta*	冬青属
	垂柳	*Salix babylonica* L.	柳属
	杨梅	*Luzula*	地杨梅属
	桂花	*Bennettiodendron leprosipes*（*Clos*）Merr.	山桂花
	红花檵木	*Loropetalum chinense var.*（R. Br.）*Oliv.* var. *rubrum Yieh Yieh*	红花檵木
	毛鹃	*Rhododendron pulchrum Sweet*	锦绣杜鹃
	橘子	*Garcinia multiflora Champion ex Bentham*	山桔子
	大叶栀子花	*Gardenia jasminoides* J. Ellis	栀子
	女贞	*Ligustrum*	女贞属
	樱花	*Cerasus serrulata*（*Lindl.*）Loudon	山樱花
	金丝桃	*Hypericum*	金丝桃属
草本	马尼拉	*Musa textilis* Née	马尼拉麻
	酢浆草	*Oxalis corniculata* L.	酢浆草
	高羊茅	*Festuca elata Keng ex* E. B. Alexeev	羊茅属

附表4 安吉县公园绿地主要种/属

	物种	物种拉丁名	备注
乔木	女贞	*Ligustrum*	女贞属
	银杏	*Ginkgo biloba L.*	银杏属
	红果冬青	*corallina Franch.*	冬青属
	苦槠	*Castanopsis sclerophylla*（*Lindl.*）Schottky	壳斗科栲属
	香樟	*Cinnamomum camphora Pres.*	樟树
	桂花	*Bennettiodendron leprosipes*（*Clos*）Merr.	山桂花
	枇杷	*Eriobotrya japonica*（*Thunb.*）Lindl.	蔷薇科枇杷属
	金丝桃	*Hypericum*	金丝桃属
	红枫	*acer palmatum 'atropurpureum'*	槭树科槭树属
	无患子	*Sapindus mukorossi Gaertn*	无患子属
	马褂木	*Liriodendron chinense Sarg.*	鹅掌楸属
灌木	火炬	*Grosourdya appendiculata*（*Blume*）Rchb. f.	火炬兰
	茶花	*Rhododendron camelliiflorum Hook.*	茶花杜鹃
	金叶女贞	*Ligustrum*	女贞属
	海桐	*Pittosporum brevicalyx*（*Oliv.*）Gagnep.	短萼海桐
	大叶栀子花	*Gardenia jasminoides* J. Ellis	栀子
	红叶小檗	*Berberis*	小檗属
	桂花	*Bennettiodendron leprosipes*（*Clos*）Merr.	山桂花
	石榴	*Punica granatum L.*	石榴属
	碧桃	*Prunus persica Batsch. var. duplex Rehd.*	蔷薇科李属
	含笑	*Michelia*	含笑属
	慈孝竹	*Neosinocalamus affinis*（*Rendle*）keng f.	慈竹属
	迎春	*Jasminum nudiflorum Lindl.*	木犀科素馨属
	茶梅	*Camellia sasanqua*	山茶属
灌木	红花檵木	*Loropetalum chinense var.*（*R. Br.*）*Oliv.* var. *rubrum Yieh Yieh*	红花檵木
	龙柏球	*cv.Kaizuka*	圆柏属
	雀舌黄杨	*Buxus harlandii Hanelt*	黄杨属
	秋海棠	*Begonia*	秋海棠属
	凤尾竹	*Bambusa multiplex cv.*（*Lour.*）*Raeusch. ex Schult. et Schult.* f. *cv. Fernleaf*	簕竹属
	垂丝海棠	*Malus halliana Koehne*	蔷薇科苹果属
	四季栀子花	*Gardenia jasminoides* J. Ellis	栀子
	金镶玉竹	*Phyllostachys aureosulcata cv.* McClure *cv.* Spectabilis McClure	刚竹属
	枸果球	*Ilex cornuta*	冬青属
	红枫	*acer palmatum 'atropurpureum'*	槭树科槭树属
	紫薇	*Lagerstroemia*	紫薇属
	紫娟	*Primula calliantha Franch.*	紫鹃报春
	红叶李	*peunus cerasifera 'atropurpurea'*	蔷薇科李属
	夹竹桃	*Nerium oleander L.*	夹竹桃
	毛鹃	*Rhododendron pulchrum Sweet*	锦绣杜鹃
	珊瑚	*Antigonon*	珊瑚藤属
	木芙蓉	*Hibiscus mutabilis L.*	木槿属
	油茶	*Camellia brevistyla*（*Hayata*）Cohen-Stuart	短柱油茶
	金丝桃	*Hypericum*	金丝桃属
草本	高羊茅	*Festuca elata Keng ex* E. B. Alexeev	羊茅属
	兰花三七	*Liriope*	山麦冬属
	马尼拉	*Musa textilis Née*	马尼拉麻

附表 5　安吉县道路绿地主要种/属

	物种	物种拉丁名	备注
乔木	香樟	*Cinnamomum camphora Pres.*	樟树
	女贞	*Ligustrum*	女贞属
	黑松	*Pinus thunbergii Parl.*	松属
灌木	毛鹃	*Rhododendron pulchrum Sweet*	锦绣杜鹃
	夏鹃	*Rhododendron simsii*	杜鹃花属
	红梅	*Prunus mume*	蜡梅属
	龙柏	*Juniperus chinensis cv. kaizuka*	柏科圆柏属
	大叶黄杨	*Euonymus japonicus thumb*	卫矛属
	红枫	*acer palmatum 'atropurpureum'*	槭树科槭树属
	金叶女贞	*Ligustrum*	女贞属
	金边卫矛	*Euonymus japonicus L.cv.*	卫矛属
	龙爪槐	*Sophora japonica f. L. f. pendula（Spach）Hort. ex Loudon*	槐属
	火炬	*Grosourdya appendiculata（Blume）Rchb. f.*	火炬兰
	茶花	*Rhododendron camelliiflorum Hook.*	茶花杜鹃
	青枫	*Acer palmatum Thunb.*	鸡爪槭
	碧桃	*Prunus persica Batsch. var. duplex Rehd.*	蔷薇科李属
	紫娟	*Primula calliantha Franch.*	紫鹃报春
	南天竺	*Nandina domestica Thunb.*	南天竹
	紫藤	*Wisteria sinensis（Sims）Sweet*	紫藤属
	金镶玉竹	*Phyllostachys aureosulcata cv. McClure cv. Spectabilis McClure*	刚竹属
草本	马尼拉	*Musa textilis Née*	马尼拉麻
	美人蕉	*Canna generalis L. H. Bailey*	美人蕉属

附表 6　安吉县防护绿地主要种/属

	物种	物种拉丁名	备注
乔木	金钱松	*Pseudolarix amabilis Rehd.*	松科金钱松属
	女贞	*Ligustrum*	女贞属
	香樟	*Cinnamomum camphora Pres.*	樟树
	广玉兰	*Magnolia grandiflora L.*	木兰属
	紫玉兰	*Yulania liliiflora（Desr.）D. C. Fu*	木兰属
	乌桕树	*Sapium sebiferum（L.）Roxb.*	乌桕属
	刺槐	*Robinia pseudoacacia L.*	刺槐属
	红果冬青	*corallina Franch.*	冬青属
	银杏	*Ginkgo biloba L.*	银杏属
	杨梅	*Luzula*	地杨梅属
	泡桐	*Paulownia ×taiwaniana T. W. Hu et H. J. Chang*	南方泡桐
	水杉	*Metasequoia glyptostroboides Hu et Cheng*	水杉属
	桂花	*Bennettiodendron leprosipes（Clos）Merr.*	山桂花
灌木	龙柏	*Juniperus chinensis cv. kaizuka*	柏科圆柏属
	美人茶	*Camellia uraku*	山茶属
	白榆树	*Ulmus pumila L.*	榆属
	石榴	*Punica granatum L.*	石榴属
	蜡梅	*Chimonanthus praecox（L.）Link*	蜡梅属
	红叶李	*peunus cerasifera 'atropurpurea'*	蔷薇科李属
	毛柳	*salix*	毛柳属
	紫荆	*Cercis chinensis Bunge*	紫荆属
	油茶	*Camellia brevistyla（Hayata）Cohen-Stuart*	短柱油茶
	海桐	*Pittosporum brevicalyx（Oliv.）Gagnep.*	短萼海桐
	茶花	*Rhododendron camelliiflorum Hook.*	茶花杜鹃
	小叶李	*Olea parvilimba（Merr. et Chun）B. M. Miao*	小叶李榄
	迎春	*Jasminum nudiflorum Lindl.*	木犀科素馨属
	铺地柏	*Juniperus procumbens（Siebold ex Endl.）Miq.*	圆柏属
	红枫	*acer palmatum 'atropurpureum'*	槭树科槭树属
	四季栀子花	*Gardenia jasminoides J. Ellis*	栀子
	桂花	*Bennettiodendron leprosipes（Clos）Merr.*	山桂花
	马褂树	*Liriodendron chinense Sarg.*	鹅掌楸属
	茶树	*Koilodepas hainanense（Merr.）Airy Shaw*	白茶树
	十大功劳	*Mahonia*	十大功劳属
草本	马尼拉	*Musa textilis Née*	马尼拉麻
	月季	*Rosa chinensis Jacquem.*	蔷薇属

附 图

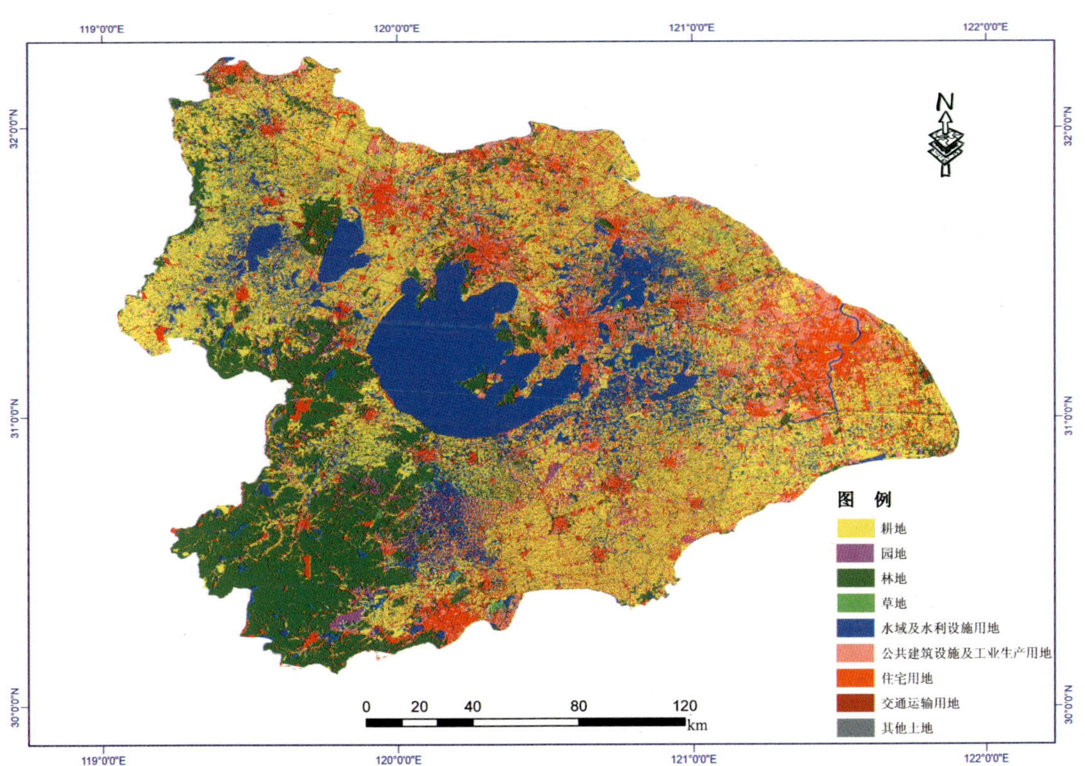

附图 1　太湖流域 1∶50 000 土地利用类型图

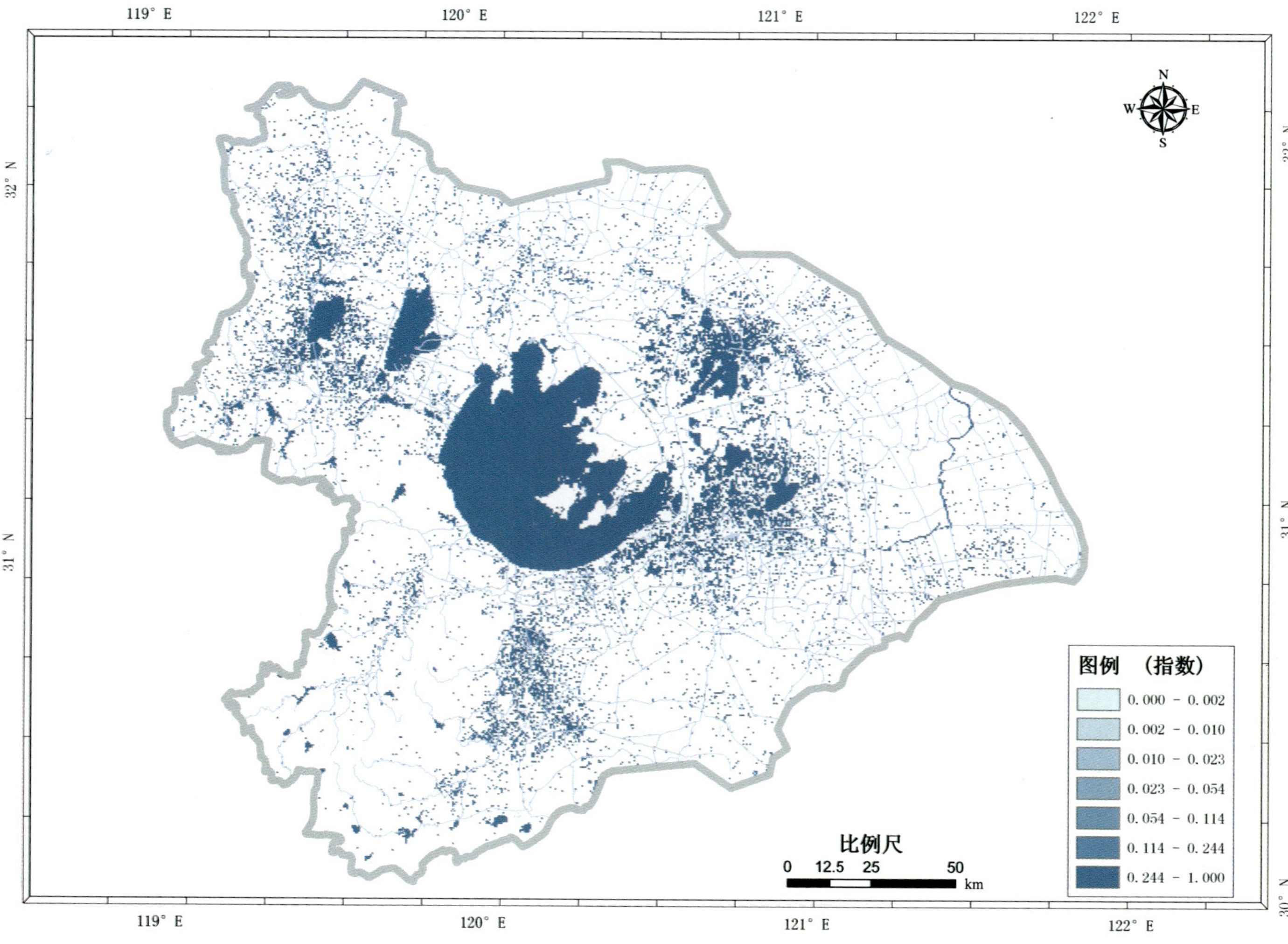

附图 2 太湖流域水源供给功能空间分布图

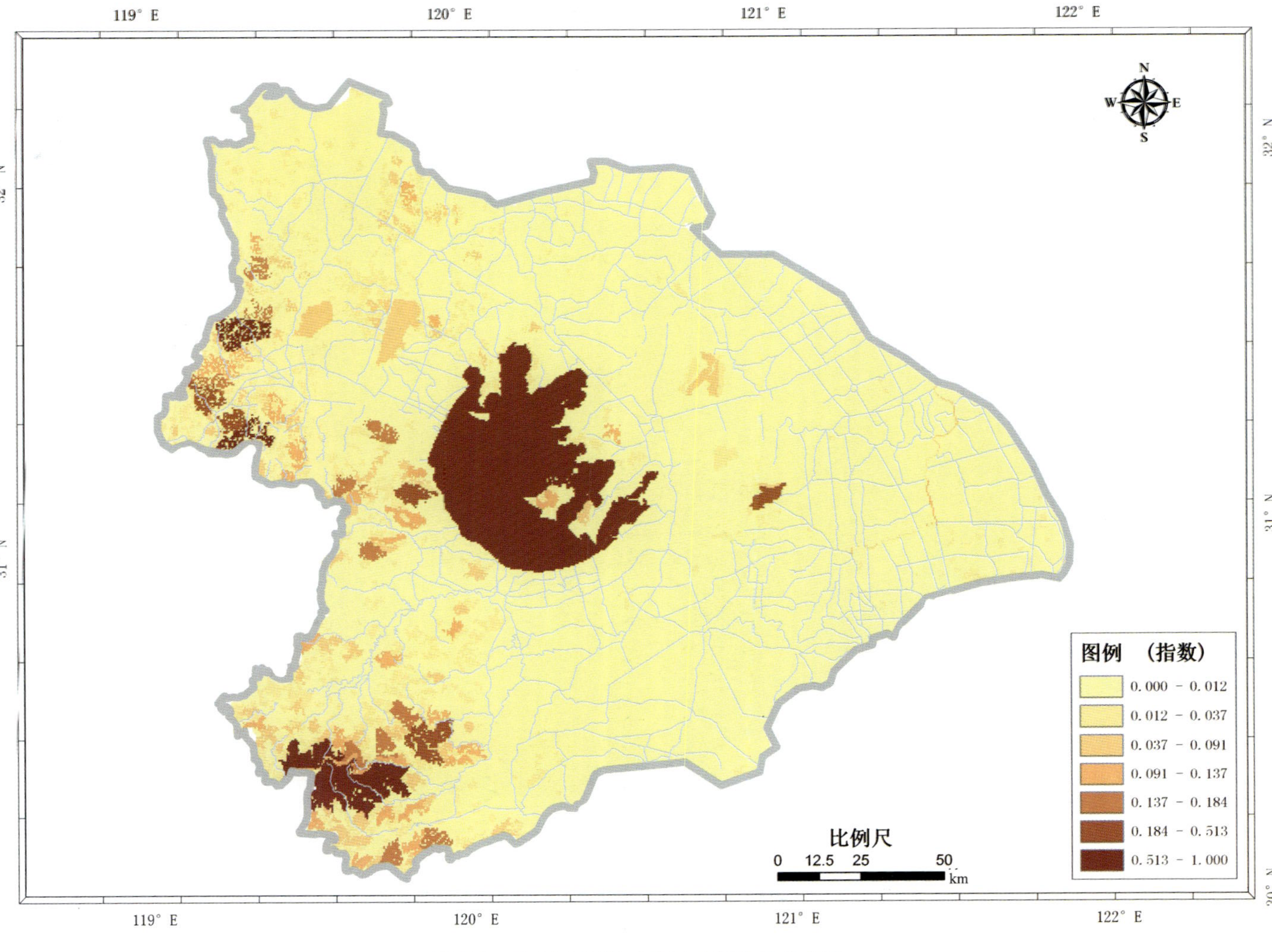

附图 3　太湖流域削减总氮功能空间分布图

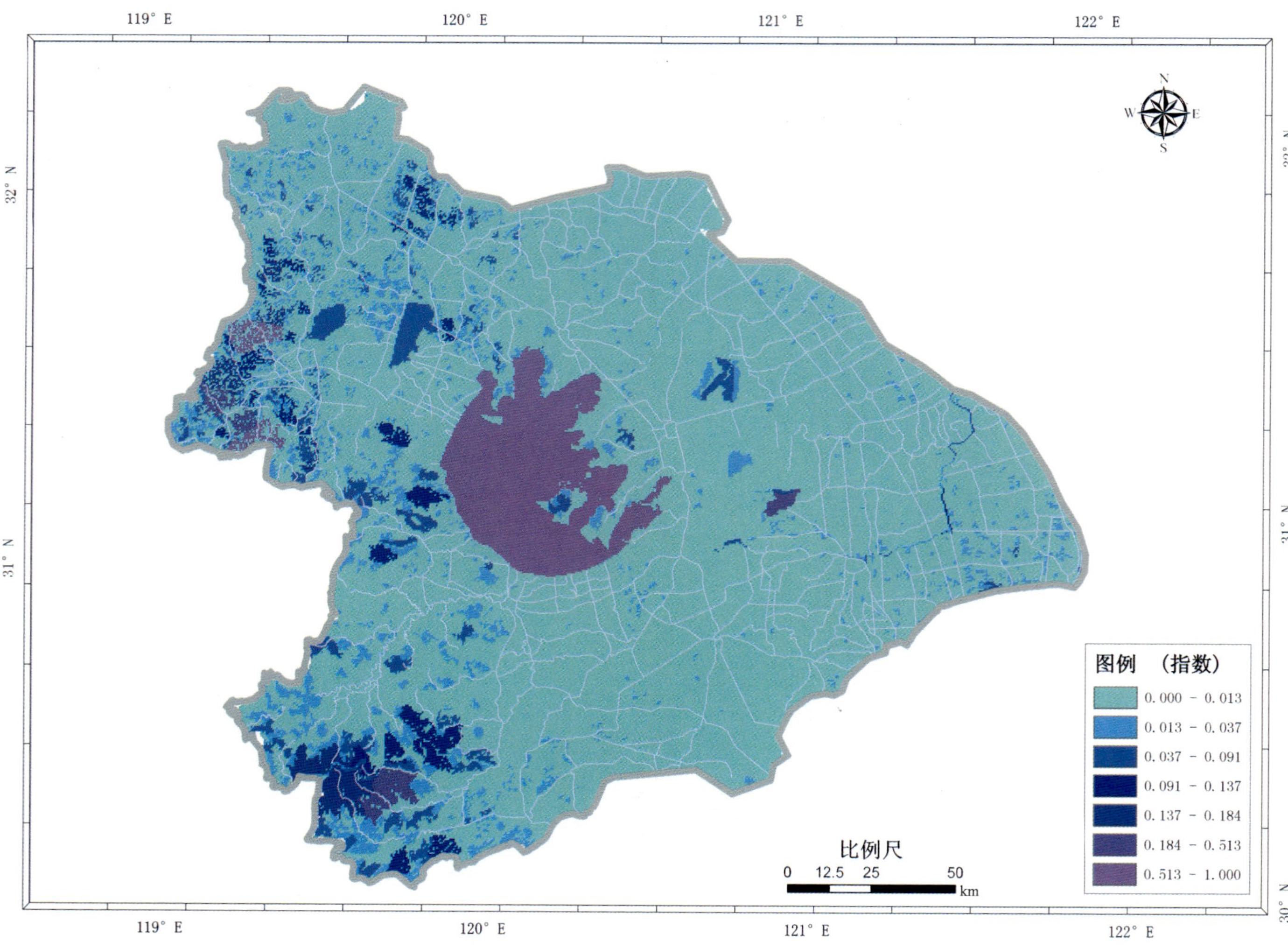

附图 4 太湖流域削减总磷功能空间分布图

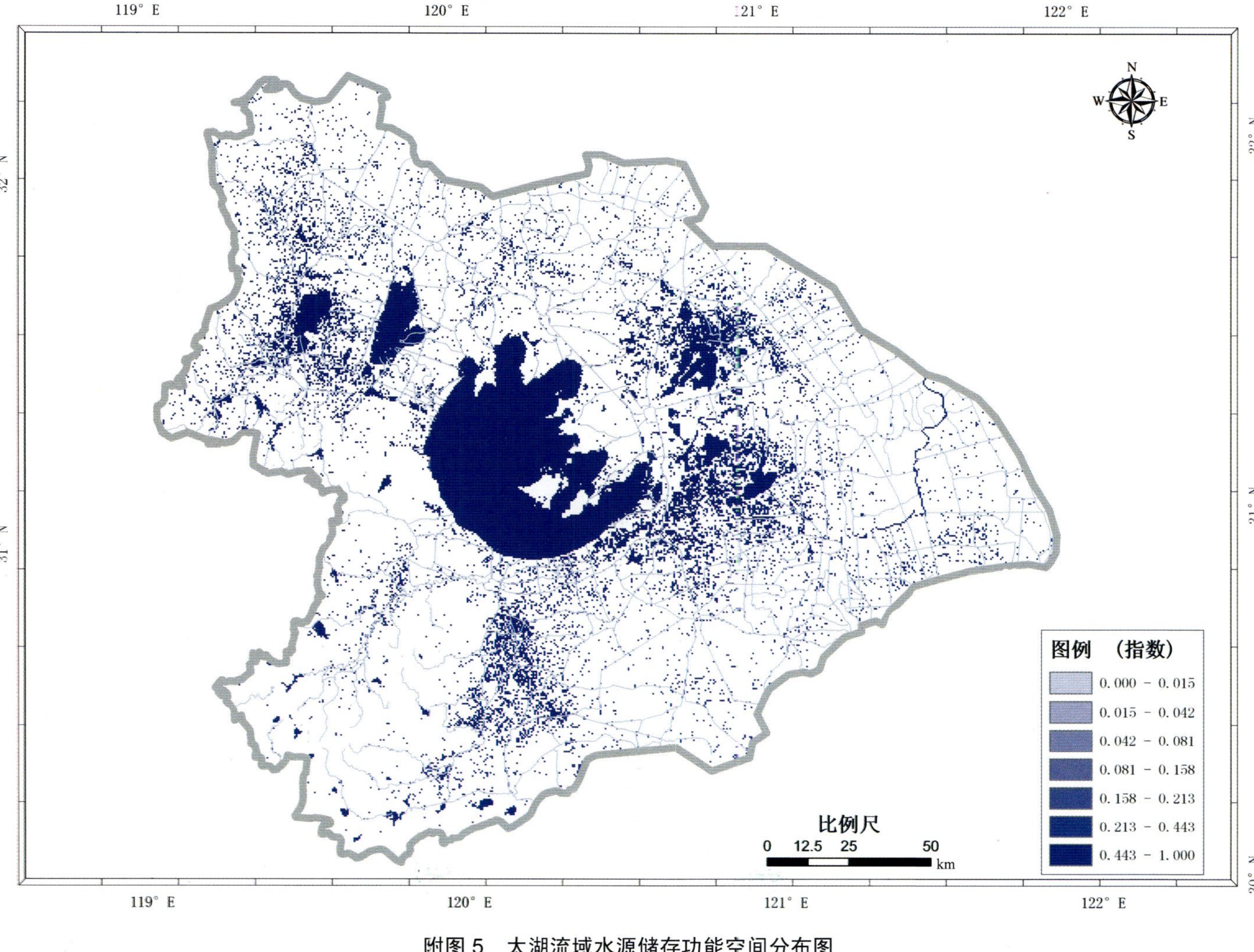

附图 5 太湖流域水源储存功能空间分布图

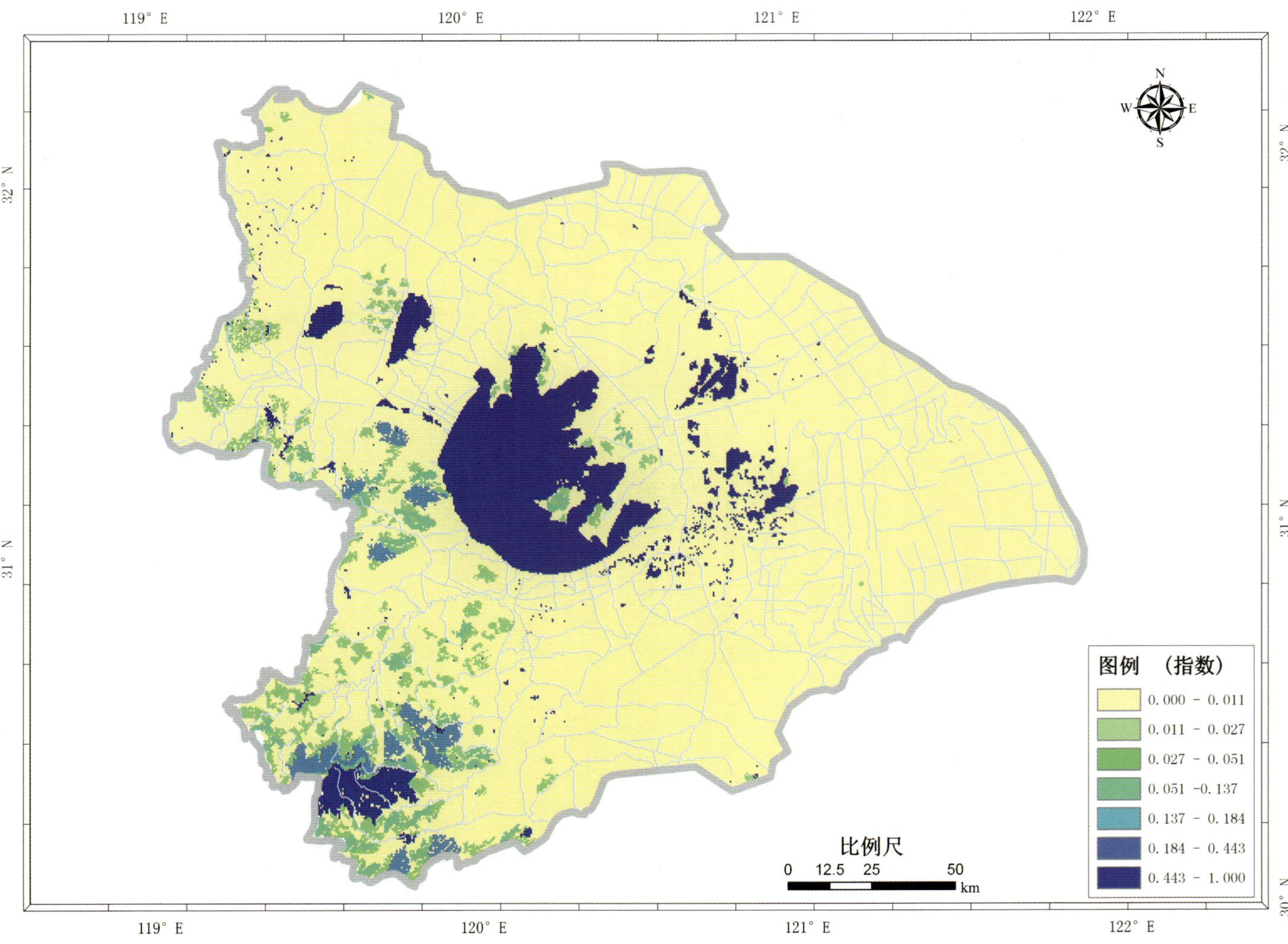

附图6 太湖流域水量调节功能空间分布图

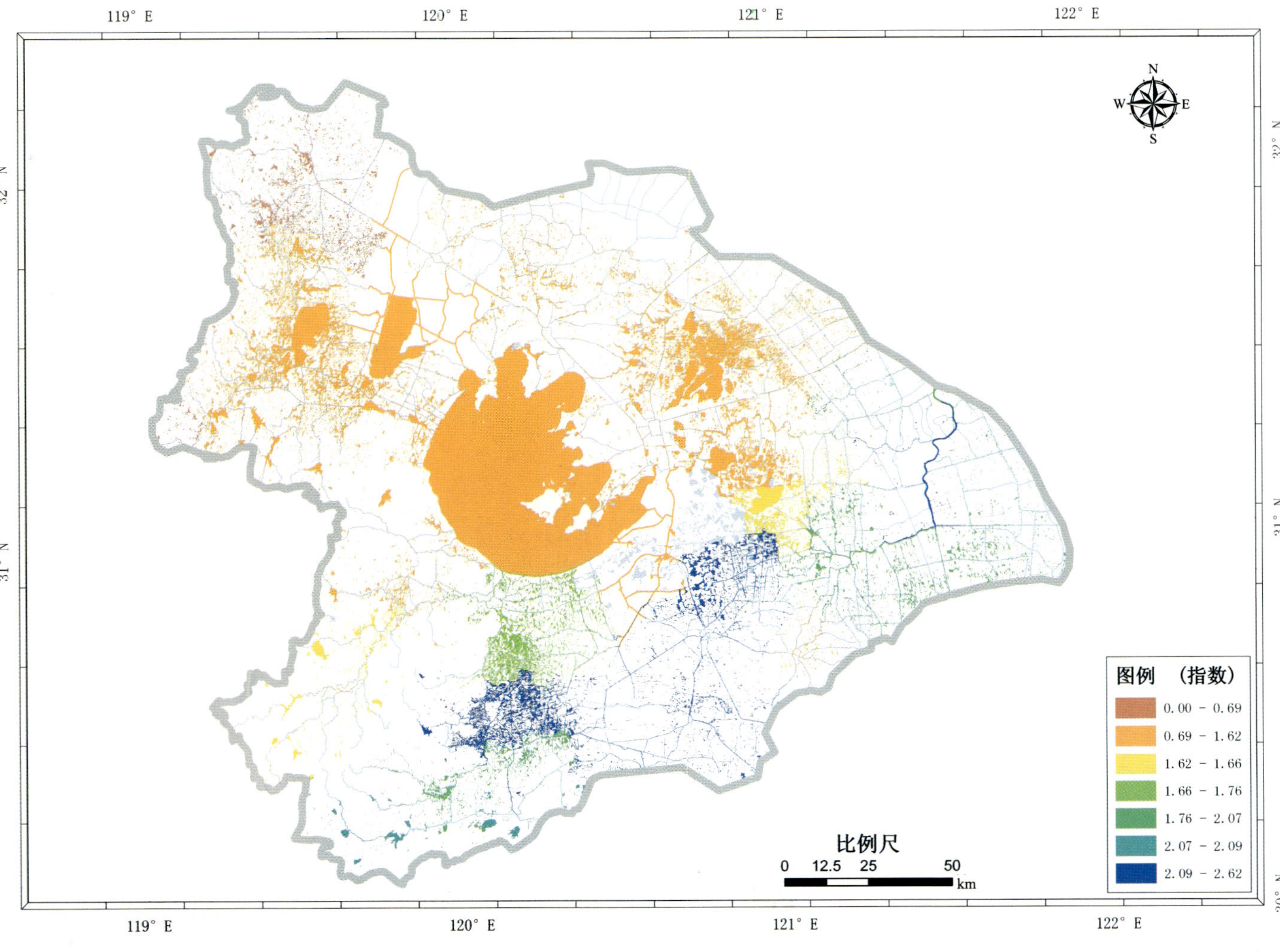

附图 7 太湖流域水体生物多样性指数空间分布图

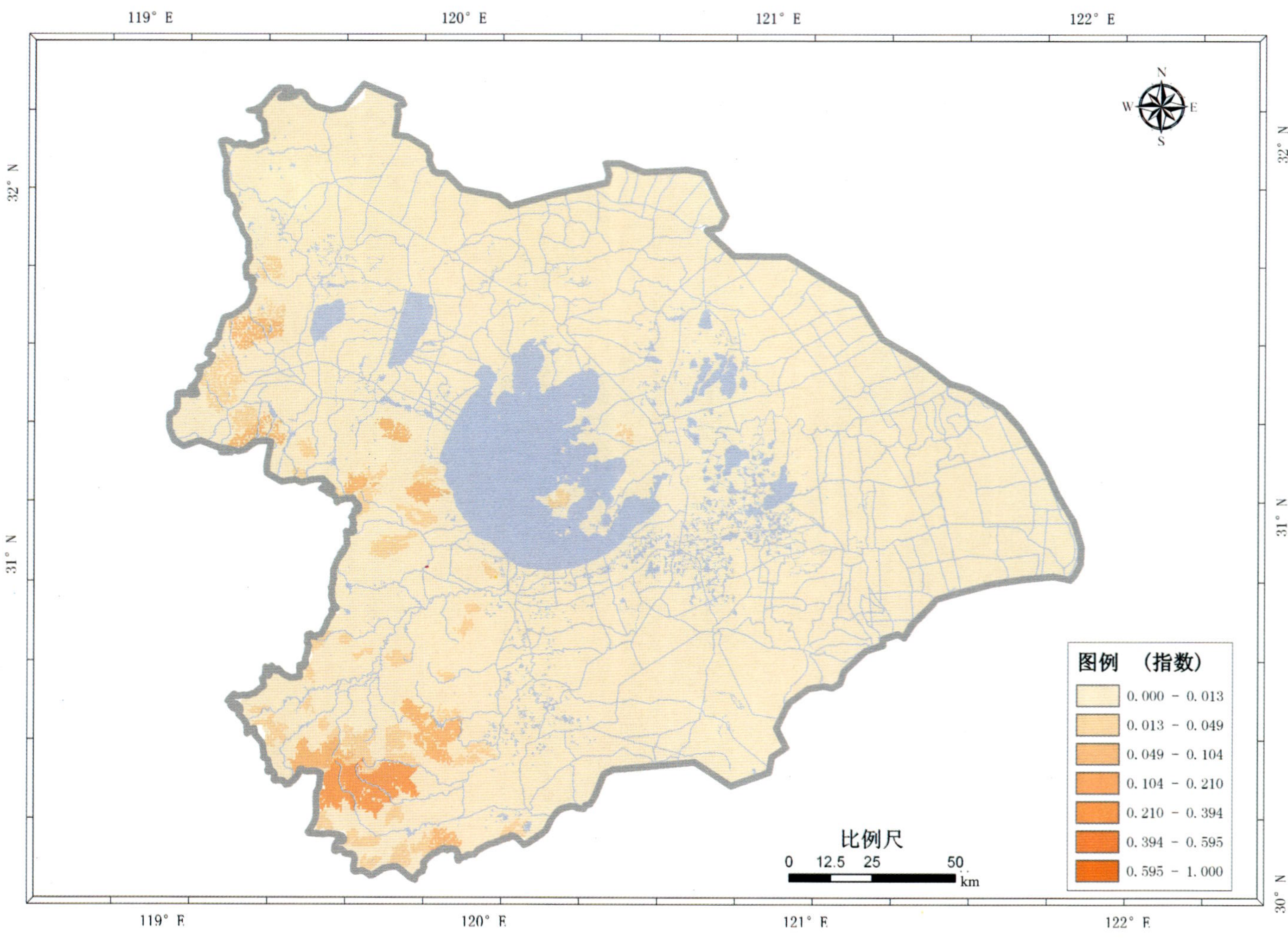

附图 8　太湖流域控制总氮功能空间分布图

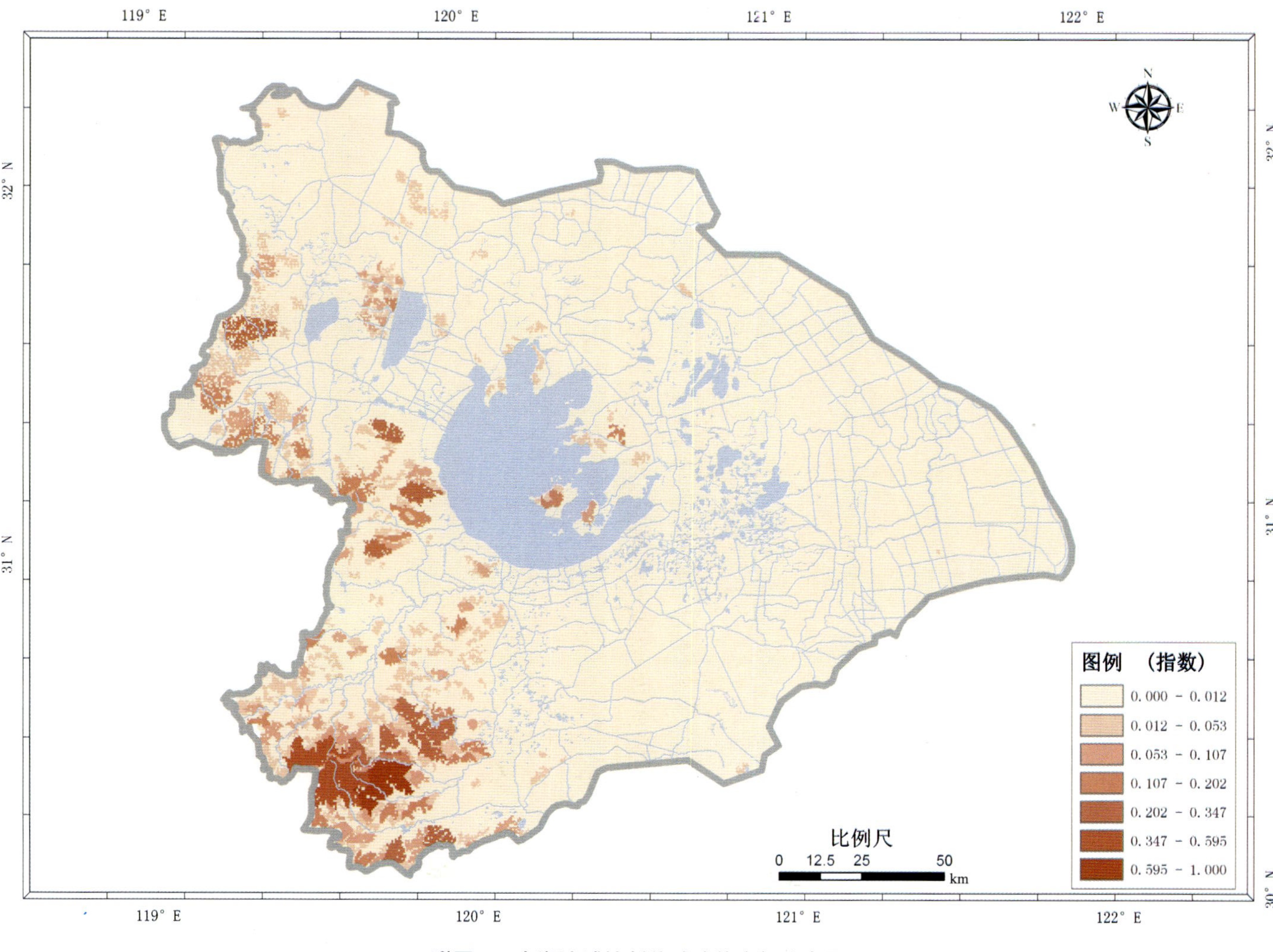

附图 9　太湖流域控制总磷功能空间分布图

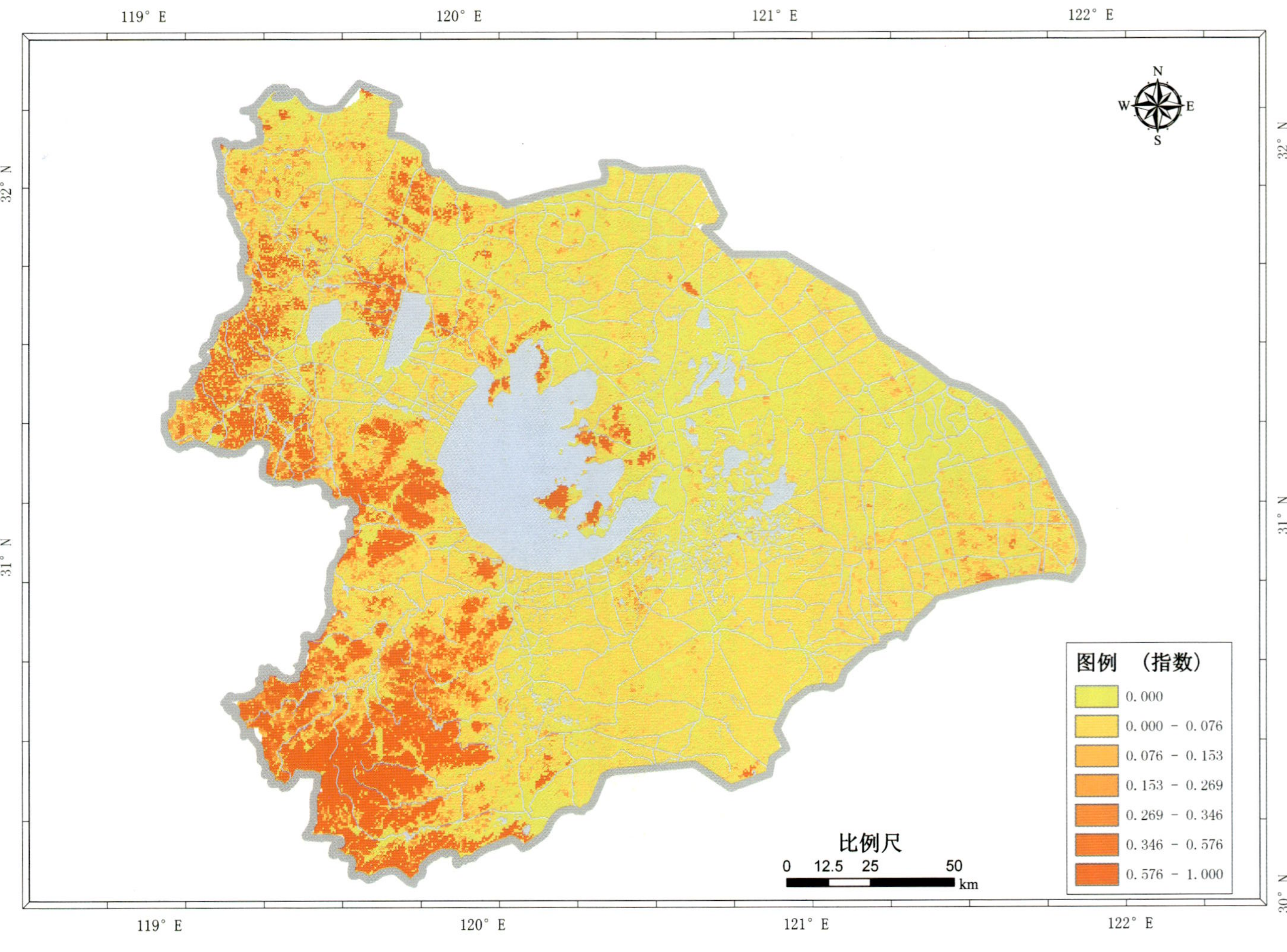

附图 10 太湖流域控制泥沙功能空间分布图

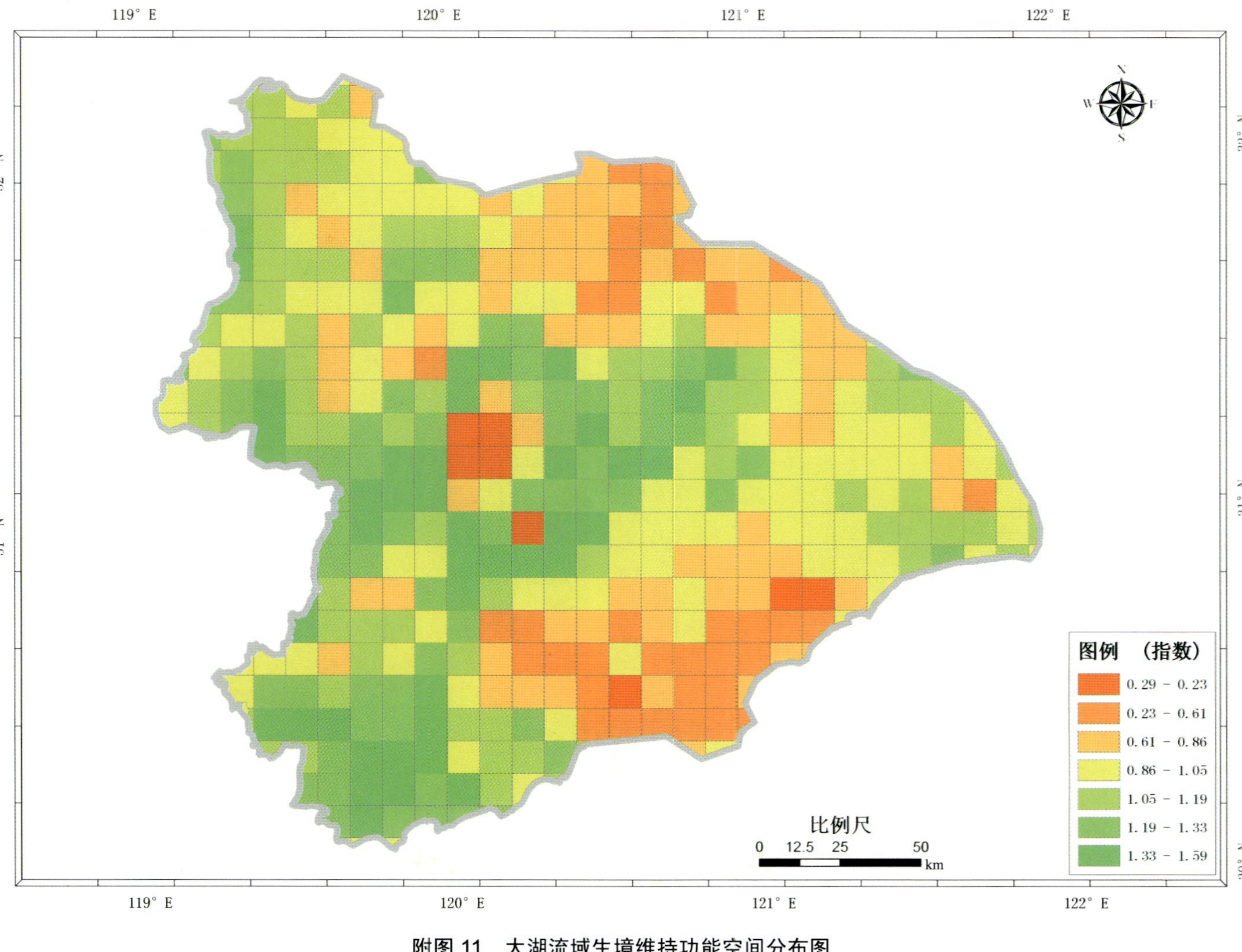

附图 11 太湖流域生境维持功能空间分布图

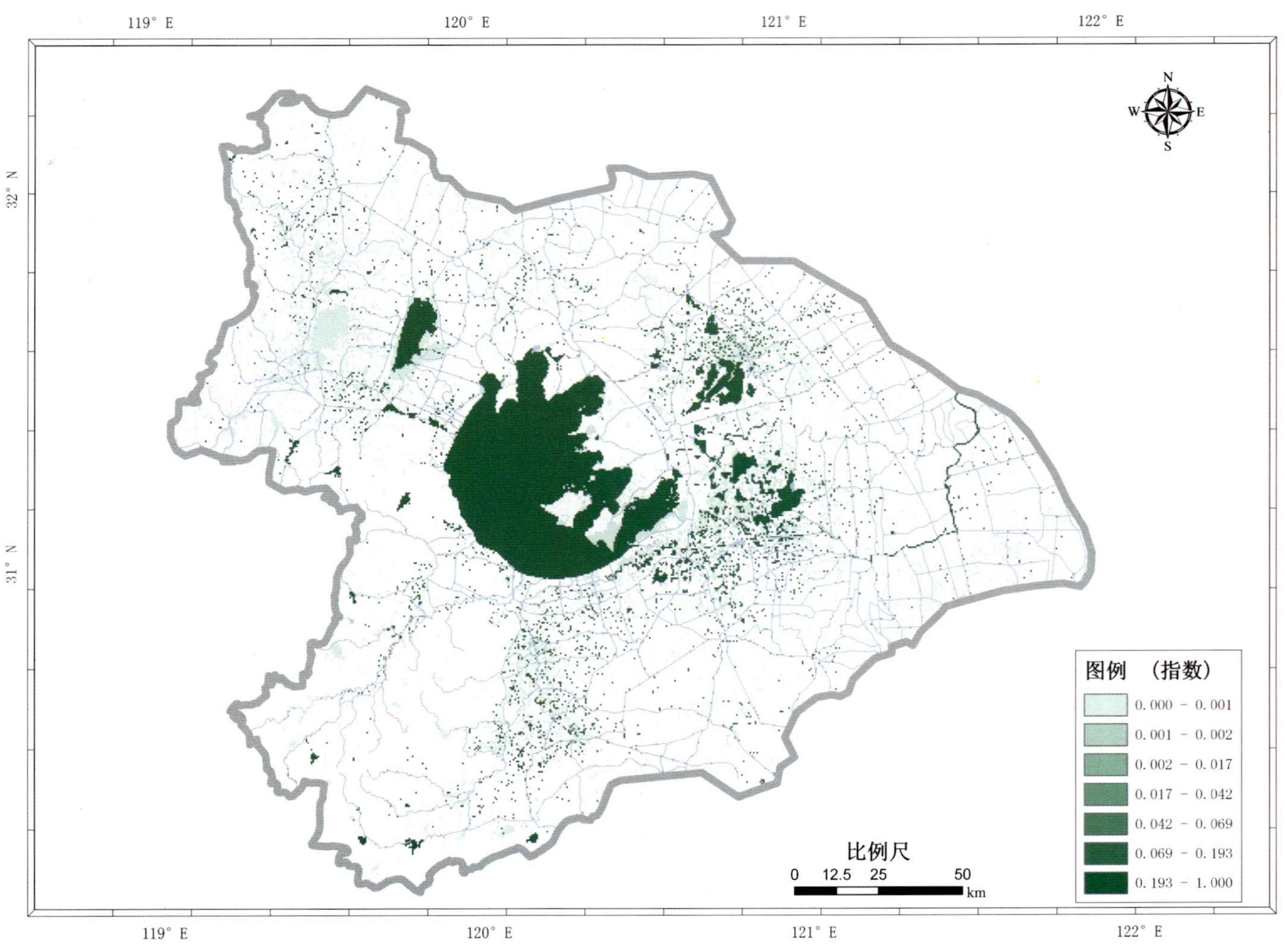

附图 12　太湖流域航运通道功能空间分布图

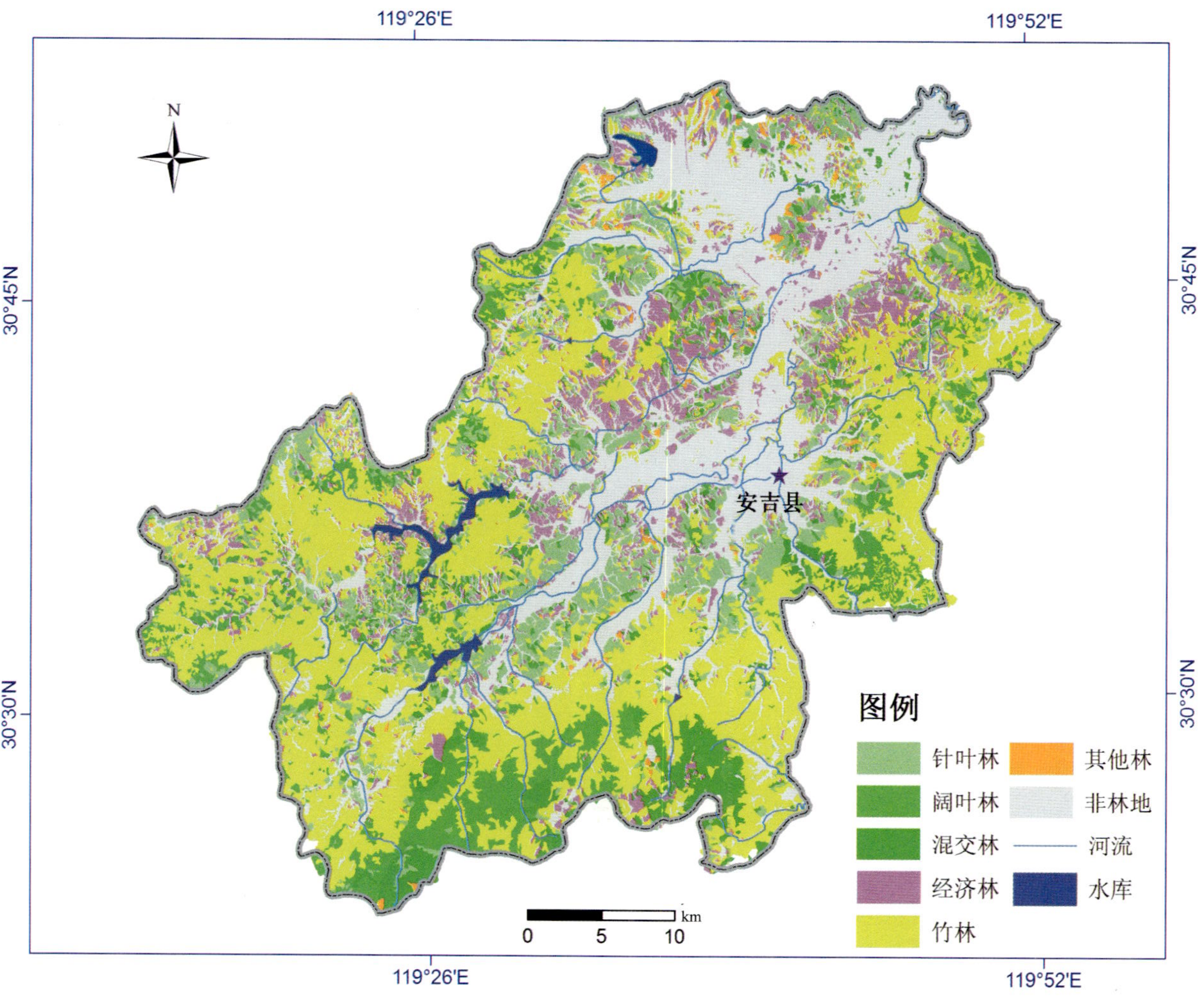

附图 13　浙江省安吉县森林资源分布图